高等工程数学

主编　马建军　石乙英

东北大学出版社

·沈　阳·

图书在版编目（CIP）数据

高等工程数学 / 马建军，石乙英主编．— 沈阳 ：东北大学出版社，2022.8（2024.8 重印）
ISBN 978-7-5517-3074-7

Ⅰ．①高…　Ⅱ．①马…　②石…　Ⅲ．①工程数学—研究生—教材　Ⅳ．①TB11

中国版本图书馆 CIP 数据核字（2022）第 149358 号

出 版 者：东北大学出版社
地址：沈阳市和平区文化路三号巷 11 号
邮编：110819
电话：024-83683655（总编室）
024-83687331（营销部）
网址：http://press.neu.edu.cn
印 刷 者：沈阳文彩印务有限公司
发 行 者：东北大学出版社
幅面尺寸：185 mm×260 mm
印　　张：14
字　　数：350 千字
出版时间：2022 年 8 月第 1 版
印刷时间：2024 年 8 月第 2 次印刷
策划编辑：王兆元
责任编辑：邱　静
责任校对：项　阳
封面设计：潘正一
责任出版：唐敏志

ISBN 978-7-5517-3074-7　　　　定　价：47.00 元

前 言

“高等工程数学”是工程硕士专业学位研究生培养过程中一门重要的数学基础课。本书结合编者讲授“高等工程数学”课程的教学实践，参考相关的教材，经过整理修改后编写而成的。在编写过程中，基于编者多年的教学经验，力求做到精选内容，循序渐进，重点突出，使读者能够比较容易地理解和掌握。

本书包括以下内容：

第一篇介绍了矩阵理论的内容，主要包括线性空间与线性变换、矩阵的标准形、矩阵的微分与积分、矩阵函数等内容。

第二篇介绍了运筹学的内容，主要包括线性规划及其单纯形法、对偶理论、运筹学在实际问题中的应用等内容。

第三篇介绍了数理统计的内容，主要包括点估计、区间估计、假设检验、回归分析等内容。最后介绍了应用数学软件 MATLAB 解算工程数学问题。

本书按照 48 学时的教学时数安排教学课程内容，要求读者具备高等数学、线性代数和概率论等课程的基础知识，目的是使工科硕士研究生掌握一定的数学理论基础，且具有比较宽广的数学知识面，能为今后的进一步学习和解决工作中所遇到的实际工程数学问题打下坚实的基础。在编写教材过程中，尽量减少繁难的理论推导，着重强调应用和计算，并配有难度适中的习题，以便读者通过练习加深对知识的理解和便于应用。

本书的出版得到研究生教育综合改革试点单位——沈阳理工大学及其研究生教改项目（编号 2021Y040444，2021JCJS003）的大力支持。

书中有不妥之处，恳请读者批评指正。

编　者

2022 年 8 月于沈阳理工大学

目 录

□ 第一篇 矩阵理论

第一篇 矩阵理论

近年来，矩阵理论在自然科学、工程技术、控制理论和社会经济等领域的应用日趋深广；应用矩阵的理论和方法解决工程技术和社会经济领域中的实际问题越来越普遍。因此，矩阵理论成为工程硕士研究生工程数学教学内容的重要组成部分。

该篇主要讨论线性空间与线性变换、矩阵的标准形和矩阵分析等内容。鉴于课时限制及学习对象实践性强的特点，主要讲述矩阵的基本理论和基本方法，突出矩阵在工程实践中的使用方法。

1 线性空间与线性变换

线性空间与线性变换是线性代数最基本的概念，它们是工程数学的重要基础。本章介绍线性空间与线性变换一般的概念和性质，并在此基础上引入常用的线性空间——欧氏空间。

1.1 线性空间

1.1.1 线性空间的概念与性质

本节研究与 n 维向量空间 $\mathbf{R}^n$ 有相同算术性质的代数系统，这种系统称为线性空间。

构成线性空间的基础是它的域，或者说是纯量的集合。如果复数的一个子集 F 含有非零的数，且其中任意两个数的和、差、积、商(除数不为零)仍属于该集合，则称数集 F 为一个数域。典型的基础数域是实数域 $\mathbf{R}$ 和复数域 $\mathbf{C}$；可以验证 $Q(\sqrt{2})=\{a+b\sqrt{2}\,|\,a,b\in\mathbf{Q}\}$ 也构成一个数域；但是，由所有整数组成的集合 $\mathbf{Z}$ 不构成数域。数域有一个简单性质，即所有的数域都包含有理数域，特别地，每个数域都包含整数 0 和 1。

定义 1.1 设 $\mathbf{V}$ 是一个非空集合，F 是一个数域，称 $\mathbf{V}$ 为按所定义的运算构成数域 F 上的线性空间(或向量空间)，如果在 $\mathbf{V}$ 中定义了两种运算：

加法 对于 $\mathbf{V}$ 中任意元素 $\boldsymbol{\alpha},\boldsymbol{\beta}\in\mathbf{V}$，在 $\mathbf{V}$ 中都有唯一的元素 $\boldsymbol{\gamma}$ 与之对应，称为 $\boldsymbol{\alpha}$ 与 $\boldsymbol{\beta}$ 的和，记为

$$\boldsymbol{\gamma}=\boldsymbol{\alpha}+\boldsymbol{\beta}$$

数乘 对于 $\mathbf{V}$ 中任意元素 $\boldsymbol{\alpha}$ 和数域 F 中任意数 k，在 $\mathbf{V}$ 中都有唯一元素 $\boldsymbol{\delta}$ 与之对应，

称为 $\boldsymbol{\alpha}$ 与 k 的数乘，记为

$$\boldsymbol{\delta}=k\boldsymbol{\alpha}$$

这两种运算满足以下八条规则：

（1）加法交换律：$\boldsymbol{\alpha}+\boldsymbol{\beta}=\boldsymbol{\beta}+\boldsymbol{\alpha}$；

（2）加法结合律：$(\boldsymbol{\alpha}+\boldsymbol{\beta})+\boldsymbol{\gamma}=\boldsymbol{\alpha}+(\boldsymbol{\beta}+\boldsymbol{\gamma})$；

（3）存在零元素：对于任意 $\boldsymbol{\alpha}\in\mathbf{V}$，$\boldsymbol{\alpha}+\mathbf{0}=\boldsymbol{\alpha}$，称 $\mathbf{0}$ 为零元素；

（4）存在负元素：对于任意 $\boldsymbol{\alpha}\in V$，都有 $\boldsymbol{\beta}\in\mathbf{V}$，使 $\boldsymbol{\alpha}+\boldsymbol{\beta}=\mathbf{0}$，称 $\boldsymbol{\beta}$ 是 $\boldsymbol{\alpha}$ 的负元素，记为 $-\boldsymbol{\alpha}$；

（5）存在单位数 $1\in F$，使得 $1\boldsymbol{\alpha}=\boldsymbol{\alpha}$；

（6）数乘结合律：$k(l\boldsymbol{\alpha})=(kl)\boldsymbol{\alpha}$；

（7）数乘关于向量加法分配律：$k(\boldsymbol{\alpha}+\boldsymbol{\beta})=k\boldsymbol{\alpha}+k\boldsymbol{\beta}$；

（8）数乘关于数量加法分配律：$(k+l)\boldsymbol{\alpha}=k\boldsymbol{\alpha}+l\boldsymbol{\alpha}$。

其中 $\boldsymbol{\alpha}$，$\boldsymbol{\beta}$，$\boldsymbol{\gamma}\in\mathbf{V}$；$k$，$l\in F$。

线性空间的加法和数乘合称为线性运算。线性空间是定义了线性运算，并且满足规则(1)～(8)的元素(向量)集合，这里的向量不单指 n 维向量，即不单指 n 个有序数组。

例 1.1 按通常的向量加法和数乘，$\mathbf{R}^n$ 是实数域上的线性空间，$\mathbf{C}^n$ 是复数域上的线性空间。

例 1.2 元素属于实数域 $\mathbf{R}$ 的 $m\times n$ 矩阵全体，记为 $\mathbf{R}^{m\times n}$，对于矩阵的加法和数乘矩阵的运算，构成数域 $\mathbf{R}$ 上的线性空间。

例 1.3 实数域 $\mathbf{R}$ 上次数不超过 n 的所有多项式的全体，记作 $\mathbf{R}[x]_n$，即

$$\mathbf{R}[x]_n=\{P_n\mid P_n=a_n x^n+a_{n-1}x^{n-1}+\cdots+a_1 x+a_0;\ a_n,a_{n-1},\cdots,a_1,a_0\in\mathbf{R}\}$$

则 $\mathbf{R}[x]_n$ 按照通常的多项式加法及数与多项式乘法构成数域 $\mathbf{R}$ 上的线性空间。这是因为 $\mathbf{R}[x]_n$ 对于上述两种运算显然是封闭的，且满足以上八条规则。

例 1.4 由所有闭区间 $[a,b]$ 上的连续实函数组成的集合记为 $\mathbf{C}[a,b]$，对于通常意义的函数和及数乘函数运算构成数域 $\mathbf{R}$ 上的线性空间。

例 1.5 n 个有序实数组成的集合

$$S^n=\{\boldsymbol{x}=(x_1,x_2,\cdots,x_n)\mid x_1,x_2,\cdots,x_n\in\mathbf{R}\}$$

对于通常有序实数组的加法及如下定义的数乘：

$$k\cdot\boldsymbol{x}=k\cdot(x_1,x_2,\cdots,x_n)=\mathbf{0}=(0,0,\cdots,0)$$

由于 $1\boldsymbol{x}=\mathbf{0}$，不满足规则(5)，所以，$S^n$ 不构成线性空间。

线性空间有如下性质：

（1）零元素是唯一的；

（2）任一元素的负元素是唯一的；

（3）$k\boldsymbol{\alpha}=\mathbf{0}\Leftrightarrow k=0$ 或 $\boldsymbol{\alpha}=\mathbf{0}$；

（4）$(-k)\boldsymbol{\alpha}=-(k\boldsymbol{\alpha})$。

1.1.2 基、维数与坐标

在线性代数中讨论 n 维向量空间时，介绍了向量的线性组合、线性相关、线性无关、极大线性无关组、向量组的秩等概念，这些概念及有关的定理、性质及运算，完全可以平行地适用于线性空间中的向量，以后将直接引用这些概念和性质。

定义 1.2 线性空间 $\mathbf{V}$ 中的向量组 $\boldsymbol{\alpha}_1, \boldsymbol{\alpha}_2, \cdots, \boldsymbol{\alpha}_n$ 称为 $\mathbf{V}$ 的基是指：

(1) $\boldsymbol{\alpha}_1, \boldsymbol{\alpha}_2, \cdots, \boldsymbol{\alpha}_n$ 线性无关；

(2) $\mathbf{V}$ 中任一元素均可由 $\boldsymbol{\alpha}_1, \boldsymbol{\alpha}_2, \cdots, \boldsymbol{\alpha}_n$ 线性表示。

线性空间 $\mathbf{V}$ 的基中所含向量个数 n 称为 $\mathbf{V}$ 的维数，记为 $\dim\mathbf{V}=n$，并称 $\mathbf{V}$ 为 n 维线性空间，记为 $\mathbf{V}_n$。

基的个数不是有限数时，称 $\mathbf{V}$ 是无限维线性空间。本书主要讨论有限维线性空间，在 n 维线性空间中，其任意的 n 个线性无关向量都构成它的一个基。规定仅含一个零元素的线性空间的维数为 0。

定义 1.3 设 $\boldsymbol{\alpha}_1, \boldsymbol{\alpha}_2, \cdots, \boldsymbol{\alpha}_n$ 为 $\mathbf{V}_n$ 的基，则于对 $\boldsymbol{\alpha}\in\mathbf{V}_n$，其表达式

$$\boldsymbol{\alpha}=\sum_{i=1}^{n}x_i\boldsymbol{\alpha}_i \quad (x_i\in F)$$

中的 $x_i(i=1, 2, \cdots, n)$ 称为向量 $\boldsymbol{\alpha}$ 在基 $\boldsymbol{\alpha}_1, \boldsymbol{\alpha}_2, \cdots, \boldsymbol{\alpha}_n$ 下的坐标，并记作 $(x_1, x_2, \cdots, x_n)^{\mathrm{T}}$。

例 1.6 在 n 维线性空间 $\mathbf{R}^n$ 中，显然

$$\boldsymbol{\varepsilon}_1=(1, 0, \cdots, 0)^{\mathrm{T}}, \quad \boldsymbol{\varepsilon}_2=(0, 1, \cdots, 0)^{\mathrm{T}}, \quad \cdots, \quad \boldsymbol{\varepsilon}_n=(0, 0, \cdots, 1)^{\mathrm{T}}$$

是一组基，向量 $\boldsymbol{\alpha}=(a_1, a_2, \cdots, a_n)^{\mathrm{T}}$ 的坐标就是它的分量 $a_1, a_2, \cdots, a_n$。

例 1.7 在 $\mathbf{R}^{m\times n}$ 中，$\boldsymbol{E}_{ij}(i=1, 2, \cdots, m; j=1, 2, \cdots, n)$ 是 (i, j) 元为 1、其余元素都是 0 的矩阵，$\boldsymbol{E}_{ij}$ 是 $\mathbf{R}^{m\times n}$ 的一组基。对于这组基，矩阵 $\mathbf{A}=(a_{ij})_{m\times n}$ 的坐标就是它的元素 a_{ij} $(i=1, 2, \cdots, m; j=1, 2, \cdots, n)$。

例 1.8 线性空间 $\mathbf{R}[x]_n$ 中，易证

$$x^n, x^{n-1}, \cdots, x^2, x, 1$$

是 $\mathbf{R}[x]_n$ 的一个基。若 $P(x)\in\mathbf{R}[x]n$，且

$$P(x)=a_nx^n+a_{n-1}x^{n-1}+\cdots+a_1x+a_0$$

则 $a_n, a_{n-1}, \cdots, a_1, a_0$ 是 $P(x)$ 关于基 $x^n, x^{n-1}, \cdots, x^2, x, 1$ 的坐标。若又取

$$1, (x-a), \cdots, (x-a)^{n-1}, (x-a)^n$$

为 $\mathbf{R}[x]_n$ 的基，其中 a 为实数域 $\mathbf{R}$ 中的常数，则由泰勒公式可知

$$P(x)=P(a)+P'(a)(x-a)+\frac{P''(a)}{2!}(x-a)^2+\cdots+\frac{P^{(n)}(a)}{n!}(x-a)^n$$

故 $P(x)$ 在基 $1, (x-a), \cdots, (x-a)^{n-1}, (x-a)^n$ 下的坐标为

$$P(a), \ P'(a), \ \frac{1}{2!}P''(a), \ \cdots, \ \frac{1}{n!}P^{(n)}(a)$$

由此可见，在线性空间中，元素的坐标由基唯一确定，当基改变时，坐标将随之改变。

在 n 维线性空间 $\mathbf{V}_n$ 中取定一组基 $\boldsymbol{\varepsilon}_1, \boldsymbol{\varepsilon}_2, \cdots, \boldsymbol{\varepsilon}_n$ 后，则 $\mathbf{V}_n$ 中的向量 $\boldsymbol{\alpha}$ 与 n 维数组向量空间 $\mathbf{R}^n$ 中向量 $(x_1, x_2, \cdots, x_n)^{\mathrm{T}}$ 之间就有一个一一对应的关系，这种关系称为同构关系。

例 1.9 在 $\mathbf{R}^3$ 中，求向量 $\boldsymbol{\alpha}=(1, 2, 1)^{\mathrm{T}}$ 在基 $\boldsymbol{\alpha}_1=(1, 2, 3)^{\mathrm{T}}$，$\boldsymbol{\alpha}_2=(1, 1, 2)^{\mathrm{T}}$，$\boldsymbol{\alpha}_3=(3, 1, 3)^{\mathrm{T}}$ 下的坐标。

解 设 $\boldsymbol{\alpha}=(1, 2, 1)^{\mathrm{T}}$ 在所给基 $\boldsymbol{\alpha}_1, \boldsymbol{\alpha}_2, \boldsymbol{\alpha}_3$ 下的坐标为 x_1, x_2, x_3，则

$$\boldsymbol{\alpha}=x_1\boldsymbol{\alpha}_1+x_2\boldsymbol{\alpha}_2+x_3\boldsymbol{\alpha}_3$$

即

$$\boldsymbol{\alpha}=(\boldsymbol{\alpha}_1,\boldsymbol{\alpha}_2,\boldsymbol{\alpha}_3)\begin{bmatrix}x_1\\x_2\\x_3\end{bmatrix}$$

于是

$$\begin{bmatrix}1\\2\\1\end{bmatrix}=\begin{bmatrix}1&1&3\\2&1&1\\3&2&3\end{bmatrix}\begin{bmatrix}x_1\\x_2\\x_3\end{bmatrix}$$

解得

$$x_1=5,\quad x_2=-10,\quad x_3=2$$

所以，$\boldsymbol{\alpha}$ 在所给基 $\boldsymbol{\alpha}_1$，$\boldsymbol{\alpha}_2$，$\boldsymbol{\alpha}_3$ 下的坐标为 $(5,-10,2)^{\mathrm{T}}$。

1.1.3 基变换与坐标变换

对于 n 维线性空间 $\mathbf{V}_n$，如果取不同的基，对于同一向量，其坐标之间的关系可推导如下：

设 $\boldsymbol{\varepsilon}_1,\boldsymbol{\varepsilon}_2,\cdots,\boldsymbol{\varepsilon}_n$ 及 $\boldsymbol{\varepsilon}'_1,\boldsymbol{\varepsilon}'_2,\cdots,\boldsymbol{\varepsilon}'_n$ 是线性空间 $\mathbf{V}_n$ 的两组基，它们之间有下述关系

$$\begin{cases}\boldsymbol{\varepsilon}'_1=a_{11}\boldsymbol{\varepsilon}_1+a_{21}\boldsymbol{\varepsilon}_2+\cdots+a_{n1}\boldsymbol{\varepsilon}_n\\\boldsymbol{\varepsilon}'_2=a_{12}\boldsymbol{\varepsilon}_1+a_{22}\boldsymbol{\varepsilon}_2+\cdots+a_{n2}\boldsymbol{\varepsilon}_n\\\cdots\cdots\cdots\\\boldsymbol{\varepsilon}'_n=a_{1n}\boldsymbol{\varepsilon}_1+a_{2n}\boldsymbol{\varepsilon}_2+\cdots+a_{nn}\boldsymbol{\varepsilon}_n\end{cases}\tag{1.1}$$

记

$$\boldsymbol{P}=\begin{bmatrix}a_{11}&a_{12}&\cdots&a_{1n}\\a_{21}&a_{22}&\cdots&a_{2n}\\\vdots&\vdots&&\vdots\\a_{n1}&a_{n2}&\cdots&a_{nn}\end{bmatrix}$$

则式(1.1)可表示为

$$\begin{bmatrix}\boldsymbol{\varepsilon}'_1\\\boldsymbol{\varepsilon}'_2\\\vdots\\\boldsymbol{\varepsilon}'_n\end{bmatrix}=\begin{bmatrix}a_{11}&a_{21}&\cdots&a_{n1}\\a_{12}&a_{22}&\cdots&a_{n2}\\\vdots&\vdots&&\vdots\\a_{1n}&a_{2n}&\cdots&a_{nn}\end{bmatrix}\begin{bmatrix}\boldsymbol{\varepsilon}_1\\\boldsymbol{\varepsilon}_2\\\vdots\\\boldsymbol{\varepsilon}_n\end{bmatrix}=\boldsymbol{P}^{\mathrm{T}}\begin{bmatrix}\boldsymbol{\varepsilon}_1\\\boldsymbol{\varepsilon}_2\\\vdots\\\boldsymbol{\varepsilon}_n\end{bmatrix}$$

或

$$(\boldsymbol{\varepsilon}'_1,\boldsymbol{\varepsilon}'_2,\cdots,\boldsymbol{\varepsilon}'_n)=(\boldsymbol{\varepsilon}_1,\boldsymbol{\varepsilon}_2,\cdots,\boldsymbol{\varepsilon}_n)\boldsymbol{P}\tag{1.2}$$

式(1.2)称为基变换公式，矩阵 $\boldsymbol{P}$ 称为由基 $\boldsymbol{\varepsilon}_1,\boldsymbol{\varepsilon}_2,\cdots,\boldsymbol{\varepsilon}_n$ 到基 $\boldsymbol{\varepsilon}'_1,\boldsymbol{\varepsilon}'_2,\cdots,\boldsymbol{\varepsilon}'_n$ 的过渡矩阵，过渡矩阵一定是可逆的。

设 $\mathbf{V}_n$ 中的元素 $\boldsymbol{\alpha}$ 在基 $\boldsymbol{\varepsilon}_1,\boldsymbol{\varepsilon}_2,\cdots,\boldsymbol{\varepsilon}_n$ 下的坐标为 $(x_1,x_2,\cdots,x_n)^{\mathrm{T}}$，在基 $\boldsymbol{\varepsilon}'_1,\boldsymbol{\varepsilon}_2,\cdots,\boldsymbol{\varepsilon}'_n$ 下的坐标为 $(x'_1,x'_2,\cdots,x'_n)^{\mathrm{T}}$。若两个基满足关系式(1.2)，则有

$$\boldsymbol{\alpha}=(\boldsymbol{\varepsilon}_1,\boldsymbol{\varepsilon}_2,\cdots,\boldsymbol{\varepsilon}_n)\begin{bmatrix}x_1\\x_2\\\vdots\\x_n\end{bmatrix}=(\boldsymbol{\varepsilon}'_1,\boldsymbol{\varepsilon}'_2,\cdots,\boldsymbol{\varepsilon}'_n)\begin{bmatrix}x'_1\\x'_2\\\vdots\\x'_n\end{bmatrix}=(\boldsymbol{\varepsilon}_1,\boldsymbol{\varepsilon}_2,\cdots,\boldsymbol{\varepsilon}_n)\boldsymbol{P}\begin{bmatrix}x'_1\\x'_2\\\vdots\\x'_n\end{bmatrix}$$

即有坐标变换公式

$$\begin{bmatrix} x_1 \\ x_2 \\ \vdots \\ x_n \end{bmatrix} = P \begin{bmatrix} x'_1 \\ x'_2 \\ \vdots \\ x'_n \end{bmatrix} \quad 或 \quad \begin{bmatrix} x'_1 \\ x'_2 \\ \vdots \\ x'_n \end{bmatrix} = P^{-1} \begin{bmatrix} x_1 \\ x_2 \\ \vdots \\ x_n \end{bmatrix} \tag{1.3}$$

式(1.3)就是当基变换矩阵 $\boldsymbol{P}$ 已知时，向量 $\boldsymbol{\alpha}$ 关于两个基的坐标之间的关系。

例 1.10 在 $\mathbf{R}^3$ 中，有两组基：

Ⅰ：$\boldsymbol{\alpha}_1=(1,0,0)^{\mathrm{T}}$，$\boldsymbol{\alpha}_2=(1,1,0)^{\mathrm{T}}$，$\boldsymbol{\alpha}_3=(1,1,1)^{\mathrm{T}}$；

Ⅱ：$\boldsymbol{\beta}_1=(1,1,0)^{\mathrm{T}}$，$\boldsymbol{\beta}_2=(0,1,1)^{\mathrm{T}}$，$\boldsymbol{\beta}_3=(1,0,1)^{\mathrm{T}}$。

求：(1) 从Ⅰ到Ⅱ的过渡矩阵 $\boldsymbol{P}$；

(2) 已知向量 $\boldsymbol{x}$ 在Ⅰ下的坐标为$(1,0,2)^{\mathrm{T}}$，求 $\boldsymbol{x}$ 在Ⅱ下的坐标。

解 (1) 由$(\boldsymbol{\beta}_1,\boldsymbol{\beta}_2,\boldsymbol{\beta}_3)=(\boldsymbol{\alpha}_1,\boldsymbol{\alpha}_2,\boldsymbol{\alpha}_3)\boldsymbol{P}$，即

$$\begin{bmatrix} 1 & 0 & 1 \\ 1 & 1 & 0 \\ 0 & 1 & 1 \end{bmatrix} = \begin{bmatrix} 1 & 1 & 1 \\ 0 & 1 & 1 \\ 0 & 0 & 1 \end{bmatrix} \boldsymbol{P}$$

从而

$$\boldsymbol{P} = \begin{bmatrix} 1 & 1 & 1 \\ 0 & 1 & 1 \\ 0 & 0 & 1 \end{bmatrix}^{-1} \begin{bmatrix} 1 & 0 & 1 \\ 1 & 1 & 0 \\ 0 & 1 & 1 \end{bmatrix} = \begin{bmatrix} 0 & -1 & 1 \\ 1 & 0 & -1 \\ 0 & 1 & 1 \end{bmatrix}$$

(2) $\boldsymbol{x}$ 在基Ⅱ下的坐标为

$$\begin{bmatrix} x'_1 \\ x'_2 \\ x'_3 \end{bmatrix} = \boldsymbol{P}^{-1} \begin{bmatrix} x_1 \\ x_2 \\ x_3 \end{bmatrix} = \begin{bmatrix} 0 & -1 & 1 \\ 1 & 0 & -1 \\ 0 & 1 & 1 \end{bmatrix}^{-1} \begin{bmatrix} 1 \\ 0 \\ 2 \end{bmatrix} = \begin{bmatrix} \frac{3}{2} \\ \frac{1}{2} \\ \frac{3}{2} \end{bmatrix}$$

例 1.11 在 $\mathbf{R}[x]_2$ 中，求 $f(x)=1+x+x^2$ 在基 1，$(x-1)$，$(x-2)(x-1)$ 下的坐标。

解 取 $\mathbf{R}[x]_2$ 的一组简单基 1，x，x^2，则 $f(x)$ 在简单基下的坐标为$(1,1,1)^{\mathrm{T}}$，简单基到已知基下的过渡矩阵为

$$\boldsymbol{P} = \begin{bmatrix} 1 & -1 & 2 \\ 0 & 1 & -3 \\ 0 & 0 & 1 \end{bmatrix}$$

所以，$f(x)$ 在这组基下的坐标为

$$\begin{bmatrix} 1 & -1 & 2 \\ 0 & 1 & -3 \\ 0 & 0 & 1 \end{bmatrix}^{-1} \begin{bmatrix} 1 \\ 1 \\ 1 \end{bmatrix} = \begin{bmatrix} 3 \\ 4 \\ 1 \end{bmatrix}$$

例 1.12 在 $\mathbf{R}[x]_2$ 中取定两个基

Ⅰ：$\boldsymbol{\alpha}_1=1$，$\boldsymbol{\alpha}_2=x-1$，$\boldsymbol{\alpha}_3=(x-1)^2$；

Ⅱ：$\boldsymbol{\beta}_1=2$，$\boldsymbol{\beta}_2=x-2$，$\boldsymbol{\beta}_3=(x-2)^2$。

求 $\boldsymbol{\beta}_1,\boldsymbol{\beta}_2,\boldsymbol{\beta}_3$ 到 $\boldsymbol{\alpha}_1,\boldsymbol{\alpha}_2,\boldsymbol{\alpha}_3$ 的过渡矩阵 $\boldsymbol{P}$。

解 设 $(\boldsymbol{\alpha}_1, \boldsymbol{\alpha}_2, \boldsymbol{\alpha}_3) = (\boldsymbol{\beta}_1, \boldsymbol{\beta}_2, \boldsymbol{\beta}_3)\boldsymbol{P}$，若取定 $\mathbf{R}[x]_2$的简单基 1，x，x^2，则

$$(\boldsymbol{\alpha}_1, \boldsymbol{\alpha}_2, \boldsymbol{\alpha}_3) = (1, x, x^2)\boldsymbol{B}$$
$$(\boldsymbol{\beta}_1, \boldsymbol{\beta}_2, \boldsymbol{\beta}_3) = (1, x, x^2)\boldsymbol{C}$$

得

$$\boldsymbol{B} = \begin{bmatrix} 1 & -1 & 1 \\ 0 & 1 & -2 \\ 0 & 0 & 1 \end{bmatrix}, \quad \boldsymbol{C} = \begin{bmatrix} 2 & -2 & 4 \\ 0 & 1 & -4 \\ 0 & 0 & 1 \end{bmatrix}$$

由此可解得

$$\boldsymbol{P} = \boldsymbol{C}^{-1}\boldsymbol{B} = \frac{1}{2}\begin{bmatrix} 1 & 1 & 1 \\ 0 & 2 & 4 \\ 0 & 0 & 2 \end{bmatrix}$$

1.2 线性变换

1.2.1 线性变换的概念与性质

定义 1.4 设 $\mathbf{V}$ 是数域 F 上的线性空间，$\boldsymbol{\sigma}$ 是 $\mathbf{V}$ 的一个变换，如果对于任意 $\boldsymbol{\alpha}, \boldsymbol{\beta} \in \mathbf{V}$ 和$k \in F$，都有

（1）$\boldsymbol{\sigma}(\boldsymbol{\alpha}+\boldsymbol{\beta}) = \boldsymbol{\sigma}(\boldsymbol{\alpha}) + \boldsymbol{\sigma}(\boldsymbol{\beta})$；

（2）$\boldsymbol{\sigma}(k\boldsymbol{\alpha}) = k\boldsymbol{\sigma}(\boldsymbol{\alpha})$。

则称 $\boldsymbol{\sigma}$ 是 $\mathbf{V}$ 的一个线性变换。

显然，线性空间 $\mathbf{V}_n$的恒等变换(或单位变换)I 和零变换

$$I(\boldsymbol{\alpha}) = \boldsymbol{\alpha},\ \mathbf{0}(\boldsymbol{\alpha}) = \mathbf{0}\ \ (\boldsymbol{\alpha} \in \mathbf{V}_n)$$

都是线性变换。倍数变换

$$\boldsymbol{\sigma}(\boldsymbol{\alpha}) = k\boldsymbol{\alpha}\ \ (\boldsymbol{\alpha} \in \mathbf{V}_n)$$

也是 $\mathbf{V}_n$的一个线性变换。

例 1.13 在线性空间 $\mathbf{R}[x]_n$ 中用 $\boldsymbol{D}$ 表示求导数的变换

$$\boldsymbol{D}(p(x)) = p'(x)$$

由于

$$\boldsymbol{D}(p(x) + q(x)) = \boldsymbol{D}(p(x)) + \boldsymbol{D}(q(x))$$
$$\boldsymbol{D}(kp(x)) = k\boldsymbol{D}(p(x))$$

因此，导数变换是一个线性变换。

例 1.14 取定矩阵 $\boldsymbol{A}, \boldsymbol{B} \in \mathbf{R}^{n\times n}$，定义 $\mathbf{R}^{n\times n}$的变换

$$\boldsymbol{\sigma}(\boldsymbol{X}) = \boldsymbol{AX} + \boldsymbol{XB}\quad (\boldsymbol{X} \in \mathbf{R}^{n\times n})$$

由于对于任意 $\boldsymbol{X}, \boldsymbol{Y} \in \mathbf{R}^{n\times n}$和 $k \in \mathbf{R}$，有

$$\begin{aligned} \boldsymbol{\sigma}(\boldsymbol{X}+\boldsymbol{Y}) &= \boldsymbol{A}(\boldsymbol{X}+\boldsymbol{Y}) + (\boldsymbol{X}+\boldsymbol{Y})\boldsymbol{B} \\ &= (\boldsymbol{AX}+\boldsymbol{XB}) + (\boldsymbol{AY}+\boldsymbol{YB}) \\ &= \boldsymbol{\sigma}(\boldsymbol{X}) + \boldsymbol{\sigma}(\boldsymbol{Y}) \end{aligned}$$

$$\boldsymbol{\sigma}(k\boldsymbol{X}) = \boldsymbol{A}(k\boldsymbol{X}) + (k\boldsymbol{X})\boldsymbol{B} = k(\boldsymbol{AX}+\boldsymbol{XB}) = k\boldsymbol{\sigma}(\boldsymbol{X})$$

于是，$\boldsymbol{\sigma}$ 是线性变换。

线性变换具有下述性质：

(1) $\boldsymbol{\sigma}(\mathbf{0})=\mathbf{0}$, $\boldsymbol{\sigma}(-\boldsymbol{\alpha})=-\boldsymbol{\sigma}(\boldsymbol{\alpha})$;

(2) 若 $\boldsymbol{\beta}=k_1\boldsymbol{\alpha}_1+k_2\boldsymbol{\alpha}_2+\cdots+k_s\boldsymbol{\alpha}_s$，则 $\boldsymbol{\sigma}(\boldsymbol{\beta})=k_1\boldsymbol{\sigma}(\boldsymbol{\alpha}_1)+k_2\boldsymbol{\sigma}(\boldsymbol{\alpha}_2)+\cdots+k_s\boldsymbol{\sigma}(\boldsymbol{\alpha}_s)$;

(3) 线性相关的向量经过线性变换后，仍保持线性相关；

(4) 线性变换 $\boldsymbol{\sigma}$ 的像集 $\boldsymbol{\sigma}(\mathbf{V})$ 仍是一个线性空间，称为线性变换 $\boldsymbol{\sigma}$ 的像空间。

注意：性质(3)的否命题是不成立的，即若线性无关的向量经过线性变换不一定是线性无关的，例如零变换。

性质(4)的例子可见齐次线性方程组 $\boldsymbol{AX}=\mathbf{0}$ 的解空间。

1.2.2 线性变换的矩阵表示

定义 1.5 设 $\boldsymbol{\varepsilon}_1, \boldsymbol{\varepsilon}_2, \cdots, \boldsymbol{\varepsilon}_n$ 是数域 F 上 n 维线性空间 $\mathbf{V}_n$ 的一组基，$\boldsymbol{\sigma}$ 是 $\mathbf{V}_n$ 的一个线性变换，$\boldsymbol{\sigma}(\boldsymbol{\varepsilon}_1), \boldsymbol{\sigma}(\boldsymbol{\varepsilon}_2), \cdots, \boldsymbol{\sigma}(\boldsymbol{\varepsilon}_n)$ 可以唯一地由基 $\boldsymbol{\varepsilon}_1, \boldsymbol{\varepsilon}_2, \cdots, \boldsymbol{\varepsilon}_n$ 线性表示为

$$\begin{cases}\boldsymbol{\sigma}(\boldsymbol{\varepsilon}_1)=a_{11}\boldsymbol{\varepsilon}_1+a_{21}\boldsymbol{\varepsilon}_2+\cdots+a_{n1}\boldsymbol{\varepsilon}_n\\ \boldsymbol{\sigma}(\boldsymbol{\varepsilon}_2)=a_{12}\boldsymbol{\varepsilon}_1+a_{22}\boldsymbol{\varepsilon}_2+\cdots+a_{n2}\boldsymbol{\varepsilon}_n\\ \vdots\\ \boldsymbol{\sigma}(\boldsymbol{\varepsilon}_n)=a_{1n}\boldsymbol{\varepsilon}_1+a_{2n}\boldsymbol{\varepsilon}_2+\cdots+a_{nn}\boldsymbol{\varepsilon}_n\end{cases}\tag{1.4}$$

称矩阵

$$\boldsymbol{A}=\begin{bmatrix}a_{11} & a_{12} & \cdots & a_{1n}\\ a_{21} & a_{22} & \cdots & a_{2n}\\ \vdots & \vdots & & \vdots\\ a_{n1} & a_{n2} & \cdots & a_{nn}\end{bmatrix}$$

为线性变换 $\boldsymbol{\sigma}$ 在基 $\boldsymbol{\varepsilon}_1, \boldsymbol{\varepsilon}_2, \cdots, \boldsymbol{\varepsilon}_n$ 下的矩阵。形式上采用矩阵乘法表示将式(1.4)表示为

$$\boldsymbol{\sigma}(\boldsymbol{\varepsilon}_1, \boldsymbol{\varepsilon}_2, \cdots, \boldsymbol{\varepsilon}_n)=(\boldsymbol{\varepsilon}_1, \boldsymbol{\varepsilon}_2, \cdots, \boldsymbol{\varepsilon}_n)\boldsymbol{A}\tag{1.5}$$

例如，线性空间 $\mathbf{V}_n$ 的恒等变换 I 和零变换在任一组基下的矩阵分别为 n 阶单位矩阵 $\boldsymbol{E}$ 和零矩阵 $\boldsymbol{O}$，即

$$\boldsymbol{I}(\boldsymbol{\varepsilon}_1, \boldsymbol{\varepsilon}_2, \cdots, \boldsymbol{\varepsilon}_n)=(\boldsymbol{\varepsilon}_1, \boldsymbol{\varepsilon}_2, \cdots, \boldsymbol{\varepsilon}_n)\boldsymbol{E}$$
$$\boldsymbol{O}(\boldsymbol{\varepsilon}_1, \boldsymbol{\varepsilon}_2, \cdots, \boldsymbol{\varepsilon}_n)=(\boldsymbol{\varepsilon}_1, \boldsymbol{\varepsilon}_2, \cdots, \boldsymbol{\varepsilon}_n)\boldsymbol{O}$$

线性空间 $\mathbf{V}_n$ 的倍数变换 $\boldsymbol{\sigma}$ 在任一组基下的矩阵为纯量矩阵 $k\boldsymbol{E}$，即

$$\boldsymbol{\sigma}(\boldsymbol{\varepsilon}_1, \boldsymbol{\varepsilon}_2, \cdots, \boldsymbol{\varepsilon}_n)=(\boldsymbol{\varepsilon}_1, \boldsymbol{\varepsilon}_2, \cdots, \boldsymbol{\varepsilon}_n)k\boldsymbol{E}$$

定理 1.1 设线性空间 $\mathbf{V}_n$ 的线性变换 $\boldsymbol{\sigma}$ 在基 $\boldsymbol{\varepsilon}_1, \boldsymbol{\varepsilon}_2, \cdots, \boldsymbol{\varepsilon}_n$ 下的矩阵为 $\boldsymbol{A}$。如果 $\mathbf{V}_n$ 中向量 $\boldsymbol{X}$ 对于基 $\boldsymbol{\varepsilon}_1, \boldsymbol{\varepsilon}_2, \cdots, \boldsymbol{\varepsilon}_n$ 的坐标为 $(x_1, x_2, \cdots, x_n)^{\mathrm{T}}$，$\boldsymbol{\sigma}(\boldsymbol{X})$ 对于基 $\boldsymbol{\varepsilon}_1, \boldsymbol{\varepsilon}_2, \cdots, \boldsymbol{\varepsilon}_n$ 的坐标为 $(y_1, y_2, \cdots, y_n)^{\mathrm{T}}$，则

$$\begin{bmatrix}y_1\\ y_2\\ \vdots\\ y_n\end{bmatrix}=\boldsymbol{A}\begin{bmatrix}x_1\\ x_2\\ \vdots\\ x_n\end{bmatrix}\tag{1.6}$$

证明 由于

$$\boldsymbol{\sigma}(\boldsymbol{\varepsilon}_1, \boldsymbol{\varepsilon}_2, \cdots, \boldsymbol{\varepsilon}_n)=(\boldsymbol{\varepsilon}_1, \boldsymbol{\varepsilon}_2, \cdots, \boldsymbol{\varepsilon}_n)\boldsymbol{A}$$

$$\boldsymbol{X}=(\boldsymbol{\varepsilon}_1, \boldsymbol{\varepsilon}_2, \cdots, \boldsymbol{\varepsilon}_n)\begin{bmatrix}x_1\\ x_2\\ \vdots\\ x_n\end{bmatrix}$$

于是

$$\boldsymbol{\sigma}(X)=\boldsymbol{\sigma}(\boldsymbol{\varepsilon}_1,\boldsymbol{\varepsilon}_2,\cdots,\boldsymbol{\varepsilon}_n)\begin{bmatrix}x_1\\x_2\\\vdots\\x_n\end{bmatrix}=(\boldsymbol{\varepsilon}_1,\boldsymbol{\varepsilon}_2,\cdots,\boldsymbol{\varepsilon}_n)\boldsymbol{A}\begin{bmatrix}x_1\\x_2\\\vdots\\x_n\end{bmatrix}$$

因为$\boldsymbol{\varepsilon}_1,\boldsymbol{\varepsilon}_2,\cdots,\boldsymbol{\varepsilon}_n$是线性无关的，所以

$$\begin{bmatrix}y_1\\y_2\\\vdots\\y_n\end{bmatrix}=\boldsymbol{A}\begin{bmatrix}x_1\\x_2\\\vdots\\x_n\end{bmatrix}$$

线性变换与矩阵是一一对应的，而线性变换的矩阵与所取的基有关。同一线性变换在不同基下的矩阵一般是不相等的。因此，如何选择一组基使得一个线性变换在这组基下的矩阵最简单，就成为一个重要的问题。

定理 1.2 设$\boldsymbol{\varepsilon}_1,\boldsymbol{\varepsilon}_2,\cdots,\boldsymbol{\varepsilon}_n$和$\boldsymbol{\varepsilon}'_1,\boldsymbol{\varepsilon}'_2,\cdots,\boldsymbol{\varepsilon}'_n$为线性空间 $\mathbf{V}$ 的两组基，且由基$\boldsymbol{\varepsilon}_1,\boldsymbol{\varepsilon}_2,\cdots,\boldsymbol{\varepsilon}_n$到基$\boldsymbol{\varepsilon}'_1,\boldsymbol{\varepsilon}'_2,\cdots,\boldsymbol{\varepsilon}'_n$的过渡矩阵为 $\boldsymbol{P}$，$\mathbf{V}_n$中的线性变换 $\boldsymbol{\sigma}$ 在这两组基下的矩阵依次为 $\boldsymbol{A}$ 和 $\boldsymbol{B}$，则

$$\boldsymbol{B}=\boldsymbol{P}^{-1}\boldsymbol{A}\boldsymbol{P}$$

即 $\boldsymbol{B}$ 与 $\boldsymbol{A}$ 相似，称两个基之间的过渡矩阵 $\boldsymbol{P}$ 为相似变换矩阵。

证明 由于
$$(\boldsymbol{\varepsilon}'_1,\boldsymbol{\varepsilon}'_2,\cdots,\boldsymbol{\varepsilon}'_n)=(\boldsymbol{\varepsilon}_1,\boldsymbol{\varepsilon}_2,\cdots,\boldsymbol{\varepsilon}_n)\boldsymbol{P}$$
$\boldsymbol{P}$ 可逆，及

$$\boldsymbol{\sigma}(\boldsymbol{\varepsilon}_1,\boldsymbol{\varepsilon}_2,\cdots,\boldsymbol{\varepsilon}_n)=(\boldsymbol{\varepsilon}_1,\boldsymbol{\varepsilon}_2,\cdots,\boldsymbol{\varepsilon}_n)\boldsymbol{A}$$
$$\boldsymbol{\sigma}(\boldsymbol{\varepsilon}'_1,\boldsymbol{\varepsilon}'_2,\cdots,\boldsymbol{\varepsilon}'_n)=(\boldsymbol{\varepsilon}'_1,\boldsymbol{\varepsilon}'_2,\cdots,\boldsymbol{\varepsilon}'_n)\boldsymbol{B}$$

于是

$$\begin{aligned}(\boldsymbol{\varepsilon}'_1,\boldsymbol{\varepsilon}'_2,\cdots,\boldsymbol{\varepsilon}'_n)\boldsymbol{B}&=\boldsymbol{\sigma}(\boldsymbol{\varepsilon}'_1,\boldsymbol{\varepsilon}'_2,\cdots,\boldsymbol{\varepsilon}'_n)=\boldsymbol{\sigma}[(\boldsymbol{\varepsilon}_1,\boldsymbol{\varepsilon}_2,\cdots,\boldsymbol{\varepsilon}_n)\boldsymbol{P}]\\&=[\boldsymbol{\sigma}(\boldsymbol{\varepsilon}_1,\boldsymbol{\varepsilon}_2,\cdots,\boldsymbol{\varepsilon}_n)]\boldsymbol{P}=(\boldsymbol{\varepsilon}_1,\boldsymbol{\varepsilon}_2,\cdots,\boldsymbol{\varepsilon}_n)\boldsymbol{A}\boldsymbol{P}\\&=(\boldsymbol{\varepsilon}'_1,\boldsymbol{\varepsilon}'_2,\cdots,\boldsymbol{\varepsilon}'_n)\boldsymbol{P}^{-1}\boldsymbol{A}\boldsymbol{P}\end{aligned}$$

因为$\boldsymbol{\varepsilon}'_1,\boldsymbol{\varepsilon}'_2,\cdots,\boldsymbol{\varepsilon}'_n$线性无关，所以

$$\boldsymbol{B}=\boldsymbol{P}^{-1}\boldsymbol{A}\boldsymbol{P}$$

例 1.15 在 $\mathbf{R}[x]_3$中，线性变换为微分运算 $\boldsymbol{D}$，求 $\boldsymbol{D}$ 在基$\boldsymbol{\varepsilon}_1=x^3+3x^2$，$\boldsymbol{\varepsilon}_2=2x^3+5x^2$，$\boldsymbol{\varepsilon}_3=2x+1$，$\boldsymbol{\varepsilon}_4=x+1$ 下的矩阵 $\boldsymbol{B}$。

解 取 $\mathbf{R}[x]_3$的简单基：x^3，x^2，x，1，则

$$\boldsymbol{D}(x^3)=3x^2,\quad \boldsymbol{D}(x^2)=2x,\quad \boldsymbol{D}(x)=1,\ \boldsymbol{D}(1)=0$$

$\boldsymbol{D}$ 在简单基下的矩阵为

$$\boldsymbol{A}=\begin{bmatrix}0&0&0&0\\3&0&0&0\\0&2&0&0\\0&0&1&0\end{bmatrix}$$

简单基到基$\boldsymbol{\varepsilon}_1,\boldsymbol{\varepsilon}_2,\boldsymbol{\varepsilon}_3,\boldsymbol{\varepsilon}_4$的过渡矩阵为

$$P=\begin{bmatrix}1&2&0&0\\3&5&0&0\\0&0&2&1\\0&0&1&1\end{bmatrix}$$

所以，$\boldsymbol{D}$ 在基 $\boldsymbol{\varepsilon}_1,\boldsymbol{\varepsilon}_2,\boldsymbol{\varepsilon}_3,\boldsymbol{\varepsilon}_4$ 下的矩阵为

$$\boldsymbol{B}=\boldsymbol{P}^{-1}\boldsymbol{AP}=\begin{bmatrix}6&12&0&0\\-3&-6&0&0\\6&10&-2&-1\\-6&-10&4&2\end{bmatrix}$$

例 1.16 在 $\mathbf{R}^3$ 中，线性变换 $\boldsymbol{\sigma}$ 将基 $\boldsymbol{\alpha}_1=(1,1,-1)^{\mathrm{T}}$，$\boldsymbol{\alpha}_2=(0,2,-1)^{\mathrm{T}}$，$\boldsymbol{\alpha}_3=(1,0,-1)^{\mathrm{T}}$ 变为 $\boldsymbol{\beta}_1=(1,-1,0)^{\mathrm{T}}$，$\boldsymbol{\beta}_2=(0,1,-1)^{\mathrm{T}}$，$\boldsymbol{\beta}_3=(0,3,-2)^{\mathrm{T}}$。求：

(1) σ 在基 $\boldsymbol{\alpha}_1,\boldsymbol{\alpha}_2,\boldsymbol{\alpha}_3$ 下的矩阵；

(2) 向量 $\boldsymbol{\xi}=(1,2,3)^{\mathrm{T}}$ 及 $\boldsymbol{\sigma}(\boldsymbol{\xi})$ 在基 $\boldsymbol{\alpha}_1,\boldsymbol{\alpha}_2,\boldsymbol{\alpha}_3$ 下的坐标。

解 (1) 设 $\boldsymbol{\sigma}$ 在基 $\boldsymbol{\alpha}_1,\boldsymbol{\alpha}_2,\boldsymbol{\alpha}_3$ 下的矩阵为 $\boldsymbol{A}$，即

$$\boldsymbol{\sigma}(\boldsymbol{\alpha}_1,\boldsymbol{\alpha}_2,\boldsymbol{\alpha}_3)=(\boldsymbol{\alpha}_1,\boldsymbol{\alpha}_2,\boldsymbol{\alpha}_3)\boldsymbol{A}$$

又

$$\boldsymbol{\sigma}(\boldsymbol{\alpha}_1,\boldsymbol{\alpha}_2,\boldsymbol{\alpha}_3)=(\boldsymbol{\beta}_1,\boldsymbol{\beta}_2,\boldsymbol{\beta}_3)$$

故

$$(\boldsymbol{\beta}_1,\boldsymbol{\beta}_2,\boldsymbol{\beta}_3)=(\boldsymbol{\alpha}_1,\boldsymbol{\alpha}_2,\boldsymbol{\alpha}_3)\boldsymbol{A}$$

从而

$$\begin{aligned}\boldsymbol{A}&=(\boldsymbol{\alpha}_1,\boldsymbol{\alpha}_2,\boldsymbol{\alpha}_3)^{-1}(\boldsymbol{\beta}_1,\boldsymbol{\beta}_2,\boldsymbol{\beta}_3)\\&=\begin{bmatrix}1&0&1\\1&2&0\\-1&-1&-1\end{bmatrix}^{-1}\begin{bmatrix}1&0&0\\-1&1&3\\0&-1&-2\end{bmatrix}=\begin{bmatrix}1&-1&-1\\-1&1&2\\0&1&1\end{bmatrix}\end{aligned}$$

(2) 设 $\boldsymbol{\xi}=(\boldsymbol{\alpha}_1,\boldsymbol{\alpha}_2,\boldsymbol{\alpha}_3)\begin{bmatrix}x_1\\x_2\\x_3\end{bmatrix}$，即

$$\begin{bmatrix}1\\2\\3\end{bmatrix}=\begin{bmatrix}1&0&1\\1&2&0\\-1&-1&-1\end{bmatrix}\begin{bmatrix}x_1\\x_2\\x_3\end{bmatrix}$$

解得 $x_1=10$，$x_2=-4$，$x_3=-9$，所以 $\boldsymbol{\xi}$ 在 $\boldsymbol{\alpha}_1,\boldsymbol{\alpha}_2,\boldsymbol{\alpha}_3$ 下的坐标为 $(10,-4,-9)^{\mathrm{T}}$。

设 $\boldsymbol{\sigma}(\boldsymbol{\xi})$ 在 $\boldsymbol{\alpha}_1,\boldsymbol{\alpha}_2,\boldsymbol{\alpha}_3$ 下的坐标为 $(y_1,y_2,y_3)^{\mathrm{T}}$，有

$$\begin{bmatrix}y_1\\y_2\\y_3\end{bmatrix}=\boldsymbol{A}\begin{bmatrix}x_1\\x_2\\x_3\end{bmatrix}=\begin{bmatrix}1&-1&-1\\-1&1&2\\0&1&1\end{bmatrix}\begin{bmatrix}10\\-4\\-9\end{bmatrix}=\begin{bmatrix}23\\-32\\-13\end{bmatrix}$$

例 1.17 设给定 $\mathbf{R}^{2\times2}$ 的一组基

$$\boldsymbol{\varepsilon}_1=\begin{bmatrix}1&0\\0&0\end{bmatrix},\ \boldsymbol{\varepsilon}_2=\begin{bmatrix}-1&1\\0&0\end{bmatrix},\ \boldsymbol{\varepsilon}_3=\begin{bmatrix}-1&0\\1&0\end{bmatrix},\ \boldsymbol{\varepsilon}_4=\begin{bmatrix}-1&0\\0&1\end{bmatrix}$$

及线性变换

$$\boldsymbol{\sigma}(\boldsymbol{\alpha})=\begin{bmatrix}1&0\\0&-1\end{bmatrix}\boldsymbol{\alpha}$$

其中，$\boldsymbol{\alpha}\in\mathbf{R}^{2\times2}$，求$\boldsymbol{\sigma}$在给定基$\boldsymbol{\varepsilon}_1$，$\boldsymbol{\varepsilon}_2$，$\boldsymbol{\varepsilon}_3$，$\boldsymbol{\varepsilon}_4$下的矩阵。

解 取$\mathbf{R}^{2\times2}$上的简单基：

$$\boldsymbol{E}_{11}=\begin{bmatrix}1&0\\0&0\end{bmatrix},\ \boldsymbol{E}_{12}=\begin{bmatrix}0&1\\0&0\end{bmatrix},\ \boldsymbol{E}_{21}=\begin{bmatrix}0&0\\1&0\end{bmatrix},\ \boldsymbol{E}_{22}=\begin{bmatrix}0&0\\0&1\end{bmatrix}$$

显然$\boldsymbol{E}_{11}$，$\boldsymbol{E}_{12}$，$\boldsymbol{E}_{21}$，$\boldsymbol{E}_{22}$到$\boldsymbol{\varepsilon}_1$，$\boldsymbol{\varepsilon}_2$，$\boldsymbol{\varepsilon}_3$，$\boldsymbol{\varepsilon}_4$的过渡矩阵为

$$\boldsymbol{P}=\begin{bmatrix}1&-1&-1&-1\\0&1&0&0\\0&0&1&0\\0&0&0&1\end{bmatrix}$$

而

$$\boldsymbol{\sigma}(\boldsymbol{E}_{11})=\begin{bmatrix}1&0\\0&-1\end{bmatrix}\begin{bmatrix}1&0\\0&0\end{bmatrix}=\begin{bmatrix}1&0\\0&0\end{bmatrix}$$

同理可得

$$\boldsymbol{\sigma}(\boldsymbol{E}_{12})=\begin{bmatrix}0&1\\0&0\end{bmatrix},\ \boldsymbol{\sigma}(\boldsymbol{E}_{21})=\begin{bmatrix}0&0\\-1&0\end{bmatrix},\ \boldsymbol{\sigma}(\boldsymbol{E}_{22})=\begin{bmatrix}0&0\\0&-1\end{bmatrix}$$

则$\boldsymbol{\sigma}$在简单基$\boldsymbol{E}_{11}$，$\boldsymbol{E}_{12}$，$\boldsymbol{E}_{21}$，$\boldsymbol{E}_{22}$下的矩阵为

$$\boldsymbol{A}=\begin{bmatrix}1&0&0&0\\0&1&0&0\\0&0&-1&0\\0&0&0&-1\end{bmatrix}$$

于是，$\boldsymbol{\sigma}$在$\boldsymbol{\varepsilon}_1$，$\boldsymbol{\varepsilon}_2$，$\boldsymbol{\varepsilon}_3$，$\boldsymbol{\varepsilon}_4$下的矩阵为

$$\boldsymbol{B}=\boldsymbol{P}^{-1}\boldsymbol{A}\boldsymbol{P}=\begin{bmatrix}1&0&-2&-2\\0&1&0&0\\0&0&-1&0\\0&0&0&-1\end{bmatrix}$$

1.3 欧氏（Euclide）空间

1.3.1 欧氏空间的概念与性质

在线性代数中介绍过n维向量的内积，本节将在任意的线性空间中定义内积，定义了内积的线性空间称为内积空间或欧氏空间。

定义 1.6 设$\mathbf{V}$是实数域$\mathbf{R}$上的线性空间，如果$\mathbf{V}$中任意两个向量$\boldsymbol{\alpha}$，$\boldsymbol{\beta}$按某一对应法则都有唯一确定的实数$(\boldsymbol{\alpha},\boldsymbol{\beta})$与之对应，且满足：

(1) $(\boldsymbol{\alpha},\boldsymbol{\beta})=(\boldsymbol{\beta},\boldsymbol{\alpha})$；

(2) $(\boldsymbol{\alpha}+\boldsymbol{\beta},\boldsymbol{\gamma})=(\boldsymbol{\alpha},\boldsymbol{\gamma})+(\boldsymbol{\beta},\boldsymbol{\gamma})$ $(\boldsymbol{\gamma}\in\mathbf{V})$；

(3) $(k\boldsymbol{\alpha},\boldsymbol{\beta})=k(\boldsymbol{\alpha},\boldsymbol{\beta})$ $(\forall k\in F)$；

(4) $(\boldsymbol{\alpha},\boldsymbol{\alpha})\geqslant0$，当且仅当$\boldsymbol{\alpha}=\mathbf{0}$时等号成立。

则称$(\boldsymbol{\alpha},\boldsymbol{\beta})$为向量$\boldsymbol{\alpha}$，$\boldsymbol{\beta}$的内积，称线性空间$\mathbf{V}$为实内积空间或称欧氏空间。

例 1.18　实数域$\mathbf{R}$上的n维向量空间$\mathbf{R}^n$中，定义向量$\boldsymbol{\alpha}=(a_1, a_2, \cdots, a_n)$，$\boldsymbol{\beta}=(b_1, b_2, \cdots, b_n)$的内积为

$$(\boldsymbol{\alpha},\boldsymbol{\beta})=\boldsymbol{\alpha}\boldsymbol{\beta}^{\mathrm{T}}=(a_1, a_2, \cdots, a_n)\begin{bmatrix} b_1 \\ b_2 \\ \vdots \\ b_n \end{bmatrix}=a_1b_1+a_2b_2+\cdots+a_nb_n$$

不难验证，这样确定的实数满足定义 1.6 内积的四个条件，于是向量空间$\mathbf{R}^n$关于这个内积构成一个欧氏空间。仍用$\mathbf{R}^n$表示这个欧氏空间。

例 1.19　闭区间$[a, b]$上的全体连续函数构成的线性空间$\mathbf{C}[a, b]$，对于$f(x)$，$g(x)\in\mathbf{C}[a, b]$定义

$$(f(x), g(x))=\int_a^b f(x)g(x)\mathrm{d}x$$

易证它满足定义 1.6 内积的四个条件，于是，$(f(x), g(x))$为内积，且$\mathbf{C}[a, b]$对于这个内积构成一个欧氏空间。

由定义 1.6 可以推出内积具有以下性质：

(1) 对于任意$\boldsymbol{\alpha}\in\mathbf{V}$，有$(\boldsymbol{\alpha},\mathbf{0})=(\mathbf{0},\boldsymbol{\alpha})=0$；

(2) 对于任意$\boldsymbol{\alpha},\boldsymbol{\beta},\boldsymbol{\gamma}\in\mathbf{V}$，有$(\boldsymbol{\gamma},\boldsymbol{\alpha}+\boldsymbol{\beta})=(\boldsymbol{\gamma},\boldsymbol{\alpha})+(\boldsymbol{\gamma},\boldsymbol{\beta})$；

(3) 对于任意$\boldsymbol{\alpha},\boldsymbol{\beta}\in\mathbf{V}$，$k\in\mathbf{R}$，有$(\boldsymbol{\alpha},k\boldsymbol{\beta})=k(\boldsymbol{\alpha},\boldsymbol{\beta})$；

(4) 一般地，对于任意$\boldsymbol{\alpha}_1, \boldsymbol{\alpha}_2, \cdots, \boldsymbol{\alpha}_s\in\mathbf{V}$，$\boldsymbol{\beta}_1, \boldsymbol{\beta}_2, \cdots, \boldsymbol{\beta}_t\in\mathbf{V}$，$k_1, k_2, \cdots, k_s\in\mathbf{R}$，$l_1, l_2, \cdots, l_t\in\mathbf{R}$，有

$$\left(\sum_{i=1}^{s}k_i\boldsymbol{\alpha}_i, \sum_{j=1}^{t}l_j\boldsymbol{\beta}_j\right)=\sum_{i=1}^{s}\sum_{j=1}^{t}k_il_j(\boldsymbol{\alpha}_i,\boldsymbol{\beta}_j)$$

(5)（柯西-施瓦兹(Cauchy-Schwarz)不等式）对于内积空间$\mathbf{V}$中任意两个向量$\boldsymbol{\alpha},\boldsymbol{\beta}$有

$$(\boldsymbol{\alpha},\boldsymbol{\beta})^2\leqslant(\boldsymbol{\alpha},\boldsymbol{\alpha})(\boldsymbol{\beta},\boldsymbol{\beta}) \tag{1.7}$$

当且仅当$\boldsymbol{\alpha},\boldsymbol{\beta}$线性相关时等号成立。

定义 1.7　设$\boldsymbol{\alpha}$是内积空间$\mathbf{V}$中任一向量，非负实数$(\boldsymbol{\alpha},\boldsymbol{\alpha})$的算术根$\sqrt{(\boldsymbol{\alpha},\boldsymbol{\alpha})}$称为向量$\boldsymbol{\alpha}$的长度，并记为$|\boldsymbol{\alpha}|$。长度为 1 的向量称为单位向量。

如果$\boldsymbol{\alpha}\neq\mathbf{0}$，则向量$\dfrac{\boldsymbol{\alpha}}{|\boldsymbol{\alpha}|}$就是一个单位向量，用$|\boldsymbol{\alpha}|$去除向量$\boldsymbol{\alpha}$得到单位向量的做法叫作向量的单位化。

由例 1.18、例 1.19 知，$\mathbf{R}^n$中向量$\boldsymbol{\alpha}=(a_1, a_2, \cdots, a_n)$的长度为

$$|\boldsymbol{\alpha}|=\sqrt{(\boldsymbol{\alpha},\boldsymbol{\alpha})}=\sqrt{\sum_{i=1}^{n}a_i^2}$$

$\mathbf{C}[a, b]$中函数的长度为

$$|f(x)|=\sqrt{(f(x), f(x))}=\sqrt{\int_a^b f^2(x)\mathrm{d}x}$$

向量长度具有如下熟知的性质：

(1) $|\boldsymbol{\alpha}|\geqslant 0$，当且仅当$\boldsymbol{\alpha}=\mathbf{0}$时，$|\boldsymbol{\alpha}|=0$；

(2) $|k\boldsymbol{\alpha}|=|k|\cdot|\boldsymbol{\alpha}|\quad(k\in\mathbf{R}, \boldsymbol{\alpha}\in\mathbf{V})$；

(3) $|\boldsymbol{\alpha}+\boldsymbol{\beta}|\leqslant|\boldsymbol{\alpha}|+|\boldsymbol{\beta}|$，$|\boldsymbol{\alpha}-\boldsymbol{\beta}|\geqslant\big||\boldsymbol{\alpha}|-|\boldsymbol{\beta}|\big|$。

定义 1.8 欧氏空间 $\mathbf{V}$ 中两个非零向量 $\boldsymbol{\alpha},\boldsymbol{\beta}$ 之间的夹角$[\boldsymbol{\alpha},\boldsymbol{\beta}]$规定为

$$\theta=[\boldsymbol{\alpha},\boldsymbol{\beta}]=\arccos\frac{(\boldsymbol{\alpha},\boldsymbol{\beta})}{|\boldsymbol{\alpha}|\cdot|\boldsymbol{\beta}|}\quad(0\leqslant\theta\leqslant\pi)$$

如果$(\boldsymbol{\alpha},\boldsymbol{\beta})=0$，则称 $\boldsymbol{\alpha}$ 与 $\boldsymbol{\beta}$ 垂直（或正交），记作 $\boldsymbol{\alpha}\perp\boldsymbol{\beta}$。

由于$(\mathbf{0},\boldsymbol{\alpha})=0$，故零向量与任意向量都正交。

定理 1.3（Pythagorean 定理） 任意两个正交向量之和的长度平方等于各个向量长度平方和。即如果向量 $\boldsymbol{\alpha}$ 与 $\boldsymbol{\beta}$ 正交，则有

$$|\boldsymbol{\alpha}+\boldsymbol{\beta}|^2=|\boldsymbol{\alpha}|^2+|\boldsymbol{\beta}|^2$$

证明 因为

$$|\boldsymbol{\alpha}+\boldsymbol{\beta}|^2=(\boldsymbol{\alpha}+\boldsymbol{\beta},\boldsymbol{\alpha}+\boldsymbol{\beta})=(\boldsymbol{\alpha},\boldsymbol{\alpha})+(\boldsymbol{\alpha},\boldsymbol{\beta})+(\boldsymbol{\beta},\boldsymbol{\alpha})+(\boldsymbol{\beta},\boldsymbol{\beta})$$

而$(\boldsymbol{\alpha},\boldsymbol{\beta})=(\boldsymbol{\beta},\boldsymbol{\alpha})=0$，所以

$$|\boldsymbol{\alpha}+\boldsymbol{\beta}|^2=(\boldsymbol{\alpha},\boldsymbol{\alpha})+(\boldsymbol{\beta},\boldsymbol{\beta})=|\boldsymbol{\alpha}|^2+|\boldsymbol{\beta}|^2$$

例 1.20 设欧氏空间 $\mathbf{R}^3$ 中向量 $\boldsymbol{\alpha}=(3,2,4)^{\mathrm{T}}$，$\boldsymbol{\beta}=(1,-2,0)^{\mathrm{T}}$，求与 $\boldsymbol{\alpha},\boldsymbol{\beta}$ 都正交的向量。

解 设 $\boldsymbol{\gamma}=(x_1,x_2,x_3)^{\mathrm{T}}$为与 $\boldsymbol{\alpha},\boldsymbol{\beta}$ 正交的向量，根据正交的定义，有

$$(\boldsymbol{\gamma},\boldsymbol{\alpha})=3x_1+2x_2+4x_3=0$$
$$(\boldsymbol{\gamma},\boldsymbol{\beta})=x_1-2x_2=0$$

解此方程组，得与 $\boldsymbol{\alpha},\boldsymbol{\beta}$ 正交的向量

$$\begin{bmatrix}x_1\\x_2\\x_3\end{bmatrix}=k\begin{bmatrix}2\\1\\-1\end{bmatrix}\quad(k\in\mathbf{R})$$

1.3.2 标准正交基

内积空间中两两正交的非零向量组成的向量组，称为正交向量组。易证明，正交向量组是线性无关的，且 n 维内积空间中任何正交向量组所含向量的个数不会超过 n，n 个正交非零向量构成内积空间组基。

定义 1.9 在 n 维欧氏空间中，由 n 个正交向量组成的基称为正交基，由单位向量组成的正交基称为标准正交基。

例 1.6 中，$\boldsymbol{\varepsilon}_1,\boldsymbol{\varepsilon}_2,\cdots,\boldsymbol{\varepsilon}_n$是 n 维欧氏空间 $\mathbf{R}^n$的一个标准正交基。

设给定 n 维内积空间 $\mathbf{V}$ 中任一线性无关的向量组 $\boldsymbol{\alpha}_1,\boldsymbol{\alpha}_2,\cdots,\boldsymbol{\alpha}_m$，利用施密特（Schmidt）正交化方法可将其正交化，得到正交向量组$\boldsymbol{\beta}_1,\boldsymbol{\beta}_2,\cdots,\boldsymbol{\beta}_m$。施密特正交化方法在线性代数中已经介绍，这里只给出公式：

$$\begin{cases}\boldsymbol{\beta}_1=\boldsymbol{\alpha}_1\\ \boldsymbol{\beta}_2=\boldsymbol{\alpha}_2-\dfrac{(\boldsymbol{\alpha}_2,\boldsymbol{\beta}_1)}{(\boldsymbol{\beta}_1,\boldsymbol{\beta}_1)}\boldsymbol{\beta}_1\\ \boldsymbol{\beta}_3=\boldsymbol{\alpha}_3-\dfrac{(\boldsymbol{\alpha}_3,\boldsymbol{\beta}_2)}{(\boldsymbol{\beta}_2,\boldsymbol{\beta}_2)}\boldsymbol{\beta}_2-\dfrac{(\boldsymbol{\alpha}_3,\boldsymbol{\beta}_1)}{(\boldsymbol{\beta}_1,\boldsymbol{\beta}_1)}\boldsymbol{\beta}_1\\ \cdots\cdots\cdots\cdots\\ \boldsymbol{\beta}_m=\boldsymbol{\alpha}_m-\displaystyle\sum_{i=1}^{m-1}\frac{(\boldsymbol{\alpha}_m,\boldsymbol{\beta}_i)}{(\boldsymbol{\beta}_i,\boldsymbol{\beta}_i)}\boldsymbol{\beta}_i\end{cases}\tag{1.8}$$

如果再把每个向量$\boldsymbol{\beta}_i$单位化，即

$$\boldsymbol{\varepsilon}_i=\frac{\boldsymbol{\beta}_i}{|\boldsymbol{\beta}_i|}\quad(i=1,2,\cdots,m)$$

就得到单位正交向量组。当$m=n$时，便得到n维内积空间的一个标准正交基

$$\boldsymbol{\varepsilon}_1,\boldsymbol{\varepsilon}_2,\cdots,\boldsymbol{\varepsilon}_n$$

因此，任一n维向量空间$\mathbf{V}$都存在标准正交基。

1.3.3 度量矩阵

设$\mathbf{V}$是n维欧氏空间，$\boldsymbol{\varepsilon}_1,\boldsymbol{\varepsilon}_2,\cdots,\boldsymbol{\varepsilon}_n$是$\mathbf{V}$的一组基，对于$\mathbf{V}$中两个向量$\boldsymbol{\alpha},\boldsymbol{\beta}$，有

$$\boldsymbol{\alpha}=x_1\boldsymbol{\varepsilon}_1+x_2\boldsymbol{\varepsilon}_2+\cdots+x_n\boldsymbol{\varepsilon}_n$$
$$\boldsymbol{\beta}=y_1\boldsymbol{\varepsilon}_1+y_2\boldsymbol{\varepsilon}_2+\cdots+y_n\boldsymbol{\varepsilon}_n$$

由内积性质(4)，有

$$(\boldsymbol{\alpha},\boldsymbol{\beta})=\sum_{i=1}^{n}\sum_{j=1}^{n}x_iy_j(\boldsymbol{\varepsilon}_i,\boldsymbol{\varepsilon}_j)$$

记$a_{ij}=(\boldsymbol{\varepsilon}_i,\boldsymbol{\varepsilon}_j)$ $(i,j=1,2,\cdots,n)$，显然$a_{ij}=a_{ji}$，记

$$\boldsymbol{A}=\begin{bmatrix}a_{11}&a_{12}&\cdots&a_{1n}\\a_{21}&a_{22}&\cdots&a_{2n}\\\vdots&\vdots&&\vdots\\a_{n1}&a_{n2}&\cdots&a_{nn}\end{bmatrix}$$

则$\boldsymbol{A}$为一个实对称矩阵，向量$\boldsymbol{\alpha},\boldsymbol{\beta}$的内积可表示为

$$(\boldsymbol{\alpha},\boldsymbol{\beta})=\boldsymbol{x}^{\mathrm{T}}\boldsymbol{A}\boldsymbol{y}\tag{1.9}$$

这里$\boldsymbol{x},\boldsymbol{y}$分别是$\boldsymbol{\alpha},\boldsymbol{\beta}$的坐标，称$\boldsymbol{A}$为内积在基$\boldsymbol{\varepsilon}_1,\boldsymbol{\varepsilon}_2,\cdots,\boldsymbol{\varepsilon}_n$下的度量矩阵。由于$(\boldsymbol{\alpha},\boldsymbol{\alpha})>0$ $(\boldsymbol{\alpha}\neq\mathbf{0})$，而$(\boldsymbol{\alpha},\boldsymbol{\alpha})=\boldsymbol{x}^{\mathrm{T}}\boldsymbol{A}\boldsymbol{x}>0$，所以，度量矩阵$\boldsymbol{A}$是正定矩阵。

定理1.4 欧氏空间任一组基下的度量矩阵都是正定矩阵。

由式(1.9)可知，如果度量矩阵已知，任意两向量的内积可以通过坐标计算出来。因此，度量矩阵完全确定了内积。于是，可以用任意正定矩阵作为度量矩阵来规定内积。而向量的长度、夹角等可度量的量是用内积来刻画的，这就是度量矩阵名称的由来。

定理1.5 n维欧氏空间$\mathbf{V}$的一组基为标准正交基的充分必要条件是在该基下的度量矩阵为单位矩阵。

此时，$(\boldsymbol{\alpha},\boldsymbol{\beta})=\sum\limits_{i=1}^{n}x_iy_i$，即在标准正交基下，$n$维欧氏空间的内积等于对应坐标乘积之和。

定理1.6 n维欧氏空间两组标准正交基间的过渡矩阵必是正交矩阵。

证明 设$\boldsymbol{\varepsilon}_1,\boldsymbol{\varepsilon}_2,\cdots,\boldsymbol{\varepsilon}_n$及$\boldsymbol{\varepsilon}'_1,\boldsymbol{\varepsilon}'_2,\cdots,\boldsymbol{\varepsilon}'_n$都是标准正交基，且有

$$(\boldsymbol{\varepsilon}'_1,\boldsymbol{\varepsilon}'_2,\cdots,\boldsymbol{\varepsilon}'_n)=(\boldsymbol{\varepsilon}_1,\boldsymbol{\varepsilon}_2,\cdots,\boldsymbol{\varepsilon}_n)\boldsymbol{A}\tag{1.10}$$

式(1.10)转置，得

$$\begin{bmatrix}\boldsymbol{\varepsilon}'_1\\\boldsymbol{\varepsilon}'_2\\\vdots\\\boldsymbol{\varepsilon}'_n\end{bmatrix}=\boldsymbol{A}^{\mathrm{T}}\begin{bmatrix}\boldsymbol{\varepsilon}_1\\\boldsymbol{\varepsilon}_2\\\vdots\\\boldsymbol{\varepsilon}_n\end{bmatrix}\tag{1.11}$$

利用矩阵乘法，式(1.11)分别乘以式(1.10)，得

$$\begin{bmatrix}(\boldsymbol{\varepsilon}_1',\boldsymbol{\varepsilon}_1') & \cdots & (\boldsymbol{\varepsilon}_1',\boldsymbol{\varepsilon}_n')\\ \vdots & & \vdots\\ (\boldsymbol{\varepsilon}_n',\boldsymbol{\varepsilon}_1') & \cdots & (\boldsymbol{\varepsilon}_n',\boldsymbol{\varepsilon}_n')\end{bmatrix}=\boldsymbol{A}^{\mathrm{T}}\begin{bmatrix}(\boldsymbol{\varepsilon}_1,\boldsymbol{\varepsilon}_1) & \cdots & (\boldsymbol{\varepsilon}_1,\boldsymbol{\varepsilon}_n)\\ \vdots & & \vdots\\ (\boldsymbol{\varepsilon}_n,\boldsymbol{\varepsilon}_1) & \cdots & (\boldsymbol{\varepsilon}_n,\boldsymbol{\varepsilon}_n)\end{bmatrix}\boldsymbol{A} \tag{1.12}$$

由于

$$(\boldsymbol{\varepsilon}_i',\boldsymbol{\varepsilon}_j')=\begin{cases}1(i=j)\\0,\ i\neq j\end{cases},\quad (\boldsymbol{\varepsilon}_i,\boldsymbol{\varepsilon}_j)=\begin{cases}1\ (i=j)\\0,\ i\neq j\end{cases}$$

所以，式(1.12)简化为

$$\boldsymbol{A}^{\mathrm{T}}\boldsymbol{A}=\boldsymbol{E}$$

这说明 $\boldsymbol{A}$ 是正交矩阵。

例 1.21 设 $\boldsymbol{\alpha}_1,\boldsymbol{\alpha}_2,\boldsymbol{\alpha}_3$ 是三维欧氏空间 **V** 的一组基，且其度量矩阵为

$$\boldsymbol{A}=\begin{bmatrix}1 & 1 & 0\\1 & 5 & 0\\0 & 0 & 2\end{bmatrix}$$

求 **V** 的一组标准正交基。

解 由

$$\boldsymbol{A}=\begin{bmatrix}(\boldsymbol{\alpha}_1,\boldsymbol{\alpha}_1) & (\boldsymbol{\alpha}_1,\boldsymbol{\alpha}_2) & (\boldsymbol{\alpha}_1,\boldsymbol{\alpha}_3)\\(\boldsymbol{\alpha}_2,\boldsymbol{\alpha}_1) & (\boldsymbol{\alpha}_2,\boldsymbol{\alpha}_2) & (\boldsymbol{\alpha}_2,\boldsymbol{\alpha}_3)\\(\boldsymbol{\alpha}_3,\boldsymbol{\alpha}_1) & (\boldsymbol{\alpha}_3,\boldsymbol{\alpha}_2) & (\boldsymbol{\alpha}_3,\boldsymbol{\alpha}_3)\end{bmatrix}=\begin{bmatrix}1 & 1 & 0\\1 & 5 & 0\\0 & 0 & 2\end{bmatrix}$$

及施密特正交化方法，将 $\boldsymbol{\alpha}_1,\boldsymbol{\alpha}_2,\boldsymbol{\alpha}_3$ 正交化，得

$$\boldsymbol{\beta}_1=\boldsymbol{\alpha}_1,$$

$$\boldsymbol{\beta}_2=\boldsymbol{\alpha}_2-\frac{(\boldsymbol{\alpha}_2,\boldsymbol{\alpha}_1)}{(\boldsymbol{\alpha}_1,\boldsymbol{\alpha}_1)}\boldsymbol{\alpha}_1=\boldsymbol{\alpha}_2-\boldsymbol{\alpha}_1,$$

$$\boldsymbol{\beta}_3=\boldsymbol{\alpha}_3-\frac{(\boldsymbol{\alpha}_3,\boldsymbol{\alpha}_1)}{(\boldsymbol{\alpha}_1,\boldsymbol{\alpha}_1)}\boldsymbol{\alpha}_1-\frac{(\boldsymbol{\alpha}_3,\boldsymbol{\beta}_2)}{(\boldsymbol{\beta}_2,\boldsymbol{\beta}_2)}\boldsymbol{\beta}_2=\boldsymbol{\alpha}_3$$

于是

$$(\boldsymbol{\beta}_1,\boldsymbol{\beta}_1)=(\boldsymbol{\alpha}_1,\boldsymbol{\alpha}_1)=1,$$

$$(\boldsymbol{\beta}_2,\boldsymbol{\beta}_2)=(\boldsymbol{\alpha}_2-\boldsymbol{\alpha}_1,\boldsymbol{\alpha}_2-\boldsymbol{\alpha}_1)=4,$$

$$(\boldsymbol{\beta}_3,\boldsymbol{\beta}_3)=(\boldsymbol{\alpha}_3,\boldsymbol{\alpha}_3)=2$$

单位化得 **V** 的一组标准正交基为

$$\boldsymbol{\varepsilon}_1=\frac{\boldsymbol{\beta}_1}{|\boldsymbol{\beta}_1|}=\boldsymbol{\alpha}_1,$$

$$\boldsymbol{\varepsilon}_2=\frac{\boldsymbol{\beta}_2}{|\boldsymbol{\beta}_2|}=\frac{1}{2}(\boldsymbol{\alpha}_2-\boldsymbol{\alpha}_1),$$

$$\boldsymbol{\varepsilon}_3=\frac{\boldsymbol{\beta}_3}{|\boldsymbol{\beta}_3|}=\frac{1}{\sqrt{2}}\boldsymbol{\alpha}_3$$

例 1.21 介绍了构造标准正交基的一个方法：写出任意非奇异矩阵 $\boldsymbol{A}$，则 $\boldsymbol{A}^{\mathrm{T}}\boldsymbol{A}$ 必对称正定，$\boldsymbol{A}^{\mathrm{T}}\boldsymbol{A}$ 的列向量可视为一个基，按例 1.21 的方法便得到其标准正交基。

1.3.4 正交变换

定义1.10 如果欧式空间 $\mathbf{V}$ 的线性变换 $\boldsymbol{\sigma}$ 保持向量的内积不变，即对于 $\mathbf{V}$ 中任意两个向量 $\boldsymbol{\alpha}, \boldsymbol{\beta}$ 都有

$$(\boldsymbol{\sigma}(\boldsymbol{\alpha}), \boldsymbol{\sigma}(\boldsymbol{\beta})) = (\boldsymbol{\alpha}, \boldsymbol{\beta}) \tag{1.13}$$

则称 $\boldsymbol{\sigma}$ 是一个正交变换。

由于欧氏空间中向量的长度、夹角、距离等都可以通过内积表达出来，因此，正交变换是保持向量长度、向量夹角和距离不变的线性变换。

定理1.7 设 $\boldsymbol{\sigma}$ 是 n 维欧氏空间 $\mathbf{V}$ 的线性变换，则下列各命题彼此等价：

(1) $\boldsymbol{\sigma}$ 是正交变换；

(2) $\boldsymbol{\sigma}$ 保持向量长度不变；

(3) $\boldsymbol{\sigma}$ 将欧氏空间 $\mathbf{V}$ 的一组标准正交基 $\boldsymbol{\varepsilon}_1, \boldsymbol{\varepsilon}_2, \cdots, \boldsymbol{\varepsilon}_n$ 变为标准正交基 $\boldsymbol{\sigma}(\boldsymbol{\varepsilon}_1), \boldsymbol{\sigma}(\boldsymbol{\varepsilon}_2), \cdots, \boldsymbol{\sigma}(\boldsymbol{\varepsilon}_n)$；

(4) $\boldsymbol{\sigma}$ 在标准正交基 $\boldsymbol{\varepsilon}_1, \boldsymbol{\varepsilon}_2, \cdots, \boldsymbol{\varepsilon}_n$ 下的矩阵为正交矩阵。

证明 (1)⇒(2) 如果 $\boldsymbol{\sigma}$ 是正交变换，取 $\boldsymbol{\beta} = \boldsymbol{\alpha}$，那么 $\boldsymbol{\sigma}$ 保持向量长度不变。

(2)⇒(3) 取 $\boldsymbol{\alpha} = \boldsymbol{\varepsilon}_i + \boldsymbol{\varepsilon}_j$ $(i, j = 1, 2, \cdots, n)$，则

$$(\boldsymbol{\sigma}(\boldsymbol{\varepsilon}_i + \boldsymbol{\varepsilon}_j), \boldsymbol{\sigma}(\boldsymbol{\varepsilon}_i + \boldsymbol{\varepsilon}_j)) = (\boldsymbol{\varepsilon}_i + \boldsymbol{\varepsilon}_j, \boldsymbol{\varepsilon}_i + \boldsymbol{\varepsilon}_j)$$

化简得

$$\begin{aligned}&(\boldsymbol{\sigma}(\boldsymbol{\varepsilon}_i), \boldsymbol{\sigma}(\boldsymbol{\varepsilon}_i)) + 2(\boldsymbol{\sigma}(\boldsymbol{\varepsilon}_i), \boldsymbol{\sigma}(\boldsymbol{\varepsilon}_j)) + (\boldsymbol{\sigma}(\boldsymbol{\varepsilon}_j), \boldsymbol{\sigma}(\boldsymbol{\varepsilon}_j))\\ &= (\boldsymbol{\varepsilon}_i, \boldsymbol{\varepsilon}_i) + 2(\boldsymbol{\varepsilon}_i, \boldsymbol{\varepsilon}_j) + (\boldsymbol{\varepsilon}_j, \boldsymbol{\varepsilon}_j)\end{aligned} \tag{1.14}$$

由条件(2)，得

$$(\boldsymbol{\sigma}(\boldsymbol{\varepsilon}_i), \boldsymbol{\sigma}(\boldsymbol{\varepsilon}_i)) = (\boldsymbol{\varepsilon}_i, \boldsymbol{\varepsilon}_i) = 1$$

代入式(1.14)，得

$$(\boldsymbol{\sigma}(\boldsymbol{\varepsilon}_i), \boldsymbol{\sigma}(\boldsymbol{\varepsilon}_j)) = (\boldsymbol{\varepsilon}_i, \boldsymbol{\varepsilon}_j) = 0 \quad (i \neq j)$$

即 $\boldsymbol{\sigma}(\boldsymbol{\varepsilon}_1), \boldsymbol{\sigma}(\boldsymbol{\varepsilon}_2), \cdots, \boldsymbol{\sigma}(\boldsymbol{\varepsilon}_n)$ 是标准正交基。

(3)⇒(4) 若 $\boldsymbol{\varepsilon}_1, \boldsymbol{\varepsilon}_2, \cdots, \boldsymbol{\varepsilon}_n$ 是 $\mathbf{V}$ 的标准正交基，由(3)知 $\boldsymbol{\sigma}(\boldsymbol{\varepsilon}_1), \boldsymbol{\sigma}(\boldsymbol{\varepsilon}_2), \cdots, \boldsymbol{\sigma}(\boldsymbol{\varepsilon}_n)$ 也是标准正交基，由定理1.6知其过渡矩阵为正交矩阵。

(4)⇒(1) 设 $\boldsymbol{\varepsilon}_1, \boldsymbol{\varepsilon}_2, \cdots, \boldsymbol{\varepsilon}_n$ 是欧氏空间 $\mathbf{V}$ 的一组标准正交基，$\mathbf{V}$ 上的线性变换 $\boldsymbol{\sigma}$ 在这组标准正交基下的矩阵 $\boldsymbol{A}$ 是正交矩阵，即

$$(\boldsymbol{\sigma}(\boldsymbol{\varepsilon}_1), \boldsymbol{\sigma}(\boldsymbol{\varepsilon}_2), \cdots, \boldsymbol{\sigma}(\boldsymbol{\varepsilon}_n)) = (\boldsymbol{\varepsilon}_1, \boldsymbol{\varepsilon}_2, \cdots, \boldsymbol{\varepsilon}_n)\boldsymbol{A}$$

$$\boldsymbol{A}^{\mathrm{T}}\boldsymbol{A} = \boldsymbol{E}$$

对于任意向量 $\boldsymbol{\alpha}, \boldsymbol{\beta} \in \mathbf{V}$，有

$$\boldsymbol{\alpha} = a_1\boldsymbol{\varepsilon}_1 + a_2\boldsymbol{\varepsilon}_2 + \cdots + a_n\boldsymbol{\varepsilon}_n = (\boldsymbol{\varepsilon}_1, \boldsymbol{\varepsilon}_2, \cdots, \boldsymbol{\varepsilon}_n)\boldsymbol{a}$$

$$\boldsymbol{\beta} = b_1\boldsymbol{\varepsilon}_1 + b_2\boldsymbol{\varepsilon}_2 + \cdots + b_n\boldsymbol{\varepsilon}_n = (\boldsymbol{\varepsilon}_1, \boldsymbol{\varepsilon}_2, \cdots, \boldsymbol{\varepsilon}_n)\boldsymbol{b}$$

其中

$$\boldsymbol{a}^{\mathrm{T}} = (a_1, a_2, \cdots, a_n), \ \boldsymbol{b}^{\mathrm{T}} = (b_1, b_2, \cdots, b_n)$$

则

$$\begin{aligned}\boldsymbol{\sigma}(\boldsymbol{\alpha}) &= \sigma\Big(\sum_{i=1}^{n} a_i\boldsymbol{\varepsilon}_i\Big) = \sum_{i=1}^{n} a_i\boldsymbol{\sigma}(\boldsymbol{\varepsilon}_i)\\ &= (\boldsymbol{\sigma}(\boldsymbol{\varepsilon}_1), \boldsymbol{\sigma}(\boldsymbol{\varepsilon}_2), \cdots, \boldsymbol{\sigma}(\boldsymbol{\varepsilon}_n))\boldsymbol{a}\\ &= (\boldsymbol{\varepsilon}_1, \boldsymbol{\varepsilon}_2, \cdots, \boldsymbol{\varepsilon}_n)\boldsymbol{A}\boldsymbol{a}\end{aligned}$$

同理

$$\boldsymbol{\sigma}(\boldsymbol{\beta})=(\boldsymbol{\varepsilon}_1,\boldsymbol{\varepsilon}_2,\cdots,\boldsymbol{\varepsilon}_n)\boldsymbol{A}\boldsymbol{b}$$

$$(\boldsymbol{\sigma}(\boldsymbol{\alpha}),\boldsymbol{\sigma}(\boldsymbol{\beta}))=(\boldsymbol{A}\boldsymbol{a})^{\mathrm{T}}\boldsymbol{A}\boldsymbol{b}=\boldsymbol{a}^{\mathrm{T}}\boldsymbol{A}^{\mathrm{T}}\boldsymbol{A}\boldsymbol{b}=\boldsymbol{a}^{\mathrm{T}}\boldsymbol{b}=(\boldsymbol{\alpha},\boldsymbol{\beta})$$

故 $\boldsymbol{\sigma}$ 是正交变换。

设 $\boldsymbol{\sigma}$ 是欧氏空间 $\mathbf{R}^3$ 的线性变换，对 $\forall \boldsymbol{x}=(x_1,x_2,x_3)^{\mathrm{T}}\in\mathbf{R}^3$，变换

$$\boldsymbol{\sigma}(x_1,x_2,x_3)=(x_2,x_3,x_1)$$

是一个正交变换。事实上，有

$$(\boldsymbol{\sigma}(\boldsymbol{x}),\boldsymbol{\sigma}(\boldsymbol{x}))=x_2^2+x_3^2+x_1^2=x_1^2+x_2^2+x_3^2=(\boldsymbol{x},\boldsymbol{x})$$

归纳正交矩阵 $\boldsymbol{A}$ 有如下性质：

（1）$\boldsymbol{A}^{\mathrm{T}}=\boldsymbol{A}^{-1}$；

（2）若 $\boldsymbol{A}=(\boldsymbol{\alpha}_1,\boldsymbol{\alpha}_2,\cdots,\boldsymbol{\alpha}_n)$，则 $\boldsymbol{\alpha}_1,\boldsymbol{\alpha}_2,\cdots,\boldsymbol{\alpha}_n$ 为单位正交向量组，即

$$\boldsymbol{\alpha}_i^{\mathrm{T}}\boldsymbol{\alpha}_j=\begin{cases}1\ (i=j)\\0\ (i\neq j)\end{cases}\quad(i,j=1,2,\cdots,n)$$

（3）若

$$\boldsymbol{A}=\begin{bmatrix}\boldsymbol{\beta}_1\\\boldsymbol{\beta}_2\\\vdots\\\boldsymbol{\beta}_n\end{bmatrix}$$

则 $\boldsymbol{\beta}_1,\boldsymbol{\beta}_2,\cdots,\boldsymbol{\beta}_n$ 亦为单位正交向量组，即

$$\boldsymbol{\beta}_i{}^{\mathrm{T}}\boldsymbol{\beta}_j=\begin{cases}1\quad(i=j)\\0\quad(i\neq j)\end{cases}\quad(i,j=1,2,\cdots,n)$$

（4）$\boldsymbol{A}^{\mathrm{T}}$，$\boldsymbol{A}^{-1}$，$\boldsymbol{A}^{*}$（$\boldsymbol{A}$ 的伴随矩阵）仍为正交矩阵；

（5）$\boldsymbol{A}$ 的行列式 $|\boldsymbol{A}|=\pm1$ 或 $\det(\boldsymbol{A})=\pm1$；

（6）$\boldsymbol{A}$ 的特征值的模等于 1。

例 1.22 设 $\boldsymbol{\alpha}_0$ 是欧氏空间 $\mathbf{V}$ 中一单位向量，定义

$$\boldsymbol{\sigma}(\boldsymbol{\alpha})=\boldsymbol{\alpha}-2(\boldsymbol{\alpha},\boldsymbol{\alpha}_0)\boldsymbol{\alpha}_0$$

证明：（1）$\boldsymbol{\sigma}$ 是线性变换；

（2）$\boldsymbol{\sigma}$ 是正交变换。

证明 （1）对于任意的 $\boldsymbol{\alpha},\boldsymbol{\beta}\in\mathbf{V}$，$k\in\mathbf{R}$，有

$$\begin{aligned}\boldsymbol{\sigma}(\boldsymbol{\alpha}+\boldsymbol{\beta})&=(\boldsymbol{\alpha}+\boldsymbol{\beta})-2(\boldsymbol{\alpha}+\boldsymbol{\beta},\boldsymbol{\alpha}_0)\boldsymbol{\alpha}_0\\&=\boldsymbol{\alpha}+\boldsymbol{\beta}-2(\boldsymbol{\alpha},\boldsymbol{\alpha}_0)\boldsymbol{\alpha}_0-2(\boldsymbol{\beta},\boldsymbol{\alpha}_0)\boldsymbol{\alpha}_0=\boldsymbol{\sigma}(\boldsymbol{\alpha})+\boldsymbol{\sigma}(\boldsymbol{\beta})\end{aligned}$$

$$\boldsymbol{\sigma}(k\boldsymbol{\beta})=k\boldsymbol{\alpha}-2(k\boldsymbol{\alpha},\boldsymbol{\alpha}_0)\boldsymbol{\alpha}_0=k\boldsymbol{\sigma}(\boldsymbol{\alpha})$$

故 $\boldsymbol{\sigma}$ 是线性变换。

（2）对于任意的 $\boldsymbol{\alpha},\boldsymbol{\beta}\in\mathbf{V}$，有

$$\begin{aligned}&(\boldsymbol{\sigma}(\boldsymbol{\alpha}),\boldsymbol{\sigma}(\boldsymbol{\beta}))\\&=(\boldsymbol{\alpha}-2(\boldsymbol{\alpha},\boldsymbol{\alpha}_0)\boldsymbol{\alpha}_0,\boldsymbol{\beta}-2(\boldsymbol{\beta},\boldsymbol{\alpha}_0)\boldsymbol{\alpha}_0)\\&=(\boldsymbol{\alpha},\boldsymbol{\beta})-2(\boldsymbol{\beta},\boldsymbol{\alpha}_0)(\boldsymbol{\alpha},\boldsymbol{\alpha}_0)-2(\boldsymbol{\alpha},\boldsymbol{\alpha}_0)(\boldsymbol{\alpha}_0,\boldsymbol{\beta})+4(\boldsymbol{\alpha},\boldsymbol{\alpha}_0)(\boldsymbol{\beta},\boldsymbol{\alpha}_0)(\boldsymbol{\alpha}_0,\boldsymbol{\alpha}_0)\\&=(\boldsymbol{\alpha},\boldsymbol{\beta})-4(\boldsymbol{\beta},\boldsymbol{\alpha}_0)(\boldsymbol{\alpha},\boldsymbol{\alpha}_0)+4(\boldsymbol{\alpha},\boldsymbol{\alpha}_0)(\boldsymbol{\beta},\boldsymbol{\alpha}_0)=(\boldsymbol{\alpha},\boldsymbol{\beta})\end{aligned}$$

故 $\boldsymbol{\sigma}$ 是正交变换。

2 矩阵的标准形

在线性代数中求 n 阶方阵 $\boldsymbol{A}$ 的特征值，得到特征矩阵 $\lambda\boldsymbol{E}-\boldsymbol{A}$，它是含有变量 λ 的矩阵，其中特征多项式 $|\lambda\boldsymbol{E}-\boldsymbol{A}|$ 是 λ 的 n 次多项式。以 λ 为变量的多项式和以 λ 的多项式为元素的矩阵，在工程中占有重要的地位。本章首先介绍多项式矩阵，然后以此为基础讨论与 n 阶方阵相似的最简形式的矩阵——约当(Jordan)标准形和有理标准形。

2.1 多项式矩阵

2.1.1 多项式矩阵的概念

设 F 为一数域，$a_i\in F$ $(i=1, 2, \cdots, n)$，λ 为一变量，λ 的 n 次多项式表示为

$$a(\lambda)=a_n\lambda^n+a_{n-1}\lambda^{n-1}+\cdots+a_1\lambda+a_0$$

一般将系数为 $a_i(a_i\in F)$ 的多项式集合记为 $F[\lambda]$。如复系数多项式集合记为 $\mathbf{C}[\lambda]$，实系数多项式集合记为 $\mathbf{R}[\lambda]$。特别地，零次多项式是常数，零多项式是0。

定义 2.1 如果 $m\times n$ 阶矩阵的元素 $a_{ij}(\lambda)\in\mathbf{F}[\lambda]$ $(i=1, 2, \cdots, m;\ j=1, 2, \cdots, n)$，称此矩阵为多项式矩阵，简称为 λ-矩阵。记为

$$\boldsymbol{A}(\lambda)=\begin{bmatrix} a_{11}(\lambda) & \cdots & a_{1n}(\lambda) \\ \vdots & & \vdots \\ a_{m1}(\lambda) & \cdots & a_{mn}(\lambda) \end{bmatrix}$$

m 行 n 列多项式矩阵的集合，记为 $F[\lambda]^{m\times n}$。特别地，以零次多项式为元素的多项式矩阵即为数字矩阵，显然，数字矩阵是 λ-矩阵的特例。

λ-矩阵与数字矩阵在构成上并未有本质的差别。因此，对于数字矩阵的运算、性质及许多概念，完全适用于 λ-矩阵，为便于以后引用，现罗列如下。

设 $\boldsymbol{A}(\lambda)=(a_{ij}(\lambda))$，$\boldsymbol{B}(\lambda)=(b_{ij}(\lambda))\in F[\lambda]^{m\times n}$，$k\in F$，则：

(1) 相等：$\boldsymbol{A}(\lambda)=\boldsymbol{B}(\lambda)\Leftrightarrow a_{ij}(\lambda)=b_{ij}(\lambda)$。

(2) 相加：$\boldsymbol{A}(\lambda)+\boldsymbol{B}(\lambda)=(a_{ij}(\lambda)+b_{ij}(\lambda))$。

(3) 数乘：$k\boldsymbol{A}(\lambda)=(ka_{ij}(\lambda))$。

(4) 对应的行列式：当 $m=n$ 时，$\det[\boldsymbol{A}(\lambda)]=|\boldsymbol{A}(\lambda)|$，即

$$\det[\boldsymbol{A}(\lambda)]=\begin{vmatrix} a_{11}(\lambda) & \cdots & a_{1n}(\lambda) \\ \vdots & & \vdots \\ a_{n1}(\lambda) & \cdots & a_{nn}(\lambda)) \end{vmatrix}$$

(5) λ-矩阵 $\boldsymbol{A}(\lambda)$ 的 k 阶子式：当 $1\leqslant k\leqslant\min\{m, n\}$ 时，划掉 $\boldsymbol{A}(\lambda)$ 的任意 k 行 k 列交叉处元素构成的行列式为 $\boldsymbol{A}(\lambda)$ 的 k 阶子式。

(6) λ-矩阵的初等变换是指：

① 对调两行(列)；

② 用非零数去乘 λ-矩阵的某行(列)各元素；

③ 把某行(列)的 $a(\lambda)$倍加到另一行(列)对应的元素上。

(7) 等价：若 $\boldsymbol{B}(\lambda)$可由 $\boldsymbol{A}(\lambda)$经有限次初等变换得到，则称 $\boldsymbol{A}(\lambda)$与 $\boldsymbol{B}(\lambda)$等价，记为 $\boldsymbol{A}(\lambda)\simeq\boldsymbol{B}(\lambda)$。等价关系具有下列性质：

① 反身性：$\boldsymbol{A}(\lambda)\simeq\boldsymbol{A}(\lambda)$；

② 对称性：若 $\boldsymbol{A}(\lambda)\simeq\boldsymbol{B}(\lambda)$，则 $\boldsymbol{B}(\lambda)\simeq\boldsymbol{A}(\lambda)$；

③ 传递性：若 $\boldsymbol{A}(\lambda)\simeq\boldsymbol{B}(\lambda)$，$\boldsymbol{B}(\lambda)\simeq\boldsymbol{C}(\lambda)$，则 $\boldsymbol{A}(\lambda)\simeq\boldsymbol{C}(\lambda)$。

(8) 秩：λ-矩阵 $\boldsymbol{A}(\lambda)$中至少有一个 r ($r\geqslant1$)阶子式是非零多项式，而所有 $r+1$ 阶子式(如果有)都是零多项式，则称 $\boldsymbol{A}(\lambda)$的秩为 r，记为 $R[\boldsymbol{A}(\lambda)]$。零矩阵的秩定义为0。

(9) 非奇异 λ-矩阵：如果 $n\times n$ 阶 λ-矩阵的行列式 $\det[\boldsymbol{A}(\lambda)]\neq0$，则秩为 n，称 $\boldsymbol{A}(\lambda)$为非奇异 λ-矩阵（或满秩的）；若 $\det[\boldsymbol{A}(\lambda)]=0$，称 $\boldsymbol{A}(\lambda)$为奇异 λ-矩阵。

(10) λ-矩阵的逆阵：对于 $n\times n$ 阶 λ-矩阵 $\boldsymbol{A}(\lambda)$，若存在 $n\times n$ 阶 λ-矩阵 $\boldsymbol{B}(\lambda)$，满足

$$\boldsymbol{A}(\lambda)\boldsymbol{B}(\lambda)=\boldsymbol{B}(\lambda)\boldsymbol{A}(\lambda)=\boldsymbol{E}$$

式中，$\boldsymbol{E}$ 为 $n\times n$ 阶单位矩阵，则称 $\boldsymbol{A}(\lambda)$ 是可逆的，$\boldsymbol{B}(\lambda)$ 称为 $\boldsymbol{A}(\lambda)$ 的逆阵，并记为 $\boldsymbol{A}^{-1}(\lambda)$，其计算公式为

$$\boldsymbol{A}^{-1}(\lambda)=\boldsymbol{A}^{*}(\lambda)/\det[\boldsymbol{A}(\lambda)]$$

式中，$\boldsymbol{A}^{*}(\lambda)$为 $\boldsymbol{A}(\lambda)$的伴随矩阵。

$n\times n$ 阶方阵 $\boldsymbol{A}(\lambda)$可逆的充分必要条件是 $\mathrm{del}[\boldsymbol{A}(\lambda)]$是一个非零常数。可逆的 λ-矩阵是满秩的；但满秩矩阵不一定是可逆的。可逆的 λ-矩阵的行列式为非零常数，而满秩矩阵的行列式不一定是非零常数。如

$$\boldsymbol{A}(\lambda)=\begin{bmatrix}\lambda & 1\\ 1 & \lambda\end{bmatrix}$$

是满秩的，但 $\boldsymbol{A}(\lambda)$不可逆，因为 $\det[\boldsymbol{A}(\lambda]=\lambda^2-1$ 不是非零常数。

两个 $m\times n$ 阶 λ-矩阵 $\boldsymbol{A}(\lambda)$与 $\boldsymbol{B}(\lambda)$等价的充分且必要条件是存在两个可逆矩阵 $\boldsymbol{P}(\lambda)$与 $\boldsymbol{Q}(\lambda)$，使

$$\boldsymbol{B}(\lambda)=\boldsymbol{P}(\lambda)\boldsymbol{A}(\lambda)\boldsymbol{Q}(\lambda)$$

2.1.2 λ-矩阵的史密斯（Smith）标准形

我们知道，对于数字矩阵，如果其秩为 r，那么经有限次初等变换可化为标准形

$$\begin{bmatrix}\boldsymbol{E}_r & 0\\ 0 & 0\end{bmatrix}$$

式中，$\boldsymbol{E}_r$ 为 r 阶单位方阵。

对于 λ-矩阵 $\boldsymbol{A}(\lambda)\in F[\lambda]^{m\times n}$，也可经有限次初等变换化为类似的史密斯标准形。

定义 2.2 如果 $m\times n$ 阶 λ-矩阵 $\boldsymbol{S}(A)$的秩为 $r\geqslant1$，$\boldsymbol{S}(\lambda)=\begin{bmatrix}\boldsymbol{D}_r(\lambda) & 0\\ 0 & 0\end{bmatrix}$，其中对角矩阵 $\boldsymbol{D}_r(\lambda)=\mathrm{diag}[d_1(\lambda),d_2(\lambda),\cdots,d_r(\lambda)]$，$d_i(\lambda)$均为首项系数为 1 的多项式(简称首一多项式)，且$d_i(\lambda)\mid d_{i+1}(\lambda)$(表示 $d_i(\lambda)$能整除 $d_{i+1}(\lambda)$) ($i=1,2,\cdots,r-1$)，则称 $\boldsymbol{S}(\lambda)$为史密斯标准形。

定理 2.1 设$\boldsymbol{A}(\lambda)$是$m \times n$阶秩为r ($r \geqslant 1$)的λ-矩阵，则$\boldsymbol{A}(\lambda)$经有限次初等变换可化为史密斯标准形$\boldsymbol{S}(\lambda)$。

定理2.1说明，任意一个非零λ-矩阵$\boldsymbol{A}(\lambda)$都有与之等价的史密斯标准形$\boldsymbol{S}(\lambda)$，$\boldsymbol{S}(\lambda)$称为$\boldsymbol{A}(\lambda)$的史密斯标准形，$d_1(\lambda)$，$d_2(\lambda)$，…，$d_r(\lambda)$称为$\boldsymbol{A}(\lambda)$的不变因子。

例 2.1 用初等变换化λ-矩阵$\boldsymbol{A}(\lambda)$为史密斯标准形，并求其不变因子。

$$\boldsymbol{A}(\lambda)=\begin{bmatrix}1-\lambda & \lambda^2 & \lambda\\ \lambda & \lambda & -\lambda\\ 1+\lambda^2 & \lambda^2 & -\lambda^2\end{bmatrix}$$

解
$$\boldsymbol{A}(\lambda)=\begin{bmatrix}1-\lambda & \lambda^2 & \lambda\\ \lambda & \lambda & -\lambda\\ 1+\lambda^2 & \lambda^2 & -\lambda^2\end{bmatrix}\xrightarrow[c_1+c_3]{}\begin{bmatrix}1 & \lambda^2 & \lambda\\ 0 & \lambda & -\lambda\\ 1 & \lambda^2 & -\lambda^2\end{bmatrix}\xrightarrow[r_3-r_1]{}\begin{bmatrix}1 & \lambda^2 & \lambda\\ 0 & \lambda & -\lambda\\ 0 & 0 & -\lambda^2-\lambda\end{bmatrix}$$

$$\xrightarrow[\substack{c_2-\lambda^2 c_1\\ c_3-\lambda c_1}]{}\begin{bmatrix}1 & 0 & 0\\ 0 & \lambda & -\lambda\\ 0 & 0 & -\lambda^2-\lambda\end{bmatrix}\xrightarrow[\substack{c_3+c_2\\ (-1)r_3}]{}\begin{bmatrix}1 & 0 & 0\\ 0 & \lambda & 0\\ 0 & 0 & \lambda(\lambda+1)\end{bmatrix}$$

$\boldsymbol{A}(\lambda)$的不变因子为1，λ，$\lambda(\lambda+1)$。

2.1.3 行列式因子和初等因子

定义 2.3 设$\boldsymbol{A}(\lambda)\in F[\lambda]^{m\times n}$，其秩$R[\boldsymbol{A}(\lambda)]=r\geqslant 1$，对于$1\leqslant k\leqslant r$，$\boldsymbol{A}(\lambda)$必有非零的$k$阶子式，用$D_k(\lambda)$表示$\boldsymbol{A}(\lambda)$中所有非零首项系数为1的$k$阶子式的最大公因式，称$D_k(\lambda)$为$\boldsymbol{A}(\lambda)$的$k$阶行列式因子。

显然，此时$\boldsymbol{A}(\lambda)$共有r个行列式因子，即

$$D_1(\lambda),\ D_2(\lambda),\ \cdots,\ D_r(\lambda)$$

它们是由$\boldsymbol{A}(\lambda)$所唯一确定，并且有如下性质：

$$D_{k-1}(\lambda)\mid D_k(\lambda)\quad (k=2,3,\cdots,r)$$

这是因为$\boldsymbol{A}(\lambda)$的任一k阶子式按某行展开，都可表示成$\boldsymbol{A}(\lambda)$的$k-1$阶子式的线性组合，由$D_{k-1}(\lambda)$是所有非零$k-1$阶子式的最大公因式，可得$D_{k-1}(\lambda)\mid D_k(\lambda)$。

设λ-矩阵$\boldsymbol{A}(\lambda)$经过一次初等变换化为$\boldsymbol{B}(\lambda)$，相当于使用三种初等变换的某一初等变换，显然，$\boldsymbol{A}(\lambda)$与$\boldsymbol{B}(\lambda)$有相同的秩及相同的各阶行列式因子，一般有如下结论。

定理 2.2 设$\boldsymbol{A}(\lambda)$，$\boldsymbol{B}(\lambda)\in F[\lambda]^{m\times n}$，且$\boldsymbol{A}(\lambda)\simeq\boldsymbol{B}(\lambda)$，则

(1) $R[\boldsymbol{A}(\lambda)]=R[\boldsymbol{B}(\lambda)]$；

(2) $\boldsymbol{A}(\lambda)$与$\boldsymbol{B}(\lambda)$有相同的各阶行列式因子。反之，仍然成立。

由定理2.2可知，任意λ-矩阵的秩和行列式因子与其史密斯标准形的秩和行列式因子是相同的。设λ-矩阵$\boldsymbol{A}(\lambda)$的史密斯标准形为

$$\boldsymbol{S}(\lambda)=\begin{bmatrix}d_1(\lambda) & & & & & \\ & d_2(\lambda) & & & & \\ & & \ddots & & & \\ & & & d_r(\lambda) & & \\ & & & & 0 & \\ & & & & & \ddots \\ & & & & & & 0\end{bmatrix}$$

$d_1(\lambda), d_2(\lambda), \cdots, d_r(\lambda)$ 是首项系数为 1 的多项式，且$d_i(\lambda) | d_{i+1}(\lambda)$ $(i=1, 2, \cdots, r-1)$，则 k 阶行列式因子为 $D_k(\lambda)=d_1(\lambda)d_2(\lambda)\cdots d_k(\lambda)$。

定理 2.3 λ-矩阵 $\boldsymbol{A}(\lambda)$的史密斯标准形 $\boldsymbol{S}(\lambda)$是唯一的。

证明 由定理2.2 可知，$\boldsymbol{A}(\lambda)$的行列式因子为

$$D_1(\lambda)=d_1(\lambda), D_2(\lambda)=d_1(\lambda)d_2(\lambda), \cdots, D_r(\lambda)=d_1(\lambda)d_2(\lambda)\cdots d_r(\lambda)$$

不变因子为

$$d_1(\lambda)=D_1(\lambda), d_2(\lambda)=D_2(\lambda)/(D_1(\lambda), \cdots, d_r(\lambda)=D_r(\lambda)/D_{r-1}(\lambda)$$

这说明$\boldsymbol{A}(\lambda)$的不变因子由$\boldsymbol{A}(\lambda)$的行列式因子唯一确定，因此，$\boldsymbol{A}(\lambda)$的史密斯标准形是唯一的。

由不变因子与行列式因子的关系，通过求行列式因子，可求出不变因子，从而得到 λ-矩阵的史密斯标准形。

例 2.2 用不变因子法，求例 2.1 中 λ-矩阵 $\boldsymbol{A}(\lambda)$的史密斯标准形。

解 先求$\boldsymbol{A}(\lambda)$的 3 阶行列式因子。由于

$$\det[\boldsymbol{A}(\lambda)]=\begin{vmatrix} 1-\lambda & \lambda^2 & \lambda \\ \lambda & \lambda & -\lambda \\ 1+\lambda^2 & \lambda^2 & -\lambda^2 \end{vmatrix}=-\lambda^3-\lambda^2$$

所以，3 阶行列式因子 $D_3(\lambda)=\lambda^2(\lambda+1)$。

又

$$\begin{vmatrix} 1-\lambda & \lambda^2 \\ \lambda & \lambda \end{vmatrix}=\lambda(1-\lambda-\lambda^2), \quad \begin{vmatrix} 1-\lambda & \lambda^2 \\ 1+\lambda^2 & \lambda^2 \end{vmatrix}=-\lambda^3(1+\lambda)$$

其余 2 阶子式（共有 7 个）都包含因子 λ，所以 2 阶行列式因子 $D_2(\lambda)=\lambda$。显然，1 阶行列式因子 $D_1(\lambda)=1$。于是，$\boldsymbol{A}(\lambda)$的不变因子为

$$d_1(\lambda)=D_1(\lambda)=1, \ d_2(\lambda)=\frac{D_2(\lambda)}{D_1(\lambda)}=\lambda, \ d_3(\lambda)=\frac{D_3(\lambda)}{D_2(\lambda)}=\lambda(\lambda+1)$$

因此，$\boldsymbol{A}(\lambda)$的史密斯标准形为

$$\boldsymbol{S}(\lambda)=\begin{bmatrix} 1 & & \\ & \lambda & \\ & & \lambda(\lambda+1) \end{bmatrix}$$

定义 2.4 设 $\boldsymbol{A}(\lambda)$是 $m\times n$ 阶多项式矩阵，$R[\boldsymbol{A}(\lambda)]=r$，不变因子为 $d_1(\lambda)$, $d_2(\lambda), \cdots, d_r(\lambda)$，把 $d_i(\lambda)$在复数域 **C** 上分解成互不相同的一次因式的方幂乘积

$$d_1(\lambda)=(\lambda-\lambda_1)^{k_{11}}(\lambda-\lambda_2)^{k_{12}}\cdots(\lambda-\lambda_j)^{k_{1j}}\cdots(\lambda-\lambda_t)^{k_{1t}}$$

$$d_2(\lambda)=(\lambda-\lambda_1)^{k_{21}}(\lambda-\lambda_2)^{k_{22}}\cdots(\lambda-\lambda_j)^{k_{2j}}\cdots(\lambda-\lambda_t)^{k_{2t}}$$

…………

$$d_r(\lambda)=(\lambda-\lambda_1)^{k_{r1}}(\lambda-\lambda_2)^{k_{r2}}\cdots(\lambda-\lambda_j)^{k_{rj}}\cdots(\lambda-\lambda_t)^{k_{rt}}$$

其中，$\lambda_i\neq\lambda_j(i\neq j)$，整数 $k_{rj}>0$ $(j=1, 2, \cdots, t)$，其他 $k_{ij}\geqslant 0$ $(i=1, 2, \cdots, r-1)$。则称其中 $k_{ij}>0$ 的一切 $(\lambda-\lambda_{ij})^{k_{ij}}$$(i=1, 2, \cdots, r; j=1, 2, \cdots, t)$为$\boldsymbol{A}(\lambda)$的初等因子。

即将$\boldsymbol{A}(\lambda)$的不变因子在复数域上因式分解，其所有一次因式正整数次幂（包括重复出现的因式）各项为$\boldsymbol{A}(\lambda)$的初等因子，初等因子的全体称为初等因子组。

如例 2.2 中，$D_1(\lambda)=1$，$D_2(\lambda)=\lambda$，$D_3(\lambda)=\lambda^2(\lambda+1)$；$d_1(\lambda)=1$，$d_2(\lambda)=\lambda$，

$d_3(\lambda)=\lambda(\lambda+1)$。初等因子有三个，分别是 λ，λ，$\lambda+1$。

显然，如果 $\boldsymbol{A}(\lambda)\simeq\boldsymbol{B}(\lambda)$，则它们有相同的初等因子组。为此，当 $\boldsymbol{A}(\lambda)$ 具有以下特殊形式时，可简化求初等因子组的方法。

若 λ-矩阵

$$\boldsymbol{A}(\lambda)=\begin{bmatrix}\boldsymbol{B}(\lambda) & 0\\ 0 & 0\end{bmatrix}$$

其中，$\boldsymbol{B}(\lambda)=\mathrm{diag}[f_1(\lambda),f_2(\lambda)\cdots,f_r(\lambda)]$，则 $f_1(\lambda),f_2(\lambda),\cdots,f_r(\lambda)$ 的所有一次因式方幂就构成 $\boldsymbol{A}(\lambda)$ 的初等因子组。

若 λ-矩阵

$$\boldsymbol{A}(\lambda)=\begin{bmatrix}\boldsymbol{A}_1(\lambda) & & & \\ & \boldsymbol{A}_2(\lambda) & & \\ & & \ddots & \\ & & & \boldsymbol{A}_s(\lambda)\end{bmatrix}$$

式中，$\boldsymbol{A}_i(\lambda)$ $(i=1,2,\cdots,s)$ 是 $m_i\times n_i$ 阶 λ-矩阵子块，则 $\boldsymbol{A}_1(\lambda),\boldsymbol{A}_2(\lambda),\cdots,\boldsymbol{A}_s(\lambda)$ 的初等因子的全体就构成 $\boldsymbol{A}(\lambda)$ 的初等因子组。

例 2.3 求 $n\times n$ 阶 λ-矩阵 $\boldsymbol{A}(\lambda)$ 的史密斯标准形。

$$\boldsymbol{A}(\lambda)=\begin{bmatrix}\lambda & 0 & 0 & \cdots & 0 & a_n\\ -1 & \lambda & 0 & \cdots & 0 & a_{n-1}\\ 0 & -1 & \lambda & \cdots & 0 & a_{n-2}\\ \vdots & \vdots & \vdots & & \vdots & \vdots\\ 0 & 0 & 0 & \cdots & \lambda & a_2\\ 0 & 0 & 0 & \cdots & -1 & \lambda+a_1\end{bmatrix}$$

解 由 $\boldsymbol{A}(\lambda)$ 的史密斯标准形中对角线上各元素 $d_1(\lambda),d_2(\lambda),\cdots,d_n(\lambda)$ 恰为 $\boldsymbol{A}(\lambda)$ 的不变因子，故该问题是求 $\boldsymbol{A}(\lambda)$ 的行列式因子及不变因子问题。

先求 $\boldsymbol{A}(\lambda)$ 的 n 阶行列式因子，即

$$D_n(\lambda)=\begin{vmatrix}\lambda & 0 & 0 & \cdots & 0 & a_n\\ -1 & \lambda & 0 & \cdots & 0 & a_{n-1}\\ 0 & -1 & \lambda & \cdots & 0 & a_{n-2}\\ \vdots & \vdots & \vdots & & \vdots & \vdots\\ 0 & 0 & 0 & \cdots & \lambda & a_2\\ 0 & 0 & 0 & \cdots & -1 & \lambda+a_1\end{vmatrix}=\begin{vmatrix}0 & 0 & 0 & \cdots & 0 & \varphi(\lambda)\\ -1 & \lambda & 0 & \cdots & 0 & a_{n-1}\\ 0 & -1 & \lambda & \cdots & 0 & a_{n-2}\\ \vdots & \vdots & \vdots & & \vdots & \vdots\\ 0 & 0 & 0 & \cdots & \lambda & a_2\\ 0 & 0 & 0 & \cdots & -1 & \lambda+a_1\end{vmatrix}$$

上式是将 $D_n(\lambda)$ 的第 2, 3, …, n 行依次乘 λ，λ^2，…，λ^{n-1}，然后都加到第 1 行上去得到的，其中

$$\varphi(\lambda)=\lambda^n+a_1\lambda^{n-1}+a_2\lambda^{n-2}+\cdots+a_{n-1}\lambda+a_n$$

按第 1 行展开，得

$$D_n(\lambda)=(-1)^{n+1}\varphi(\lambda)(-1)^{n-1}=\varphi(\lambda)$$

由于左下角的 $n-1$ 阶子式为 $(-1)^{n-1}\neq0$，因此，$\boldsymbol{A}(\lambda)$ 的 $n-1$ 阶行列式因子 $D_{n-1}(\lambda)=1$，从而有

$$D_1(\lambda)=D_2(\lambda)=\cdots=D_{n-1}(\lambda)=1,\ D_n(\lambda)=\varphi(\lambda)$$

$A(\lambda)$的不变因子为

$$d_1(\lambda)=d_2(\lambda)=\cdots=d_{n-1}(\lambda)=1,\ d_n(\lambda)=\varphi(\lambda)$$

于是，$A(\lambda)$的史密斯标准形为

$$S(\lambda)=\begin{bmatrix}1 & & & \\ & \ddots & & \\ & & 1 & \\ & & & \varphi(\lambda)\end{bmatrix}$$

例 2.4 设$A(\lambda)$为6×6阶λ-矩阵，$R[A(\lambda)]=4$，初等因子组为λ，λ^2，λ^2，$\lambda+1$，$(\lambda+1)^3$，$\lambda-1$，$\lambda-1$，试求$A(\lambda)$的不变因子、行列式因子及史密斯标准形。

解 因为$A(\lambda)$为6×6阶矩阵，且$R[A(\lambda)]=4$，将$A(\lambda)$化成史密斯标准形，其对角线上的元素为$d_1(\lambda)$，$d_2(\lambda)$，$d_3(\lambda)$，$d_4(\lambda)$，0，0，而$d_1(\lambda)$，$d_2(\lambda)$，$d_3(\lambda)$，$d_4(\lambda)$为$A(\lambda)$的不变因子，根据不变因子的递推整除性，初等因子最高方幂应出现在$d_4(\lambda)$中，故

$$d_4(\lambda)=\lambda^2(\lambda+1)^3(\lambda-1)$$

在其余的初等因子λ，λ^2，$\lambda+1$，$\lambda-1$中，最高方幂应出现在$d_3(\lambda)$中，故

$$d_3(\lambda)=\lambda^2(\lambda+1)(\lambda-1)$$

而后，其余高次因子应出现在$d_2(\lambda)$中，即

$$d_2(\lambda)=\lambda,\ d_1(\lambda)=1$$

$A(\lambda)$的行列式因子由

$$\frac{D_i(\lambda)}{D_{i-1}(\lambda)}=d_i(\lambda),\ d_1(\lambda)=D_1(\lambda)\quad(i=2,3,4)$$

得

$$D_1(\lambda)=1,\ D_2(\lambda)=\lambda,\ D_3(\lambda)=\lambda^3(\lambda+1)(\lambda-1),$$
$$D_4(\lambda)=\lambda^5(\lambda+1)^4(\lambda-1)^2$$

$A(\lambda)$的史密斯标准形为

$$S(\lambda)=\begin{bmatrix}1 & & & & & \\ & \lambda & & & & \\ & & \lambda^2(\lambda+1)(\lambda-1) & & & \\ & & & \lambda^2(\lambda+1)^3(\lambda-1) & & \\ & & & & 0 & \\ & & & & & 0\end{bmatrix}$$

2.2 矩阵的约当（Jordan）标准形与有理标准形

在线性代数中讨论过相似矩阵，对于n阶方阵A，B，如果存在n阶可逆矩阵P，使得$B=P^{-1}AP$，则称A与B相似，记为$A\sim B$。我们知道，在二次型化为标准形问题中，实对称矩阵可与对角矩阵相似；并非每个矩阵都可以相似于对角矩阵，如果不能与对角矩阵相似，能否找到一个构造比较简单的矩阵和它相似呢？本节介绍的矩阵的约当标准形和有理标准形，在矩阵分析及其应用中都是重要的工具，但其理论推导往往十分复杂，在这里只做扼要介绍。

2.2.1 矩阵的约当标准形

定义 2.5 设复系数多项式 $\varphi(\lambda)=(\lambda-a)^n$，称 $n\times n$ 阶矩阵

$$J=\begin{bmatrix} a & & & & \\ 1 & a & & & \\ & 1 & a & & \\ & & \ddots & \ddots & \\ & & & 1 & a \end{bmatrix}$$

为属于多项式$(\lambda-a)^n$ 的约当块。

定理 2.4 如果 n 阶方阵 $\boldsymbol{A}$ 的特征矩阵 $\lambda\boldsymbol{E}-\boldsymbol{A}$ 的初等因子组为

$$(\lambda-\lambda_1)^{m_1},\ (\lambda-\lambda_2)^{m_2},\ \cdots,(\lambda-\lambda_s)^{m_s}$$

其中，$\lambda_i(i=1,2,\cdots,s)$为 $\boldsymbol{A}$ 的特征值(可能有重复的)，则 $m_1+m_2+\cdots m_s=n$，且

$$\lambda\boldsymbol{E}-\boldsymbol{A}\sim\boldsymbol{B}(\lambda)=\begin{bmatrix} 1 & & & & & \\ & \ddots & & & & \\ & & 1 & & & \\ & & & (\lambda-\lambda_1)^{m_1} & & \\ & & & & \ddots & \\ & & & & & (\lambda-\lambda_s)^{m_s} \end{bmatrix}$$

定理 2.5 n 阶方阵 $\boldsymbol{A}$ 与 $\boldsymbol{B}$ 相似的充分必要条件是特征矩阵 $\lambda\boldsymbol{E}-\boldsymbol{A}$ 与 $\lambda\boldsymbol{E}-\boldsymbol{B}$ 等价。

定理 2.6 若 n 阶方阵 $\boldsymbol{A}$，特征矩 $\lambda\boldsymbol{E}-\boldsymbol{A}$ 的初等因子为$(\lambda-a)^n$，则

$$\boldsymbol{A}\sim\boldsymbol{J}=\begin{bmatrix} a & & & & \\ 1 & a & & & \\ & 1 & a & & \\ & & \ddots & \ddots & \\ & & & 1 & a \end{bmatrix}$$

证明 由于 $R[\lambda\boldsymbol{E}-\boldsymbol{A}]=R[\lambda\boldsymbol{E}-\boldsymbol{J}]=n$，只需证 $\lambda\boldsymbol{E}-\boldsymbol{A}$ 与 $\lambda\boldsymbol{E}-\boldsymbol{J}$ 有相同的初等因子$(\lambda-a)^n$,便知 $\lambda\boldsymbol{E}-\boldsymbol{A}\simeq\lambda\boldsymbol{E}-\boldsymbol{J}$，由定理 2.5 知 $\boldsymbol{A}\sim\boldsymbol{J}$。因为

$$\lambda\boldsymbol{E}-\boldsymbol{J}=\begin{bmatrix} \lambda-a & & & & \\ -1 & \lambda-a & & & \\ & -1 & \lambda-a & & \\ & & \ddots & \ddots & \\ & & & -1 & \lambda-a \end{bmatrix}$$

$\lambda\boldsymbol{E}-\boldsymbol{J}$ 的初等因子恰为 $\varphi(\lambda)=(\lambda-a)^n$。

定理 2.7 $\boldsymbol{A}$ 是 n 阶方阵，特征矩阵 $\lambda\boldsymbol{E}-\boldsymbol{A}$ 的初等因子组为$(\lambda-\lambda_1)^{m_1}$，$(\lambda-\lambda_2)^{m_2}$，$\cdots$，$(\lambda-\lambda_s)^{m_s}$，$\boldsymbol{J}_i$ 是属于$(\lambda-\lambda_i)^{m_i}$的约当块（$i=1,2,\cdots,s$），则

$$\boldsymbol{A}\sim\boldsymbol{J}=\begin{bmatrix} \boldsymbol{J}_1 & & & \\ & \boldsymbol{J}_2 & & \\ & & \ddots & \\ & & & \boldsymbol{J}_s \end{bmatrix},\quad \boldsymbol{J}_i=\begin{bmatrix} \lambda_i & & & & \\ 1 & \lambda_i & & & \\ & 1 & \ddots & & \\ & & \ddots & \ddots & \\ & & & 1 & \lambda_i \end{bmatrix}$$

证明 由定理 2.4 知，$m_1+m_2+\cdots+m_s=n$，$\lambda\boldsymbol{E}-\boldsymbol{A}$ 与 $\boldsymbol{B}(\lambda)$ 等价，即

$$\lambda\boldsymbol{E}-\boldsymbol{A}\simeq\boldsymbol{B}(\lambda)=\begin{bmatrix}1 & & & & & \\ & \ddots & & & & \\ & & 1 & & & \\ & & & (\lambda-\lambda_1)^{m_1} & & \\ & & & & \ddots & \\ & & & & & (\lambda-\lambda_s)^{m_s}\end{bmatrix}$$

$\boldsymbol{B}(\lambda)$ 中对角线上所含 1 的个数为 $(m_1-1)+(m_2-1)+\cdots+(m_s-1)=n-s$ 个。于是可用同时交换 i 行 j 行与 i 列 j 列的变换而把 $(\lambda-\lambda_1)^{m_1}$ 移到对角线上第 m_1 位置，再把 $(\lambda-\lambda_2)^{m_2}$ 移到对角线上第 m_1+m_2 位置，以此类推，得

$$\boldsymbol{B}(\lambda)\simeq\begin{bmatrix}1 & & & & & & & & & & & \\ & \ddots & & & & & & & & & & \\ & & 1 & & & & & & & & & \\ & & & (\lambda-\lambda_1)^{m_1} & & & & & & & & \\ & & & & 1 & & & & & & & \\ & & & & & \ddots & & & & & & \\ & & & & & & 1 & & & & & \\ & & & & & & & (\lambda-\lambda_2)^{m_2} & & & & \\ & & & & & & & & \ddots & & & \\ & & & & & & & & & 1 & & \\ & & & & & & & & & & \ddots & \\ & & & & & & & & & & & 1 & \\ & & & & & & & & & & & & (\lambda-\lambda_s)^{m_s}\end{bmatrix}$$

由定理 2.6，$\boldsymbol{B}(\lambda)$ 又等价于

$$\lambda\boldsymbol{E}-\boldsymbol{J}=\begin{bmatrix}\lambda E_{m_1}-J_1 & & & \\ & \lambda E_{m_2}-J_2 & & \\ & & \ddots & \\ & & & \lambda E_{m_s}-J_s\end{bmatrix}$$

故 $\boldsymbol{A}\sim\boldsymbol{J}$。

定义 2.6 定理 2.7 中得到的分块对角矩阵 $\boldsymbol{J}=\mathrm{diag}[\boldsymbol{J}_1,\boldsymbol{J}_2,\cdots,\boldsymbol{J}_s]$ 或

$$\boldsymbol{J}=\begin{bmatrix}\boldsymbol{J}_1 & & & \\ & \boldsymbol{J}_2 & & \\ & & \ddots & \\ & & & \boldsymbol{J}_s\end{bmatrix}$$

称为 $\boldsymbol{A}$ 的约当标准形。

定理 2.8 每个 n 阶复数矩阵 $\boldsymbol{A}$ 都与一个约当形矩阵 $\boldsymbol{J}$ 相似，即

$$\boldsymbol{P}^{-1}\boldsymbol{A}\boldsymbol{P}=\boldsymbol{J}$$

除去约当块的排列次序外，约当形矩阵 $\boldsymbol{J}$ 是被矩阵 $\boldsymbol{A}$ 唯一决定的。

这个定理用线性变换的语言来说就是：设 $\boldsymbol{\sigma}$ 是复数域上 n 维线性空间 $\mathbf{V}$ 的线性变换，则在 $\mathbf{V}$ 中必定存在一组基，使 $\boldsymbol{\sigma}$ 在这组基下的矩阵是约当形矩阵；除去约当块的排列次序外，这个约当形矩阵是被 $\boldsymbol{\sigma}$ 唯一决定的。

特别地，当 $\lambda\boldsymbol{E}-\boldsymbol{A}$ 的初等因子组均为 λ 的一次式 $\lambda-\lambda_1$，$\lambda-\lambda_2$，…，$\lambda-\lambda_n(\lambda_i\neq\lambda_1$，$i\neq j)$ 时，$\boldsymbol{A}$ 的约当标准形恰为对角矩阵 $\mathrm{diag}[\lambda_1,\lambda_2,\cdots,\lambda_n]$。

求方阵 $\boldsymbol{A}$ 的约当标准形 $\boldsymbol{J}$，可按下列步骤进行。

(1) 利用初等变换把 $\boldsymbol{A}$ 的特征矩阵 $\lambda\boldsymbol{E}-\boldsymbol{A}$ 化成对角形式，分解对角线上多项式，就得到 $\lambda\boldsymbol{E}-\boldsymbol{A}$ 的全部初等因子。

(2) 相应于每个初等因子 $(\lambda-\lambda_i)^{m_i}$，做出一个 m_i 阶的约当块，即

$$\boldsymbol{J}_i=\begin{bmatrix}\lambda_i & & & & \\ 1 & \lambda_i & & & \\ & 1 & \ddots & & \\ & & \ddots & \ddots & \\ & & & 1 & \lambda_i\end{bmatrix}$$

(3) 把全部约当块合起来即得约当标准形。

例 2.5 求矩阵 $\boldsymbol{A}$ 的约当标准形。

$$\boldsymbol{A}=\begin{bmatrix}3 & 1 & 0 & 0\\ -4 & -1 & 0 & 0\\ 6 & 1 & 2 & 1\\ -14 & -5 & -1 & 0\end{bmatrix}$$

解 利用初等变换把 $\lambda\boldsymbol{E}-\boldsymbol{A}$ 化成对角形式：

$$\lambda\boldsymbol{E}-\boldsymbol{A}=\begin{bmatrix}\lambda-3 & -1 & 0 & 0\\ 4 & \lambda+1 & 0 & 0\\ -6 & -1 & \lambda-2 & -1\\ 14 & 5 & 1 & \lambda\end{bmatrix}\longrightarrow\begin{bmatrix}14 & 5 & 1 & \lambda\\ 4 & \lambda+1 & 0 & 0\\ -6 & -1 & \lambda-2 & -1\\ \lambda-3 & -1 & 0 & 0\end{bmatrix}$$

$$\longrightarrow\begin{bmatrix}1 & 5 & 14 & \lambda\\ 0 & \lambda+1 & 4 & 0\\ \lambda-2 & -1 & -6 & -1\\ 0 & -1 & \lambda-3 & 0\end{bmatrix}\longrightarrow\begin{bmatrix}1 & 5 & 14 & \lambda\\ 0 & \lambda+1 & 4 & 0\\ 0 & 9-5\lambda & 22-14\lambda & -(\lambda-1)^2\\ 0 & 1 & 3-\lambda & 0\end{bmatrix}$$

$$\longrightarrow\begin{bmatrix}1 & 0 & 0 & 0\\ 0 & \lambda+1 & 4 & 0\\ 0 & 9-5\lambda & 22-14\lambda & -(\lambda-1)^2\\ 0 & 1 & 3-\lambda & 0\end{bmatrix}$$

$$\longrightarrow\begin{bmatrix}1 & 0 & 0 & 0\\ 0 & 1 & 3-\lambda & 0\\ 0 & 9-5\lambda & 22-14\lambda & -(\lambda-1)^2\\ 0 & \lambda+1 & 4 & 0\end{bmatrix}$$

$$\longrightarrow\begin{bmatrix}1&0&0&0\\0&1&0&0\\0&9-5\lambda&-5(\lambda-1)^2&-(\lambda-1)^2\\0&\lambda+1&(\lambda-1)^2&0\end{bmatrix}$$

$$\longrightarrow\begin{bmatrix}1&0&0&0\\0&1&0&0\\0&0&(\lambda-1)^2&\frac{1}{5}(\lambda-1)^2\\0&0&(\lambda-1)^2&0\end{bmatrix}\longrightarrow\begin{bmatrix}1&0&0&0\\0&1&0&0\\0&0&(\lambda-1)^2&0\\0&0&0&(\lambda-1)^2\end{bmatrix}$$

故初始因子组为$(\lambda-1)^2$，$(\lambda-1)^2$，相应的约当块为

$$\begin{bmatrix}1&0\\1&1\end{bmatrix}\begin{bmatrix}1&0\\1&1\end{bmatrix}$$

所以，$\boldsymbol{A}$ 的约当标准形为

$$\boldsymbol{J}=\begin{bmatrix}1&0&0&0\\1&1&0&0\\0&0&1&0\\0&0&1&1\end{bmatrix}$$

例 2.6 求矩阵 $\boldsymbol{A}$ 的约当标准形。

$$\boldsymbol{A}=\begin{bmatrix}3&1&-3\\-7&-2&9\\-2&-1&4\end{bmatrix}$$

解 $\boldsymbol{A}$ 的特征矩阵为

$$\lambda\boldsymbol{E}-\boldsymbol{A}=\begin{bmatrix}\lambda-3&-1&3\\7&\lambda+2&-9\\2&1&\lambda-4\end{bmatrix}$$

行列式因子为

$$D_3(\lambda)=|\lambda\boldsymbol{E}-\boldsymbol{A}|=(\lambda-1)(\lambda-2)^2,\ D_1(\lambda)=D_2(\lambda)=1$$

不变因子为

$$d_1(\lambda)=d_2(\lambda)=1,\ d_3(\lambda)=(\lambda-1)(\lambda-2)^2$$

初等因子为 $\lambda-1$，$(\lambda-2)^2$，则 $\boldsymbol{A}$ 的约当标准形为

$$\boldsymbol{J}=\begin{bmatrix}1&0&0\\0&2&0\\0&1&2\end{bmatrix}$$

2.2.2 相似变换矩阵

n 阶方阵 $\boldsymbol{A}$ 的特征矩阵 $\lambda\boldsymbol{E}-\boldsymbol{A}$ 的初等因子组为$(\lambda-\lambda_1)^{m_1}$，$(\lambda-\lambda_2)^{m_2}$，…，$(\lambda-\lambda_s)^{m_s}$，$\lambda_1$，$\lambda_2$，…，$\lambda_s$ 为 $\boldsymbol{A}$ 的特征值。当 $\lambda-\lambda_1$，$\lambda-\lambda_2$，…，$\lambda-\lambda_n$ 都为一次因子时，与 $\boldsymbol{A}$ 相似的约当标准形 $\boldsymbol{J}=\mathrm{diag}[\lambda_1,\lambda_2,\cdots,\lambda_n]$为对角矩阵，即 $\boldsymbol{A}\sim\mathrm{diag}[\lambda_1,\lambda_2,\cdots,\lambda_n]=\boldsymbol{P}^{-1}\boldsymbol{A}\boldsymbol{P}$，相似变换矩阵 $\boldsymbol{P}$ 的求法在线性代数中已介绍过，方法如下：

(1) 求出 λ 的特征值 λ_1，λ_2，…，λ_n；

（2）求对应特征值 λ_i 的特征向量 $\boldsymbol{X}_i$，即解齐次线性方程组$(\lambda_i\boldsymbol{E}-\boldsymbol{A})\boldsymbol{X}=\boldsymbol{0}$，求其非零解 $\boldsymbol{X}_i$（$i=1, 2, \cdots, n$）；

（3）将 $\boldsymbol{X}_1, \boldsymbol{X}_2, \cdots, \boldsymbol{X}_n$ 正交化单位化，得 $\boldsymbol{\xi}_1, \boldsymbol{\xi}_2, \cdots, \boldsymbol{\xi}_n$，相似变换矩阵为 $\boldsymbol{P}=[\boldsymbol{\xi}_1, \boldsymbol{\xi}_2, \cdots, \boldsymbol{\xi}_n]$，该矩阵是一个正交矩阵。

当 $\boldsymbol{A}$ 的特征值有重根时，由 $\boldsymbol{J}=\boldsymbol{P}^{-1}\boldsymbol{AP}$，得 $\boldsymbol{PJ}=\boldsymbol{AP}$，令 $\boldsymbol{P}=(\boldsymbol{X}_1, \boldsymbol{X}_2, \cdots, \boldsymbol{X}_n)$，则

$$\boldsymbol{A}(\boldsymbol{X}_1, \boldsymbol{X}_2, \cdots, \boldsymbol{X}_n)=(\boldsymbol{X}_1, \boldsymbol{X}_2, \cdots, \boldsymbol{X}_n)\begin{bmatrix} J_1 & & & \\ & J_2 & & \\ & & \ddots & \\ & & & J_s \end{bmatrix}$$

解该线性方程组即可求出 $\boldsymbol{X}_1, \boldsymbol{X}_2, \cdots, \boldsymbol{X}_n$，进而得到相似变换矩阵 $\boldsymbol{P}$。

例 2.7 求例 2.6 中将 $\boldsymbol{A}$ 化成约当标准形的相似变换矩阵 $\boldsymbol{P}$。

解 由例 2.6 可知，$\boldsymbol{A}$ 的特征值为 1, 2（重根），设 $\boldsymbol{P}=(\boldsymbol{X}_1, \boldsymbol{X}_2, \boldsymbol{X}_3)$，由 $\boldsymbol{AP}=\boldsymbol{PJ}$，有

$$\boldsymbol{A}(\boldsymbol{X}_1, \boldsymbol{X}_2, \boldsymbol{X}_3)=(\boldsymbol{AX}_1, \boldsymbol{AX}_2, \boldsymbol{AX}_3)=(\boldsymbol{X}_1, \boldsymbol{X}_2, \boldsymbol{X}_3)\begin{bmatrix} 1 & 0 & 0 \\ 0 & 2 & 0 \\ 0 & 1 & 2 \end{bmatrix}=(\boldsymbol{X}_1, 2\boldsymbol{X}_2+\boldsymbol{X}_3, 2\boldsymbol{X}_3)$$

得到下列方程组：

$$\begin{aligned} &\boldsymbol{AX}_1=\boldsymbol{X}_1 && \text{即} \quad (\boldsymbol{E}-\boldsymbol{A})\boldsymbol{X}_1=\boldsymbol{0} \\ &\boldsymbol{AX}_3=2\boldsymbol{X}_3 && \text{即} \quad (2\boldsymbol{E}-\boldsymbol{A})\boldsymbol{X}_3=\boldsymbol{0} \\ &\boldsymbol{AX}_2=2\boldsymbol{X}_2+\boldsymbol{X}_3 && \text{即} \quad (2\boldsymbol{E}-\boldsymbol{A})\boldsymbol{X}_2=-\boldsymbol{X}_3 \end{aligned}$$

前两个方程为齐次线性方程组，第三个方程为非齐次线性方程组。解得

$$\boldsymbol{X}_1=\begin{bmatrix} 0 \\ 3 \\ 1 \end{bmatrix}, \quad \boldsymbol{X}_2=\begin{bmatrix} 0 \\ -1 \\ 0 \end{bmatrix}, \quad \boldsymbol{X}_3=\begin{bmatrix} -1 \\ 4 \\ 1 \end{bmatrix}$$

于是求得

$$\boldsymbol{P}=\begin{bmatrix} 0 & 0 & -1 \\ 3 & -1 & 4 \\ 1 & 0 & 1 \end{bmatrix}, \quad \boldsymbol{P}^{-1}=\begin{bmatrix} 1 & 0 & 1 \\ -1 & -1 & 3 \\ -1 & 0 & 0 \end{bmatrix}$$

2.2.3 矩阵的有理标准形

定义 2.7 设有复系数多项式

$$\varphi(\lambda)=\lambda^n+a_1\lambda^{n-1}+a_2\lambda^{n-2}+\cdots+a_{n-1}\lambda+a_n$$

称矩阵

$$\boldsymbol{C}=\begin{bmatrix} 0 & 0 & 0 & \cdots & 0 & -a_n \\ 1 & 0 & 0 & \cdots & 0 & -a_{n-1} \\ 0 & 1 & 0 & \cdots & 0 & -a_{n-2} \\ \vdots & \vdots & \vdots & & \vdots & \vdots \\ 0 & 0 & 0 & \cdots & 0 & -a_2 \\ 0 & 0 & 0 & \cdots & 1 & -a_1 \end{bmatrix}$$

为多项式 $\varphi(\lambda)$ 的伴随矩阵。

定理 2.9 若 n 阶方阵 $\boldsymbol{A}$ 的特征矩阵 $\lambda\boldsymbol{E}-\boldsymbol{A}$ 的不变因子为

$$d_1(\lambda)=d_2(\lambda)=\cdots=d_{n-1}(\lambda)=1$$

$$d_n(\lambda)=\lambda^n+a_1\lambda^{n-1}+a_2\lambda^{n-2}+\cdots+a_{n-1}\lambda+a_n=\varphi(\lambda)$$

则

$$\boldsymbol{A}\sim\boldsymbol{C}=\begin{bmatrix}0&0&0&\cdots&0&-a_n\\1&0&0&\cdots&0&-a_{n-1}\\0&1&0&\cdots&0&-a_{n-2}\\\vdots&\vdots&\vdots&&\vdots&\vdots\\0&0&0&\cdots&0&-a_2\\0&0&0&\cdots&1&-a_1\end{bmatrix}$$

证明 只要证明 $\lambda\boldsymbol{E}-\boldsymbol{A}\simeq\lambda\boldsymbol{E}-\boldsymbol{C}$，便有 $\boldsymbol{A}\sim\boldsymbol{C}$。根据定理 2.2，只需证明 $\lambda\boldsymbol{E}-\boldsymbol{A}$ 与 $\lambda\boldsymbol{E}-\boldsymbol{C}$有相同的不变因子，由例 2.3 可知

$$\lambda\boldsymbol{E}-\boldsymbol{C}=\begin{bmatrix}\lambda&0&0&\cdots&0&-a_n\\-1&\lambda&0&\cdots&0&a_{n-1}\\0&-1&\lambda&\cdots&0&a_{n-2}\\\vdots&\vdots&\vdots&&\vdots&\vdots\\0&0&0&\cdots&\lambda&a_2\\0&0&0&\cdots&-1&\lambda+a_1\end{bmatrix}$$

的不变因子为

$$d_1(\lambda)=d_2(\lambda)=\cdots=d_{n-1}(\lambda)=1,\ d_n(\lambda)=\varphi(\lambda)$$

为此定理得证。

定理 2.10 n 阶方阵 $\boldsymbol{A}$ 的特征矩阵 $\lambda\boldsymbol{E}-\boldsymbol{A}$ 的非常数不变因子为 $\varphi_1(\lambda)$，$\varphi_2(\lambda)$，…，$\varphi_s(\lambda)$，它们的次数分别为 m_1，m_2，…，m_s，且 $m_1+m_2+\cdots+m_s=n$，$\varphi_i(\lambda)\mid\varphi_{i+1}(\lambda)$ $(i=1,2,\cdots,s-1)$，$\boldsymbol{C}_i$ 分别为 φ_i 的伴随矩阵，则

$$\boldsymbol{A}\sim\boldsymbol{C}=\begin{bmatrix}\boldsymbol{C}_1&&&\\&\boldsymbol{C}_2&&\\&&\ddots&\\&&&\boldsymbol{C}_s\end{bmatrix}$$

称定理 2.10 中得到的矩阵 $\boldsymbol{C}$ 为 $\boldsymbol{A}$ 的有理标准形。

例 2.8 试求例 2.6 中方阵 $\boldsymbol{A}$ 的有理标准形。

解 由例 2.6 可知，$\boldsymbol{A}$ 的初等因子为 $\lambda-1$，$(\lambda-2)^2$，其不变因子为 $d_1(\lambda)=d_2(\lambda)=1$，$d_3(\lambda)=(\lambda-1)(\lambda-2)^2=\lambda^3-5\lambda^2+8\lambda-4=\varphi(\lambda)$，故 $\boldsymbol{A}$ 的有理标准形为

$$\boldsymbol{C}=\begin{bmatrix}0&0&4\\1&0&-8\\0&1&5\end{bmatrix}$$

例 2.9 求矩阵 $\boldsymbol{A}$ 的有理标准形。

$$A=\begin{bmatrix}1&-3&0&3\\-2&6&0&13\\0&-3&1&3\\-1&2&0&8\end{bmatrix}$$

解 利用初等变换将 A 的特征矩阵 $\lambda E-A$ 变成以下形式：

$$\lambda E-A=\begin{bmatrix}\lambda-1&3&0&-3\\2&\lambda-6&0&-13\\0&3&\lambda-1&-3\\1&-2&0&\lambda-8\end{bmatrix}\longrightarrow\begin{bmatrix}1&0&0&0\\0&1&0&0\\0&0&\lambda-1&0\\0&0&0&\lambda^3-15\lambda^2+33\lambda-19\end{bmatrix}$$

为此，$\lambda E-A$ 的不变因子为 $d_1(\lambda)=d_2(\lambda)=1$，$d_3(\lambda)=(\lambda-1)$，$d_4(\lambda)=(\lambda-1)(\lambda^2-14\lambda+19)=\lambda^3-15\lambda^2+33\lambda-19$，则 A 的有理标准形为

$$C=\begin{bmatrix}1&0&0&0\\0&0&0&19\\0&1&0&-33\\0&0&1&15\end{bmatrix}$$

2.3 矩阵的最小多项式

2.3.1 以数字为系数的矩阵多项式

设 F 为数域，$\varphi(\lambda)$ 为 F 上的多项式，$\varphi(\lambda)\in F[\lambda]$，即

$$\varphi(\lambda)=a_m\lambda^m+a_{m-1}\lambda^{m-1}+\cdots+a_1\lambda+a_0$$

对于 F 上的 n 阶方阵 A，用 A 代表 $\varphi(\lambda)$ 中的 λ，得下面的 n 阶方阵

$$\varphi(A)=a_mA^m+a_{m-1}A^{m-1}+\cdots+a_1A+a_0E$$

为以数字为系数的矩阵 A 的多项式，也可以说 $\varphi(\lambda)$ 在 $\lambda=A$ 时之值，如果 $a_m\neq0$，则称 $\varphi(A)$ 是 m 次的矩阵多项式。

不难验证，数域 F 上两个多项式 $\varphi_1(\lambda)$ 与 $\varphi_2(\lambda)$ 的和或积在 $\lambda=A$ 时的值，等于它们在 $\lambda=A$ 时的值 $\varphi_1(A)$ 与 $\varphi_2(A)$ 的和或积，亦即当

$$\varphi(\lambda)=\varphi_1(\lambda)+\varphi_2(\lambda),\ \varphi(\lambda)=\varphi_1(\lambda)\cdot\varphi_2(\lambda)$$

时，有

$$\varphi(A)=\varphi_1(A)+\varphi_2(A),\ \varphi(A)=\varphi_1(A)\cdot\varphi_2(A)$$

如果 $A\sim B$，$B=P^{-1}AP$，则对于任意多项式 $\varphi(\lambda)$，恒有

$$\varphi(B)=P^{-1}\varphi(A)P \tag{2.1}$$

这个结论可由 $B^n=(P^{-1}AP)\cdot(P^{-1}AP)\cdots(P^{-1}AP)=P^{-1}A^nP$ 自然得出。

2.3.2 哈密顿-凯莱定理

定理 2.11 n 阶方阵 A 的特征多项式为

$$f(\lambda)=\det(\lambda E-A)=\lambda^n+a_{n-1}\lambda^{n-1}+a_{n-2}\lambda^{n-2}+\cdots+a_1\lambda+a_0$$

则

$$f(A)=O$$

证明 设 $\boldsymbol{A}$ 的特征矩阵 $\lambda\boldsymbol{E}-\boldsymbol{A}$ 的伴随矩阵为

$$(\lambda\boldsymbol{E}-\boldsymbol{A})^*=\begin{bmatrix}\varphi_{11}(\lambda) & \varphi_{12}(\lambda) & \cdots & \varphi_{1n}(\lambda)\\ \varphi_{21}(\lambda) & \varphi_{22}(\lambda) & \cdots & \varphi_{2n}(\lambda)\\ \vdots & \vdots & & \vdots\\ \varphi_{n1}(\lambda) & \varphi_{n2}(\lambda) & \cdots & \varphi_{nn}(\lambda)\end{bmatrix}$$

式中，元素 $\varphi_{ij}(\lambda)$ 是行列式 $\mathrm{del}(\lambda\boldsymbol{E}-\boldsymbol{A})$ 的代数余子式，为次数不超过 $n-1$ 的多项式，故可设

$$\varphi_{ij}(\lambda)=\beta_{ij}^{(n-1)}\lambda^{n-1}+\beta_{ij}^{(n-2)}\lambda^{n-2}+\cdots+\beta_{ij}^{(1)}\lambda+\beta_{ij}^{(0)}\quad(i,j=1,2,\cdots,n)$$

于是

$$\begin{aligned}&(\lambda\boldsymbol{E}-\boldsymbol{A})^*\\ &=\begin{bmatrix}(\beta_{11}^{(n-1)}\lambda^{n-1}+\beta_{11}^{n-2}\lambda^{n-2}+\cdots+\beta_{11}^{(0)}) & \cdots & (\beta_{1n}^{(n-1)}\lambda^{n-1}+\beta_{1n}^{(n-2)}\lambda^{n-2}+\cdots+\beta_{1n}^{(0)})\\ \vdots & & \vdots\\ (\beta_{n1}^{(n-1)}\lambda^{n-1}+\beta_{n1}^{(n-2)}\lambda^{n-2}+\cdots+\beta_{n1}^{(0)}) & \cdots & (\beta_{nn}^{(n-1)}\lambda^{n-1}+\beta_{nn}^{(n-2)}\lambda^{n-2}+\cdots+\beta_{nn}^{(0)})\end{bmatrix}\\ &=\begin{bmatrix}\beta_{11}^{(n-1)} & \cdots & \beta_{1n}^{(n-1)}\\ \vdots & & \vdots\\ \beta_{n1}^{(n-1)} & \cdots & \beta_{nn}^{(n-1)}\end{bmatrix}\lambda^{n-1}+\cdots+\begin{bmatrix}\beta_{11}^{(0)} & \cdots & \beta_{1n}^{(0)}\\ \vdots & & \vdots\\ \beta_{n1}^{(0)} & \cdots & \beta_{nn}^{(0)}\end{bmatrix}\\ &=\boldsymbol{B}_{n-1}\lambda^{n-1}+\cdots+\boldsymbol{B}_1\lambda+\boldsymbol{B}_0\end{aligned}$$

由伴随矩阵的性质可知

$$(\lambda\boldsymbol{E}-\boldsymbol{A})^*(\lambda\boldsymbol{E}-\boldsymbol{A})=\det(\lambda\boldsymbol{E}-\boldsymbol{A})\boldsymbol{E}=f(\lambda)\boldsymbol{E}$$

将前面求得的 $(\lambda\boldsymbol{E}-\boldsymbol{A})^*$ 及 $f(\lambda)$ 代入上式，得

$$(\boldsymbol{B}_{n-1}\lambda^{n-1}+\cdots+\boldsymbol{B}_1\lambda+\boldsymbol{B}_0)(\lambda\boldsymbol{E}-\boldsymbol{A})=\boldsymbol{E}\lambda^n+a_{n-1}\boldsymbol{E}\lambda^{n-1}+\cdots+a_1\boldsymbol{E}\lambda+a_0\boldsymbol{E}$$

比较两边的 λ 同次幂的系数矩阵，得

$$\begin{aligned}&\boldsymbol{B}_{n-1}=\boldsymbol{E}\\ &\boldsymbol{B}_{n-2}-\boldsymbol{B}_{n-1}\boldsymbol{A}=a_{n-1}\boldsymbol{E}\\ &\boldsymbol{B}_{n-3}-\boldsymbol{B}_{n-2}\boldsymbol{A}=a_{n-2}\boldsymbol{E}\\ &\cdots\cdots\cdots\cdots\\ &\boldsymbol{B}_1-\boldsymbol{B}_2\boldsymbol{A}=a_2\boldsymbol{E}\\ &\boldsymbol{B}_0-\boldsymbol{B}_1\boldsymbol{A}=a_1\boldsymbol{E}\\ &-\boldsymbol{B}_0\boldsymbol{A}=a_0\boldsymbol{E}\end{aligned}$$

以 $\boldsymbol{A}^n$，$\boldsymbol{A}^{n-1}$，$\cdots$，$\boldsymbol{A}$，$\boldsymbol{E}$ 分别依次右乘上面这 $n+1$ 个等式，然后相加即得

$$\boldsymbol{A}^n+a_{n-1}\boldsymbol{A}^{n-1}+\cdots+a_1\boldsymbol{A}+a_0\boldsymbol{E}=\boldsymbol{O}$$

即 $f(\boldsymbol{A})=\boldsymbol{O}$。

2.3.3 最小多项式

定义 2.8 设 $\varphi(\lambda)$ 为 $F[\lambda]$ 中的多项式，$\boldsymbol{A}$ 为 n 阶方阵，如果 $\varphi(\boldsymbol{A})=\boldsymbol{O}$，则称 $\varphi(\lambda)$ 为矩阵 $\boldsymbol{A}$ 的零化多项式。

显然，任一 n 阶方阵 $\boldsymbol{A}$ 的零化多项式是存在的，如方阵 $\boldsymbol{A}$ 的特征多项式 $\det(\lambda\boldsymbol{E}-\boldsymbol{A})$ 就是方阵 $\boldsymbol{A}$ 的一个零化多项式。但是方阵 $\boldsymbol{A}$ 的零化多项式不是唯一的，因为方阵 $\boldsymbol{A}$ 的特征多项式的任何倍式 $\boldsymbol{K}(\lambda)\det(\lambda\boldsymbol{E}-\boldsymbol{A})$ 都是方阵 $\boldsymbol{A}$ 的零化多项式，我们感兴趣的是在方阵 $\boldsymbol{A}$

的所有零化多项式中次数最小的多项式。

定义 2.9 对于 n 阶方阵 $\boldsymbol{A}$，其次数最低的首 1 零化多项式 $m(\lambda)$，称为方阵 $\boldsymbol{A}$ 的最小零化多项式，简称为方阵 $\boldsymbol{A}$ 的最小多项式。

方阵 $\boldsymbol{A}$ 的最小多项式有如下性质。

性质(1)：方阵 $\boldsymbol{A}$ 的最小多项式存在且唯一。

证明 如果 $m_1(\lambda)$ 与 $m_2(\lambda)$ 都是方阵 $\boldsymbol{A}$ 的最小多项式，则 $m_1(\lambda)-m_2(\lambda)=h(\lambda)$。

如果 $h(\lambda)\neq 0$,必为比 $m_1(\lambda)$ 或 $m_2(\lambda)$ 次数低的多项式，且 $h(\boldsymbol{A})=m_1(\boldsymbol{A})-m_2(\boldsymbol{A})=\boldsymbol{O}$ 为方阵 $\boldsymbol{A}$ 的零化多项式，与 $m_1(\lambda)$、$m_2(\lambda)$ 为最小多项式矛盾，所以，$h(\lambda)=0$，即 $m_1(\lambda)=m_2(\lambda)$。

性质(2)：方阵 $\boldsymbol{A}$ 的最小多项式 $m(\lambda)$ 都能整除方阵 $\boldsymbol{A}$ 的任一零化多项式 $\varphi(\lambda)$。

证明 利用带余除法，$\varphi(\lambda)=m(\lambda)h(\lambda)+r(\lambda)$，余式 $r(\lambda)$ 的次数小于 $m(\lambda)$ 的次数。如果 $r(\lambda)\neq 0$，但 $r(\boldsymbol{A})=\varphi(\boldsymbol{A})-m(\boldsymbol{A})h(\boldsymbol{A})=\boldsymbol{O}$，与最小多项式定义矛盾，故 $r(\lambda)=0$，即 $m(\lambda)\mid\varphi(\lambda)$。

性质(3)：如果 n 阶方阵 $\boldsymbol{A}$ 与 $\boldsymbol{B}$ 相似，则方阵 $\boldsymbol{A}, \boldsymbol{B}$ 的最小多项式相等。

证明 因为 $\boldsymbol{A}$ 与 $\boldsymbol{B}$ 相似，所以存在可逆矩阵 $\boldsymbol{P}$，使 $\boldsymbol{B}=\boldsymbol{P}^{-1}\boldsymbol{AP}$。如果 $m(\lambda)$ 是方阵 $\boldsymbol{A}$ 的最小多项式，由式(2.1)有

$$m(\boldsymbol{B})=P^{-1}m(\boldsymbol{A})\boldsymbol{P}=\boldsymbol{O}$$

如果 $g(\lambda)$ 是 $\boldsymbol{B}$ 的最小多项式，必有

$$g(\boldsymbol{A})=\boldsymbol{P}g(\boldsymbol{B})\boldsymbol{P}^{-1}=\boldsymbol{O}$$

从而有 $g(\lambda)\mid m(\lambda)$，$m(\lambda)\mid g(\lambda)$，故 $g(\lambda)=m(\lambda)$。

该命题的逆命题不一定成立，例如

$$\boldsymbol{A}=\begin{bmatrix}2 & & \\ & 3 & \\ & & 3\end{bmatrix},\quad \boldsymbol{B}=\begin{bmatrix}2 & & \\ & 2 & \\ & & 3\end{bmatrix}$$

最小多项式都为 $(\lambda-2)(\lambda-3)$，但方阵 $\boldsymbol{A}$ 与 $\boldsymbol{B}$ 并不相似。

性质(4)：n 阶方阵 $\boldsymbol{A}$ 的最小多项式的零点必是方阵 $\boldsymbol{A}$ 的特征值；反之，方阵 $\boldsymbol{A}$ 的特征值必是方阵 $\boldsymbol{A}$ 的最小多项式的零点。

证明 设 $m(\lambda)$ 是方阵 $\boldsymbol{A}$ 的最小多项式，$f(\lambda)=\det(\lambda\boldsymbol{E}-\boldsymbol{A})$ 是方阵 $\boldsymbol{A}$ 的特征多项式，则有

$$f(\lambda)=m(\lambda)h(\lambda)$$

如果 λ_0 为 $m(\lambda)$ 的零点，即 $m(\lambda_0)=0$，则有

$$f(\lambda_0)=m(\lambda_0)h(\lambda_0)=0$$

反之，设 λ_0 是方阵 $\boldsymbol{A}$ 的任一特征值，$\boldsymbol{\alpha}_0$ 是对应 λ_0 的特征向量，即

$$\boldsymbol{A\alpha}_0=\lambda_0\boldsymbol{\alpha}_0$$

从而有

$$m(\boldsymbol{A})\boldsymbol{\alpha}_0=m(\lambda_0)\boldsymbol{\alpha}_0$$

由 $m(\boldsymbol{A})=\boldsymbol{O}$，$\boldsymbol{\alpha}_0\neq\boldsymbol{0}$，故 $m(\lambda_0)=0$，即 λ_0 是 $m(\lambda)$ 的零点。

2.3.4 最小多项式的求法

根据最小多项式的性质(4)，如果 n 阶方阵 $\boldsymbol{A}$ 的所有不同的特征值为 $\lambda_1, \lambda_2, \cdots, \lambda_s$，

则方阵 **A** 的特征多项式为

$$\det(\lambda \boldsymbol{E}-\boldsymbol{A})=(\lambda-\lambda_1)^{m_1}(\lambda-\lambda_2)^{m_2}\cdots(\lambda-\lambda_s)^{m_s}$$

其中 m_i 为正整数，且 $m_1+m_2+\cdots+m_s=n$。于是，方阵 **A** 的最小多项式可表示为

$$m(\lambda)=(\lambda-\lambda_1)^{k_1}(\lambda-\lambda_2)^{k_2}\cdots(\lambda-\lambda_s)^{k_s}$$

其中 k_i 为正整数，且 $1\leqslant k_i\leqslant m_i(i=1,\ 2,\ \cdots,\ s)$。

求方阵 **A** 的最小多项式的第一种方法——试探法。

例 2.10 求下列矩阵的最小多项式。

$$\boldsymbol{A}=\begin{bmatrix}7 & 4 & -1\\ 4 & 7 & -1\\ -4 & -4 & 4\end{bmatrix},\quad \boldsymbol{B}=\begin{bmatrix}3 & 1 & -3\\ -7 & -2 & 9\\ -2 & -1 & 4\end{bmatrix}$$

解 **A** 的特征多项式

$$f(\lambda)=\det(\lambda \boldsymbol{E}-\boldsymbol{A})=\begin{vmatrix}\lambda-7 & -4 & 1\\ -4 & \lambda-7 & 1\\ 4 & 4 & \lambda-4\end{vmatrix}=(\lambda-3)^2(\lambda-12)$$

方阵 **A** 的特征值为 12，3，且必为方阵 **A** 的最小多项式的零点，故方阵 **A** 的最小多项式可能为 $(\lambda-12)(\lambda-3)$ 或 $(\lambda-12)(\lambda-3)^2$，由于

$$(\boldsymbol{A}-12\boldsymbol{E})(\boldsymbol{A}-3\boldsymbol{E})=\begin{bmatrix}-5 & 4 & -1\\ 4 & -5 & -1\\ -4 & -4 & -8\end{bmatrix}\begin{bmatrix}4 & 4 & -1\\ 4 & 4 & -1\\ -4 & -4 & 1\end{bmatrix}=\boldsymbol{O}$$

于是，方阵 **A** 的最小多项式为

$$m(\lambda)=(\lambda-12)(\lambda-3)$$

B 的特征多项式 $\det(\lambda \boldsymbol{E}-\boldsymbol{B})=(\lambda-1)(\lambda-2)^2$，由于

$$(\boldsymbol{B}-\boldsymbol{E})(\boldsymbol{B}-2\boldsymbol{E})=\begin{bmatrix}2 & 1 & -3\\ -7 & -3 & 9\\ -2 & -1 & 3\end{bmatrix}\begin{bmatrix}1 & 1 & -3\\ -7 & -4 & 9\\ -2 & -1 & 2\end{bmatrix}=\begin{bmatrix}1 & 1 & -3\\ -4 & -4 & 12\\ -1 & -1 & 3\end{bmatrix}\neq\boldsymbol{O}$$

于是，方阵 **B** 的最小多项式为

$$m(\lambda)=(\lambda-1)(\lambda-2)^2$$

求方阵 **A** 的最小多项式的第二种方法——不变因子法，即

$$m(\lambda)=d_n(\lambda)$$

式中，$d_n(\lambda)$ 为方阵 **A** 的特征矩阵 $(\lambda \boldsymbol{E}-\boldsymbol{A})$ 的 n 阶不变因子。

例 2.11 用不变因子法求例 2.10 中方阵 **B** 的最小多项式。

解 由

$$\lambda \boldsymbol{E}-\boldsymbol{B}=\begin{bmatrix}\lambda-3 & -1 & 3\\ 7 & \lambda+2 & -9\\ 2 & 1 & \lambda-4\end{bmatrix}\to\begin{bmatrix}1 & 0 & 0\\ 0 & \lambda-1 & 0\\ 0 & -1 & (\lambda-2)^2\end{bmatrix}\to\begin{bmatrix}1 & & \\ & 1 & \\ & & (\lambda-1)(\lambda-2)^2\end{bmatrix}$$

其 3 阶不变因子为 $d_3(\lambda)=(\lambda-1)(\lambda-2)^2$，故方阵 **B** 的最小多项式为

$$m(\lambda)=(\lambda-1)(\lambda-2)^2$$

例 2.12 设

$$\boldsymbol{A}=\begin{bmatrix}3 & 1 & -3\\ -7 & -2 & 9\\ -2 & -1 & 4\end{bmatrix}$$

试计算

$$g(\boldsymbol{A})=\boldsymbol{A}^5-5\boldsymbol{A}^4+10\boldsymbol{A}^3-8\boldsymbol{A}^2+17\boldsymbol{A}-7\boldsymbol{E}$$

解 利用方阵 A 的零化多项式可将 $g(\boldsymbol{A})$ 化简，因为方阵 $\boldsymbol{A}$ 的最小多项式为

$$m(\lambda)=(\lambda-1)(\lambda-2)^2=\lambda^3-5\lambda^2+8\lambda-4$$

用 $m(\lambda)$ 去除 $g(\lambda)$，得

$$\begin{aligned}g(\lambda)&=\lambda^5-5\lambda^4+10\lambda^3-8\lambda^2+17\lambda-7\\&=(\lambda^3-5\lambda^2+8\lambda-4)(\lambda^2+2)+(6\lambda^2+\lambda+1)\end{aligned}$$

那么

$$\begin{aligned}g(\boldsymbol{A})&=(\boldsymbol{A}^3-5\boldsymbol{A}^2+8\boldsymbol{A}-4\boldsymbol{E})(\boldsymbol{A}^2+2\boldsymbol{E})+(6\boldsymbol{A}^2+\boldsymbol{A}+\boldsymbol{E})\\&=6\boldsymbol{A}^2+\boldsymbol{A}+\boldsymbol{E}\\&=\begin{bmatrix}52&25&-75\\-157&-73&243\\-44&-25&83\end{bmatrix}\end{aligned}$$

2.3.5 与对角矩阵相似的条件

定理 2.12 n 阶方阵 $\boldsymbol{A}$ 与对角矩阵相似的充分必要条件是 $\boldsymbol{A}$ 的最小多项式无重零点。

证明 必要性 设 $\boldsymbol{A}\sim\boldsymbol{\Lambda}=\mathrm{diag}[\lambda_1,\lambda_2,\cdots,\lambda_n]$，根据最小多项式性质(3)及(4)，$\boldsymbol{A}$ 与对角矩阵 $\boldsymbol{\Lambda}$ 的最小多项式相等。$\lambda\boldsymbol{E}-\boldsymbol{\Lambda}$ 的初等因子组为

$$(\lambda-\lambda_1),\ (\lambda-\lambda_2),\ \cdots,(\lambda-\lambda_n)$$

由初等因子与不变因子的关系，$\lambda\boldsymbol{E}-\boldsymbol{\Lambda}$ 的 n 阶不变因子是互异的一次因式乘积，故最小多项式为

$$m(\lambda)=d_n(\lambda)=(\lambda-\lambda_{i_1})(\lambda-\lambda_{i_2})\cdots(\lambda-\lambda_{i_s})$$

其中，$\lambda_{i_1},\lambda_{i_2},\cdots,\lambda_{i_s}(s\leqslant n)$ 是 $\lambda_1,\lambda_2,\cdots,\lambda_n$ 中全部互不相同的数，即 $\boldsymbol{A}$ 的全部互不相同的特征值，$m(\lambda)$ 无重零点。

充分性 设 $\boldsymbol{A}$ 的最小多项式 $m(\lambda)$ 无重零点，不妨令

$$m(\lambda)=(\lambda-\lambda_1)(\lambda-\lambda_2)\cdots(\lambda-\lambda_m)$$

其中，$\lambda_i\neq\lambda_j(i\neq j;\ i,j=1,2,\cdots,m)$。

因 $d_n(\lambda)=m(\lambda)$，故 $\lambda\boldsymbol{E}-\boldsymbol{A}$ 的不变因子 $d_n(\lambda)$ 是互不相同的一次因式乘积，再由不变因子的性质 $d_i(\lambda)\mid d_{i+1}(\lambda)\ (i=1,2,\cdots,n-1)$，知 $\lambda\boldsymbol{E}-\boldsymbol{A}$ 的全部初等因子不是 1 就是若干个互不相同的一次因式乘积，于是，$\lambda\boldsymbol{E}-\boldsymbol{A}$ 的初等因子组全部是一次多项式，故 $\boldsymbol{A}$ 的约当标准形是对角矩阵，即 $\boldsymbol{A}\sim\boldsymbol{\Lambda}=\mathrm{diag}[\lambda_1,\lambda_2,\cdots,\lambda_n]$。

根据定理 2.12，判断矩阵 $\boldsymbol{A}$ 是否与对角矩阵相似，只需要判断它的最小多项式 $m(\lambda)$ 有无重零点即可。

3 矩阵分析

在线性代数中，主要是用代数的方法来研究矩阵，没有涉及极限和微积分的运算。由于在工程实际中经常需要矩阵的微积分、级数等运算，所以有必要对矩阵分析做以介绍。

本章首先讨论向量和矩阵的范数，然后在引入向量及矩阵极限的基础上，讨论矩阵的微分、积分，方阵的幂级数及方阵函数等矩阵分析内容。

3.1 向量范数

向量范数的概念是由推广 $\mathbf{R}^1$ 或 $\mathbf{R}^2$ 中的向量长度概念而产生的。范数最简单的例子是绝对值函数，它表示数轴上的点到原点的距离。

对于一般的线性空间，如何来定义向量的“长度”，这就引进了比长度更加广泛的概念——向量范数。

定义 3.1 设 $\mathbf{V}$ 是数域 F 上的线性空间，若对于 $\mathbf{V}$ 中任意向量 $\boldsymbol{X}$ 都有一个实数 $\|\boldsymbol{X}\|$ 与之对应，且满足：

(1) 正定性：当 $\boldsymbol{X}\neq\mathbf{0}$ 时，$\|\boldsymbol{X}\|>0$，当且仅当 $\boldsymbol{X}=\mathbf{0}$ 时，$\|\boldsymbol{X}\|=0$。

(2) 齐次性：$\|a\boldsymbol{X}\|=|a|\|\boldsymbol{X}\|$ $(a\in F)$。

(3) 三角不等式：$\|\boldsymbol{X}+\boldsymbol{Y}\|\leqslant\|\boldsymbol{X}\|+\|\boldsymbol{Y}\|$ $(\boldsymbol{X},\boldsymbol{Y}\in\mathbf{V})$。

则称 $\|\boldsymbol{X}\|$ 为 $\mathbf{V}$ 中向量 $\boldsymbol{X}$ 的范数(norm)，简称为向量范数。

由定义 3.1 可知，向量 $\boldsymbol{X}$ 的范数是按照一定的规律与 $\boldsymbol{X}$ 对应的非负实数。这里没有指明对应的规律，只是规定了它所满足的三条公理，即向量范数三公理。

向量范数具有下列基本性质。

(1) 零向量的范数是 0，即 $\|\mathbf{0}\|=0$。

事实上，有

$$\|\mathbf{0}\|=\|0\cdot\boldsymbol{X}\|=0\cdot\|\boldsymbol{X}\|=0$$

(2) 当 $\boldsymbol{X}\neq\mathbf{0}$ 时，有 $\left\|\dfrac{1}{\|\boldsymbol{X}\|}\boldsymbol{X}\right\|=1$。

事实上，有

$$\left\|\frac{1}{\|\boldsymbol{X}\|}\boldsymbol{X}\right\|=\frac{1}{\|\boldsymbol{X}\|}\|\boldsymbol{X}\|=1$$

(3) 对于任意的 $\boldsymbol{X}\in\mathbf{V}$，有 $\|-\boldsymbol{X}\|=\|\boldsymbol{X}\|$。

事实上，有

$$\|-\boldsymbol{X}\|=|-1|\cdot\|\boldsymbol{X}\|=\|\boldsymbol{X}\|$$

(4) 对于任意的 $\boldsymbol{X},\boldsymbol{Y}\in\mathbf{V}$，有 $\big|\|\boldsymbol{X}\|-\|\boldsymbol{Y}\|\big|\leqslant\|\boldsymbol{X}-\boldsymbol{Y}\|$。

事实上，有

$$\|X\| = \|X - Y + Y\| \leqslant \|X - Y\| + \|Y\|$$

从而

$$\|X - Y\| \geqslant \|X\| - \|Y\|$$

又

$$\|X - Y\| = \|Y - X\| \geqslant \|Y\| - \|X\|$$

那么

$$\|Y\| - \|X\| \geqslant -\|X - Y\|$$

于是

$$|\,\|X\| - \|Y\|\,| \leqslant \|X - Y\|$$

定义了范数的线性空间称为赋范线性空间。在赋范线性空间中，向量 X 与 Y 之间的距离可定义为 $X - Y$ 的范数，即

$$d(X,Y) = \|X - Y\|$$

下面讨论常用的 n 维向量空间 $\mathbf{C}^n$ 中几种常用的向量范数。

例 3.1 设 $X = (\xi_1, \xi_2, \cdots, \xi_n)^{\mathrm{T}}$ 是 $\mathbf{C}^n$ 的任一向量，规定

$$\|X\| = \sqrt{|\xi_1|^2 + |\xi_2|^2 + \cdots + |\xi_n|^2} = \sqrt{X^{\mathrm{H}} X}$$

其中，X^{H} 表示 X 的共轭转置。试证这样规定的 $\|X\|$ 是 $\mathbf{C}^n$ 中的一种向量范数。

证明 (1) 若 $X = (\xi_1, \xi_2, \cdots, \xi_n)^{\mathrm{T}} \neq \mathbf{0}$，则 $\xi_1, \xi_2, \cdots, \xi_n$ 不全为 0，故有

$$\|X\| = \sqrt{|\xi_1|^2 + |\xi_2|^2 + \cdots + |\xi_n|^2} > 0$$

显然，当且仅当 $X = \mathbf{0}$ 时，$\|X\| = 0$。从而满足非负性。

(2) 对于任意的 $a \in \mathbf{C}$，$X = (\xi_1, \xi_2, \cdots, \xi_n)^{\mathrm{T}} \in \mathbf{C}^n$，有

$$\begin{aligned} \|aX\| &= \sqrt{|a\xi_1|^2 + |a\xi_2|^2 + \cdots + |a\xi_n|^2} \\ &= |a| \sqrt{|\xi_1|^2 + |\xi_2|^2 + \cdots + |\xi_n|^2} = |a| \cdot \|X\| \end{aligned}$$

因此满足齐次性。

(3) 对于任意 $\mathbf{C}^n$ 中的向量 X 与 Y，由柯西-施瓦兹不等式

$$(X, Y)\overline{(X, Y)} \leqslant (X, X)(Y, Y)$$

即

$$(X^{\mathrm{H}} Y)\overline{(X^{\mathrm{H}} Y)} \leqslant (X^{\mathrm{H}} X)(Y^{\mathrm{H}} Y)$$

有

$$|X^{\mathrm{H}} Y|^2 \leqslant \|X\|^2 \cdot \|Y\|^2$$

所以

$$|X^{\mathrm{H}} Y| \leqslant \|X\| \cdot \|Y\|$$

从而

$$\begin{aligned} \|X + Y\|^2 &= (X + Y, X + Y) \\ &= (X, X) + (X, Y) + (Y, X) + (Y, Y) \\ &= \|X\|^2 + 2\mathrm{Re}(X, Y) + \|Y\|^2 \\ &\leqslant \|X\|^2 + 2|X^{\mathrm{H}} Y| + \|Y\|^2 \\ &\leqslant \|X\|^2 + 2\|X\| \cdot \|Y\| + \|Y\|^2 \\ &= (\|X\| + \|Y\|)^2 \end{aligned}$$

有

$$\|X+Y\| \leqslant \|X\| + \|Y\|$$

即三角不等式成立。

由定义 3.1 可知，$\|X\| = \sqrt{X^{H}X}$是 C^{n} 中的一种向量范数，该范数通常记为

$$\|X\|_2 = \sqrt{X^{H}X} = \sqrt{|\xi_1|^2 + |\xi_2|^2 + \cdots + |\xi_n|^2}$$

称为向量的 2-范数。

例 3.2 对于 $X = (\xi_1, \xi_1, \cdots, \xi_n)^{T} \in C^{n}$，规定

$$\|X\|_\infty = \max_i |\xi_i|$$

试证$\|X\|_\infty$是 C^{n} 中的一种向量范数。

证明 （1）当 $X \neq 0$ 时，X 至少有一个分量不为零，故

$$\|X\|_\infty = \max_i |\xi_i| > 0$$

显然，当且仅当 $X = 0$ 时，$\|X\| = 0$。

（2）对于任意的 $a \in C$，有

$$\|aX\|_\infty = \max_i |a\xi_i| = |a| \cdot \max_i |\xi_i| = |a| \cdot \|X\|_\infty$$

（3）对于任意的 $Y = (\eta_1, \eta_2, \cdots, \eta_n)^{T} \in C^{n}$，有

$$\|X+Y\|_\infty = \max_i |\xi_i + \eta_i| \leqslant \max_i |\xi_i| + \max_i |\eta_i| = \|X\|_\infty + \|Y\|_\infty$$

所以，$\|X\|_\infty$是 C^{n} 中的向量范数。称此范数为∞-范数。

例 3.3 对于任意的 $X = (\xi_1, \xi_1, \cdots, \xi_n)^{T} \in C^{n}$，规定

$$\|X\|_1 = \sum_{i=1}^{n} |\xi_i|$$

试证$\|X\|_1$ 是 C^{n} 中的向量范数。

证明留作练习。此范数称为 1-范数。

上面三个例子所述三种范数$\|X\|_1$，$\|X\|_2$，$\|X\|_\infty$是常用的 C^{n} 中的三种范数，这三种范数都可由下列 p-范数表示，即

$$\|X\|_p = \left(\sum_{i=1}^{n} |\xi_i|^p\right)^{\frac{1}{p}} \quad (1 \leqslant p < \infty)$$

此外，在其他线性空间上也可以定义各种范数。例如，在有限闭区间$[a, b]$上定义的连续实函数 $f(t)$的全体构成 R 上的线性空间 $C[a, b]$。可定义

$$\|f\|_1 = \int_a^b |f(t)| \mathrm{d}t$$

$$\|f\|_p = \left[\int_a^b |f(t)|^p \mathrm{d}t\right]^{\frac{1}{p}} \quad (1 \leqslant p < \infty)$$

$$\|f\|_\infty = \max_{t \in [a, b]} |f(t)|$$

下面介绍以后常用到的有关向量范数的两个重要定理。

定理 3.1 设$\|X\|$是 C^{n} 中向量 $X = (\xi_1, \xi_1, \cdots, \xi_n)^{T}$ 的范数，则它是 $\xi_1, \xi_1, \cdots, \xi_n$ 的连续函数。

定理 3.2 设$\|X\|_a$ 与$\|X\|_b$ 是 C^{n} 中的两种不同范数，则总存在正数 $k_2 \geqslant k_1 > 0$，使得对于任意 $X \in C^{n}$，有

$$k_1\|X\|_b \leqslant \|X\|_a \leqslant k_2\|X\|_b \tag{3.1}$$

式(3.1)称为范数的嵌入不等式，满足式(3.1)的两个范数称为等价的，由定理3.2知，$\mathbf{C}^n$ 中的任何两种不同的向量范数都是等价的。

例 3.4 若 n 维向量 $\boldsymbol{X}=(1,1,\cdots,1)^{\mathrm{T}}$，求 $\|\boldsymbol{X}\|_1$，$\|\boldsymbol{X}\|_2$，$\|\boldsymbol{X}\|_\infty$。

解

$$\|\boldsymbol{X}\|_1 = \sum_{i=1}^{n}|\xi_i| = n$$

$$\|\boldsymbol{X}\|_2 = \sqrt{\sum_{i=1}^{n}|\xi_i|^2} = \sqrt{n}$$

$$\|\boldsymbol{X}\|_\infty = \max_i|\xi_i| = 1$$

例 3.5 设 $\boldsymbol{S}\in\mathbf{R}^{n\times n}$ 可逆，给定 $\mathbf{R}^n$ 中的向量范数 $\|\cdot\|_v$，对于 $\mathbf{R}^n$ 中的列向量 $\boldsymbol{\alpha}$，定义实数 $\|\boldsymbol{\alpha}\|=\|\boldsymbol{S\alpha}\|_v$，验证 $\|\boldsymbol{\alpha}\|$ 是 $\mathbf{R}^n$ 中的向量范数。

证明 (1) 当 $\boldsymbol{\alpha}=\mathbf{0}$ 时，$\|\boldsymbol{\alpha}\|=\|\mathbf{0}\|_v=0$；

当 $\boldsymbol{\alpha}\neq\mathbf{0}$ 时，由 $\boldsymbol{S}$ 可逆知 $\boldsymbol{S\alpha}\neq\mathbf{0}$，所以 $\|\boldsymbol{\alpha}\|=\|\boldsymbol{S\alpha}\|_v>0$。

(2) 对于 $k\in\mathbf{R}$，有 $\|k\boldsymbol{\alpha}\|=\|\boldsymbol{S}(k\boldsymbol{\alpha})\|_v=|k|\cdot\|\boldsymbol{S\alpha}\|_v=|k|\cdot\|\boldsymbol{\alpha}\|$。

(3) 对于 $\boldsymbol{\beta}\in\mathbf{R}^n$，有

$$\|\boldsymbol{\alpha}+\boldsymbol{\beta}\|=\|\boldsymbol{S}(\boldsymbol{\alpha}+\boldsymbol{\beta})\|_v=\|\boldsymbol{S\alpha}+\boldsymbol{S\beta}\|_v\leqslant\|\boldsymbol{S\alpha}\|_v+\|\boldsymbol{S\beta}\|_v=\|\boldsymbol{\alpha}\|+\|\boldsymbol{\beta}\|$$

综上，$\|\boldsymbol{\alpha}\|$ 是 $\mathbf{R}^n$ 中的向量范数。

3.2 矩阵范数

3.2.1 矩阵范数的概念

一个 $m\times n$ 阶矩阵可以看作一个 $m\times n$ 维的向量，因此可以按向量范数来定义矩阵范数，但由于矩阵之间还有乘法运算，因此在定义矩阵范数时，必须多一条反映矩阵乘法的公理。

定义 3.2 在 $\mathbf{C}^{m\times n}$ 中规定矩阵 $\boldsymbol{A}$ 的一个实值函数，记作 $\|\boldsymbol{A}\|$，此函数若满足：

(1) 正定性：当 $\boldsymbol{A}\neq\boldsymbol{O}$ 时，$\|\boldsymbol{A}\|>0$，当且仅当 $\boldsymbol{A}=\boldsymbol{O}$ 时，$\|\boldsymbol{A}\|=0$。

(2) 齐次性：对于任意的 $a\in\mathbf{C}$，有

$$\|a\boldsymbol{A}\|=|a|\cdot\|\boldsymbol{A}\|$$

(3) 三角不等式：对于任意的 $\boldsymbol{A},\boldsymbol{B}\in\mathbf{C}^{m\times n}$，都有

$$\|\boldsymbol{A}+\boldsymbol{B}\|\leqslant\|\boldsymbol{A}\|+\|\boldsymbol{B}\|$$

(4) 乘法相容性：当矩阵乘积 $\boldsymbol{AB}$ 有意义时，都有

$$\|\boldsymbol{AB}\|\leqslant\|\boldsymbol{A}\|\cdot\|\boldsymbol{B}\|$$

则称 $\|\boldsymbol{A}\|$ 为矩阵 $\boldsymbol{A}$ 的范数。

由定义3.2可知，与向量范数一样，也可按不同方式规定各种各样的矩阵范数，由于矩阵与向量在实际运算中常同时出现，所以矩阵范数与向量范数也会同时出现，需要我们建立矩阵范数与向量范数的联系。

定义 3.3 对于任意的 $\boldsymbol{A}\in\mathbf{C}^{m\times n}$，$\boldsymbol{X}\in\mathbf{C}^n$，若向量范数 $\|\boldsymbol{X}\|_a$ 与矩阵范数 $\|\boldsymbol{A}\|$ 满足不等式

$$\|AX\|_a \leqslant \|A\| \cdot \|X\|_a$$

则称矩阵范数$\|A\|$与向量范数$\|X\|_a$是相容的。

对于$\mathbf{C}^{m\times n}$上的矩阵范数，是否有与它相容的向量范数？这个问题的回答是肯定的，这将由后面的定理3.3给出证明。下面先介绍一种常用的与向量2-范数相容的方阵范数——F-范数。

3.2.2 弗罗比尼乌斯范数

由向量的2-范数，可以定义一种与向量范数$\|X\|_2$相容的矩阵范数，即

$$\|A\|_F = \left(\sum_{i=1}^{m}\sum_{j=1}^{n}|a_{ij}|^2\right)^{\frac{1}{2}} = (\mathrm{tr}(A^H A))^{\frac{1}{2}}$$

这里$A=(a_{ij})\in\mathbf{C}^{m\times n}$，该范数称为弗罗比尼乌斯(Frobenius)范数，简称F-范数，下面证明这一事实。

$\|A\|_F$显然满足：

(1) 若$A\neq O$,则

$$\|A\|_F > 0$$

当且仅当$A=O$时

$$\|A\|_F = 0$$

(2) 对于任意的$k\in\mathbf{C}$,有

$$\|kA\|_F = |k|\cdot\|A\|_F$$

(3) 对于任意的$A, B\in\mathbf{C}^{m\times n}$,都有

$$\|A+B\|_F \leqslant \|A\|_F + \|B\|_F$$

(4) 对于任意的$A\in\mathbf{C}^{m\times n}$，$B\in\mathbf{C}^{n\times k}$，都有

$$\|A\cdot B\|_F \leqslant \|A\|_F\cdot\|B\|_F$$

(5) 对于任意的$X\in\mathbf{C}^n$，$A\in\mathbf{C}^{m\times n}$，都有

$$\|AX\|_2 \leqslant \|A\|_F\cdot\|X\|_2$$

证明 (5)：

记$A=(a_{ij})$的第i个行向量为A_i ($i=1, 2, \cdots, m$)，$X=(\xi_1, \xi_1, \cdots, \xi_n)^H$，则

$$AX = \begin{bmatrix} A_1 \\ A_2 \\ \vdots \\ A_m \end{bmatrix} X = \begin{bmatrix} A_1X \\ A_2X \\ \vdots \\ A_mX \end{bmatrix}$$

由柯西-施瓦兹不等式，有

$$\begin{aligned} |A_iX|^2 &= |a_{i1}\bar{\xi}_1 + a_{i2}\bar{\xi}_2 + \cdots + a_{in}\bar{\xi}_n|^2 \\ &\leqslant \sum_{j=1}^{n}|a_{ij}|^2\cdot\sum_{j=1}^{n}|\bar{\xi}_j|^2 = \sum_{j=1}^{n}|a_{ij}|^2\cdot\sum_{j=1}^{n}|\xi_j|^2 \\ &= \|A_i\|_2^2\|X\|_2^2 \quad (i=1, 2, \cdots, m) \end{aligned}$$

所以

$$\|AX\|_2^2 = \sum_{i=1}^{m}|A_i X|^2 \leqslant \sum_{i=1}^{m}\left(\|A_i\|_2^2\cdot\|X\|_2^2\right)$$

$$= \left(\sum_{i=1}^{m} \|A_i X\|_2^2\right) \cdot \|X\|_2^2$$

从而

$$\|AX\|_2 \leqslant \|A\|_F \cdot \|X\|_2$$

证明 (4)：

记 B 的第 j 列为 $B_j (j=1, 2, \cdots, k)$，则有

$$\begin{aligned}\|AB\|_F^2 &= \|(AB_1, AB_2, \cdots, AB_k)\|_F^2 \\ &= \|AB_1\|_2^2 + \|AB_2\|_2^2 + \cdots + \|AB_k\|_2^2 \\ &\leqslant \|A\|_F{}^2 \cdot \|B_1\|_2{}^2 + \|A\|_F{}^2 \cdot \|B_2\|_2^2 + \cdots + \|A\|_F{}^2 \cdot \|B_k\|_2^2 \\ &= \|A\|_F{}^2 (\|B_1\|_2^2 + \|B_2\|_2^2 + \cdots + \|B_k\|_2^2) = \|A\|_F{}^2 \cdot \|B\|_F^2\end{aligned}$$

因此

$$\|AB\|_F \leqslant \|A\|_F \cdot \|B\|_F$$

这样，便证明了 $\|A\|_F$ 是与 $\|X\|_2$ 相容的范数。

3.2.3 算子范数

为了说明对于任意的向量 $X \in \mathbf{C}^n$，都存在相容的矩阵范数，给出如下定理。

定理 3.3 设 $\|X\|_a$ 是 $\mathbf{C}^n$ 中的一个向量范数，对于任何 $A \in \mathbf{C}^{m \times n}$，则按如下方式定义的矩阵范数

$$\|A\| = \max_{\|X\|_a = 1} \|AX\|_a \tag{3.2}$$

它是一个与 $\|X\|_a$ 相容的范数，并称此矩阵范数为从属于向量范数 $\|X\|_a$ 的算子范数。

证明 首先说明由式(3.2)定义的最大值存在。由向量范数的嵌入不等式，存在 $k_2 \geqslant k_1 > 0$，使对于一切 $Y \in \mathbf{C}^n$ 成立，则

$$k_1 \|Y\|_a \leqslant \|Y\|_2 \leqslant k_2 \|Y\|_a$$

故对于任意的 $X \in \mathbf{C}^n$，有

$$\begin{aligned}\|AX\|_a &\leqslant \frac{1}{k_1}\|AX\|_2 \leqslant \frac{1}{k_1}\|A\|_F \cdot \|X\|_2 \\ &\leqslant \frac{k_2}{k_1}\|A\|_F \cdot \|X\|_a = k\|X\|_a\end{aligned}$$

这里，$k = \dfrac{k_2}{k_1}\|A\|_F$。

所以

$$\big| \|AX\|_a - \|AX_0\|_a \big| \leqslant \|AX - AX_0\|_a \leqslant k\|X - X_0\|_a$$

由此可知，$\|AX\|_a$ 是 X 分量的连续函数。由于闭集上的连续函数必有最大值，所以，式(3.2)中最大值是可以达到的，即一定有 $X_0 \neq \mathbf{0}$，且 $\|X_0\|_a = 1$，使

$$\|A\| = \max_{\|X\|_a = 1} \|AX\|_a = \|AX_0\|_a$$

这说明式(3.2)确实定义了矩阵 A 的一个实值的数。

其次，对于任意的 $Y \in \mathbf{C}^n$，$Y \neq \mathbf{0}$，令

$$X = \frac{Y}{\|Y\|_a}$$

便有

$$\|X\|_a = 1$$

从而

$$\|AY\|_a = \|A\cdot(\|Y\|_a\cdot X)\|_a = \|AX\|_a\cdot\|Y\|_a \leqslant \|A\|\cdot\|Y\|_a$$

即相容性条件成立。

下面证式(3.2)所确定的$\|A\|$符合矩阵范数定义的四条公理：

(1) 正定性：当$A\neq O$，必有$X_0\neq 0$，使$AX_0\neq 0$

令

$$X_1 = \frac{X_0}{\|X_0\|_a}$$

则有

$$\|X_1\|_a = 1$$

$$AX_1 = A\frac{X_0}{\|X_0\|_a}\neq 0$$

所以

$$\|AX_1\|_a > 0$$

从而

$$\|A\| = \max_{\|X\|_a=1}\|AX\|_a > 0$$

(2) 齐次性：对于任意的$k\in \mathbf{C}$，有

$$\|kA\| = \max_{\|X\|_a=1}\|kAX\|_a = |k|\cdot\max_{\|X\|_a=1}\|AX\|_a = |k|\cdot\|A\|$$

(3) 三角不等式：对于任意的$A,B\in \mathbf{C}^{m\times n}$，必有$X_0\in \mathbf{C}^n$，且$\|X_0\|_a=1$，使

$$\begin{aligned}\|A+B\| &= \|(A+B)X_0\|_a = \|AX_0+BX_0\|_a\\ &\leqslant \|AX_0\|_a+\|BX_0\|_a \leqslant \|A\|+\|B\|\end{aligned}$$

(4) 乘法相容性：对于任意的$A\in \mathbf{C}^{m\times n}$，$B\in \mathbf{C}^{n\times n}$，必有$X_0\in \mathbf{C}^n$，$\|X_0\|_a=1$，使

$$\|AB\| = \|ABX_0\|_a \leqslant \|A\|\cdot\|BX_0\|_a \leqslant \|A\|\cdot\|B\|$$

利用3.1节介绍的向量1-范数、2-范数、∞-范数可以得到从属于它们的算子范数$\|A\|_1$，$\|A\|_2$，$\|A\|_\infty$，分别称为矩阵的1-范数、2-范数、∞-范数。

定理3.4 设$A=(a_{ij})_{m\times n}\in \mathbf{C}^{m\times n}$，则

(1) 从属于$\|X\|_1 = \sum_{i=1}^{n}|\xi_i|$的算子范数为

$$\|A\|_1 = \max_j\sum_{j=1}^{m}|a_{ij}| \quad (j=1,2,\cdots,n) \tag{3.3}$$

即等于矩阵A的列向量的1-范数的最大值，又称为列范数。

(2) 从属于$\|X\|_\infty = \max_i|\xi_i|$的算子范数为

$$\|A\|_\infty = \max_i\sum_{i=1}^{n}|a_{ij}| \quad (i=1,2,\cdots,n) \tag{3.4}$$

即等于矩阵A的行向量的1-范数的最大值，又称为行范数。

(3) 从属于$\|X\|_2 = \left(\sum_{i=1}^{n}|\xi_i|^2\right)^{\frac{1}{2}}$的算子范数为

$$\|A\|_2 = \max_i \sqrt{|\lambda_i|} \tag{3.5}$$

其中，λ_i 是矩阵 $A^H A$ 的特征值。

证明 (1) 设$\|X\|_1 = 1$，于是

$$\begin{aligned}\|AX\|_1 &= \sum_{i=1}^{m} \left| \sum_{j=1}^{n} a_{ij}\xi_j \right| \leqslant \sum_{i=1}^{m}\sum_{j=1}^{n} |a_{ij}| \cdot |\xi_j| \\ &= \sum_{j=1}^{n} |\xi_j| \left(\sum_{i=1}^{m} |a_{ij}| \right) \leqslant \left(\max_j \sum_{i=1}^{m} |a_{ij}| \right) \cdot \sum_{j=1}^{n} |\xi_j| \\ &= \|X\|_1 \max_j \sum_{i=1}^{m} |a_{ij}| = \max_j \sum_{i=1}^{m} |a_{ij}|\end{aligned}$$

另外，设当 $j = k$ 时，

$$\sum_{i=1}^{m} |a_{ij}|$$

达到最大值。

令 $X_0 = (0, \cdots, 0, 1, 0, \cdots, 0)^T$，这里 X_0 的第 k 个分量为1，其余分量都是0，显然$\|X_0\|_1 = 1$，且有

$$\|AX_0\|_1 = \sum_{i=1}^{m} \left| \sum_{j=1}^{n} a_{ij}\xi_j \right| = \sum_{i=1}^{m} |a_{ik}| = \max_j \sum_{i=1}^{m} |a_{ij}|$$

于是

$$\max_{\|X\|_1=1} \|AX\|_1 = \max_j \sum_{i=1}^{m} |a_{ij}|$$

故

$$\|A\|_1 = \max_j \sum_{i=1}^{m} |a_{ij}|$$

(2) 设$\|X\|_\infty = 1$，于是

$$\begin{aligned}\|AX\|_\infty &= \max_i \left| \sum_{j=1}^{n} a_{ij}\xi_j \right| \leqslant \max_i \sum_{j=1}^{n} |a_{ij}| \cdot |\xi_j| \\ &\leqslant \max_i \sum_{j=1}^{n} |a_{ij}| \cdot \max_j |\xi_j| = \max_i \sum_{j=1}^{n} |a_{ij}| \cdot \|X\|_\infty \\ &= \max_i \sum_{j=1}^{n} |a_{ij}|\end{aligned}$$

另外，设当 $i = k$ 时，

$$\sum_{j=1}^{n} |a_{ij}|$$

达到最大值，令 X_0 第 j 个分量 ξ_j 为

$$\xi_j = \begin{cases} \dfrac{\bar{a}_{kj}}{|a_{kj}|} & (a_{kj} \neq 0) \\ 0 & (a_{kj} = 0) \end{cases} \quad (j = 1, 2, \cdots, n)$$

显然有$\|X_0\|_\infty = 1$，且 AX_0 的第 k 个分量为

$$\sum_{j=1}^{n} a_{kj}\xi_j = \sum_{j=1}^{n} |a_{ij}| = \max_i \sum_{j=1}^{n} |a_{ij}|$$

所以

$$\|AX_0\|_\infty = \max_i \left| \sum_{j=1}^n a_{ij}\xi_j \right| = \sum_{j=1}^n |a_{kj}| = \max_i \sum_{j=1}^n |a_{ij}|$$

于是

$$\|A\|_\infty = \max_{\|X\|_\infty=1} \|AX\|_\infty = \max_i \sum_{j=1}^n |a_{ij}|$$

（3）由式(3.2)，有

$$\|A\|_2 = \max_{\|X\|_2=1} \|AX\|_2$$

由于 A^HA 是 $n\times n$ 厄米特矩阵，即 $(A^HA)^H = A^HA$，故它对应的厄米特二次型

$$f(X=X)^H(A^HA)X = (AX)^H(AX) \geqslant 0$$

是正定或半正定的，因此 A^HA 的 n 个特征值都大于或等于零，不妨设这 n 个特征值为

$$\lambda_1 \geqslant \lambda_2 \geqslant \cdots \geqslant \lambda_n \geqslant 0$$

而 $X_1, X_2, \cdots, X_n$ 分别是属于 $\lambda_1, \lambda_2, \cdots, \lambda_n$ 的单位正交特征向量，则对于任意的 $X \in \mathbf{C}^n$，且 $\|X\|_2 = 1$，X 可表示为

$$X = a_1X_1 + a_2X_2 + \cdots + a_nX_n$$

于是

$$(X, X) = a_1\bar{a}_1 + a_2\bar{a}_2 + \cdots + a_n\bar{a}_n = |a_1|^2 + |a_2|^2 + \cdots + |a_n|^2 = 1$$

$$\begin{aligned}\|AX\|_2^2 &= (AX, AX) = (AX)^H(AX) = X^H(A^HAX)\\ &= (a_1X_1 + a_2X_2 + \cdots + a_nX_n)^H \cdot (\lambda_1a_1X_1 + \lambda_2a_2X_2 + \cdots + \lambda_na_nX_n)\\ &= \lambda_1|a_1|^2 + \lambda_2|a_2|^2 + \cdots + \lambda_n|a_n|^2\\ &\leqslant \lambda_1(|a_1|^2 + |a_2|^2 + \cdots + |a_n|^2) = \lambda_1\end{aligned}$$

而对于向量 $X = X_1$，有

$$\|AX_1\|_2^2 = (AX_1, AX_1) = (X_1, A^HAX_1) = (X_1, \lambda_1X_1) = \lambda_1$$

故

$$\|A\|_2 = \max_{\|X\|_2=1} \|AX\|_2 = \sqrt{\lambda_1}$$

例 3.6 若 $A = \begin{bmatrix} 1 & -3 \\ 2 & 4 \end{bmatrix}$，求 $\|A\|_1$，$\|A\|_\infty$ 和 $\|A\|_2$。

解

$$\|A\|_1 = \max\{|1| + |2|, |-3| + |4|\} = 7$$

$$\|A\|_\infty = \max\{|1| + |-3|, |2| + |4|\} = 6$$

由

$$A^TA = \begin{bmatrix} 1 & 2 \\ -3 & 4 \end{bmatrix}\begin{bmatrix} 1 & -3 \\ 2 & 4 \end{bmatrix} = \begin{bmatrix} 5 & 5 \\ 5 & 25 \end{bmatrix}$$

可计算得到 $\lambda = 15 \pm 5\sqrt{5}$，从而

$$\|A\|_2 = \max\left\{\sqrt{|15 + 5\sqrt{5}|}, \sqrt{|15 - 5\sqrt{5}|}\right\} = \sqrt{15 + 5\sqrt{5}}$$

例 3.7 设 $A \in \mathbf{C}^{n\times n}$，对于矩阵的 2-范数 $\|A\|_2$ 和 F-范数 $\|A\|_F$，定义实数 $\|A\| = \sqrt{\|A\|_2^2 + \|A\|_F^2}$，验证 $\|A\|$ 是 $\mathbf{C}^{n\times n}$ 中的矩阵范数，且与向量的 2-范数相容。

证明

(1) 正定性：当 $A=O$ 时，$\|A\|=0$；当 $A\neq O$ 时，$\|A\|>0$。

(2) 齐次性：对于任意的 $k\in\mathbf{C}$，有

$$\|kA\|=\sqrt{\|kA\|_2^2+\|kA\|_F^2}=\sqrt{|k|^2\|A\|_2^2+|k|^2\|A\|_F^2}=|k|\|A\|$$

(3) 三角不等式：对于任意的 $A,B\in\mathbf{C}^{n\times n}$，有

$$\begin{aligned}\|A+B\|&=\sqrt{\|A+B\|_2^2+\|A+B\|_F^2}\\&\leqslant\sqrt{(\|A\|_2+\|B\|_2)^2+(\|A\|_F+\|B\|_F)^2}\\&=\sqrt{\|A\|_2^2+\|A\|_F^2+2(\|A\|_2\|B\|_2+\|A\|_F\|B\|_F)+\|B\|_2^2+\|B\|_F^2}\\&\leqslant\sqrt{\|A\|^2+2\|A\|\|B\|+\|B\|^2}=\|A\|+\|B\|\end{aligned}$$

(4) 矩阵乘法相容性：对于任意的 $A,B\in\mathbf{C}^{n\times n}$，有

$$\begin{aligned}\|AB\|&=\sqrt{\|AB\|_2^2+\|AB\|_F^2}\leqslant\sqrt{\|A\|_2^2\|B\|_2^2+\|A\|_F^2\|B\|_F^2}\\&\leqslant\sqrt{(\|A\|_2^2+\|A\|_F^2)\cdot(\|B\|_2^2+\|B\|_F^2)}=\|A\|+\|B\|\end{aligned}$$

综上，$\|A\|$是 $\mathbf{C}^{n\times n}$中的矩阵范数。

下证与向量2-范数的相容性。设 $X\in\mathbf{C}^n$，则有

$$\|AX\|_2\leqslant\|A\|_2\cdot\|X\|_2\leqslant\sqrt{\|A\|_2^2+\|A\|_F^2}\cdot\|X\|_2=\|A\|\cdot\|X\|_2$$

定义 3.4 如果 n 阶方阵 A 的全部特征值为 $\lambda_1,\lambda_2,\cdots,\lambda_n$，则称$\max\limits_i|\lambda_i|$为方阵 A 的谱半径，记为

$$\rho(A)=\max_i|\lambda_i|$$

为此，式(3.5)可写成

$$\|A\|_2=\sqrt{\rho(A^{\mathrm{H}}A)}\tag{3.6}$$

有了谱半径的概念，可以对矩阵范数做估计。

定理 3.5 设 $A\in\mathbf{C}^{n\times n}$，则对于 $\mathbf{C}^{n\times n}$上的任一矩阵范数$\|\cdot\|$，皆有

$$\rho(A)\leqslant\|A\|$$

证明 设 λ 是 A 上任意特征值，X 是 A 的属于特征值 λ 的特征向量，则

$$AX=\lambda X$$

设$\|\cdot\|_a$ 是 $\mathbf{C}^n$ 上与矩阵范数$\|\cdot\|$相容的向量范数，则

$$|\lambda|\|X\|_a=\|AX\|_a\leqslant\|A\|\|X\|_a$$

因为 $X\neq\mathbf{0}$，所以$\|X\|_a>0$，有$|\lambda|\leqslant\|A\|$，故$\rho(A)\leqslant\|A\|$。

与向量范数类似，有以下定理。

定理 3.6 矩阵 $A\in\mathbf{C}^{m\times n}$的任一种范数是 A 的连续函数。

定理 3.7 对于 $\mathbf{C}^{m\times n}$中任意两种矩阵范数$\|A\|_a$ 与$\|A\|_b$，必存在 $k_2\geqslant k_1>0$，使对于任意的 $A\in\mathbf{C}^{m\times n}$有

$$k_1\|A\|_b\leqslant\|A\|_a\leqslant k_2\|A\|_b\tag{3.7}$$

式(3.7)称为矩阵范数的嵌入不等式。

3.3 向量序列和矩阵序列的极限

3.3.1 向量序列的极限

定义 3.5 对于向量序列$\{\boldsymbol{X}^{(m)}\}$ ($\boldsymbol{X}^{(m)}\in\mathbf{C}^n$)，其中

$$\boldsymbol{X}^{(m)}=(x_1^{(m)}, x_2^{(m)}, \cdots, x_n^{(m)})$$

若其中每一分量 $x_i^{(m)}$ 当 $m\to\infty$ 时都有极限 x_i，即

$$\lim_{m\to\infty} x_i^{(m)}=x_i \quad (i=1, 2, \cdots, n)$$

则称向量序列$\{\boldsymbol{X}^{(m)}\}$有极限 $\boldsymbol{X}=(x_1, x_2, \cdots, x_n)$，或称$\{\boldsymbol{X}^{(m)}\}$收敛于 $\boldsymbol{X}$，记为

$$\lim_{m\to\infty}\boldsymbol{X}^{(m)}=\boldsymbol{X}$$

或

$$\boldsymbol{X}^{(m)}\to\boldsymbol{X} \quad (m\to\infty)$$

若在 $m\to\infty$ 时，数列$\{x_i^{(m)}\}$ $(i=1, 2, \cdots, n)$中至少有一个极限不存在，便称向量序列$\{\boldsymbol{X}^{(m)}\}$是发散的。

例如，在 $\mathbf{R}^2$ 中的向量序列

$$\begin{bmatrix}2.1\\0.9\end{bmatrix}, \begin{bmatrix}2.01\\0.99\end{bmatrix}, \begin{bmatrix}2.001\\0.999\end{bmatrix}, \cdots, \begin{bmatrix}2+10^{-m}\\1-10^{-m}\end{bmatrix}, \cdots \text{收敛于}\begin{bmatrix}2\\1\end{bmatrix}$$

又如

$$\boldsymbol{X}^{(m)}=\left(\frac{1}{2^m}, \frac{\sin m}{m}\right) \quad (m=1, 2, \cdots)$$

由于

$$\lim_{m\to\infty}\frac{1}{2^m}=0, \ \lim_{m\to\infty}\frac{\sin m}{m}=0$$

所以

$$\lim_{m\to\infty}\boldsymbol{X}^{(m)}=(0, 0)$$

显然

$$\lim_{m\to\infty}\boldsymbol{X}^{(m)}=\boldsymbol{X}\Leftrightarrow\lim_{m\to\infty}(\boldsymbol{X}^{(m)}-\boldsymbol{X})=0$$

即向量序列$\{\boldsymbol{X}^{(m)}\}$收敛于 $\boldsymbol{X}$ 的充要条件是向量序列$\{\boldsymbol{X}^{(m)}-\boldsymbol{X}\}$收敛于零向量。

定理 3.8 设$\{\boldsymbol{X}^{(m)}\}$为 $\mathbf{C}^n$ 的向量序列，$\|\cdot\|$为 $\mathbf{C}^n$ 中的任何一种向量范数，则

$$\lim_{m\to\infty}\boldsymbol{X}^{(m)}=\boldsymbol{X}\Leftrightarrow\lim_{m\to\infty}\|\boldsymbol{X}^{(m)}-\boldsymbol{X}\|=\boldsymbol{0}$$

定理 3.8 可以等价地描述为向量序列$\{\boldsymbol{X}^{(m)}\}$按坐标收敛于向量 $\boldsymbol{X}$，当且仅当$\{\boldsymbol{X}^{(m)}\}$按范数收敛于 $\boldsymbol{X}$。

例如

$$\boldsymbol{X}^{(m)}=\left(1+\frac{1}{2^m}, 1+\frac{1}{3^m}, \cdots, 1+\frac{1}{(n+1)^m}\right)$$
$$\boldsymbol{X}=(1, 1, \cdots, 1)$$

由于

$$\lim_{m\to\infty}\|X^{(m)}-X\|_\infty=\lim_{m\to\infty}\max_{2\leqslant k\leqslant n+1}\frac{1}{k^m}=\lim_{m\to\infty}\frac{1}{2^m}=0$$

所以

$$\lim_{m\to\infty}X^{(m)}=X$$

3.3.2 矩阵序列的极限

矩阵序列的收敛性和向量类似。

定义 3.6 设有 $k\times n$ 阶矩阵序列$\{A_m\}$，其中

$$A_m=\begin{bmatrix}a_{11}^{(m)} & a_{12}^{(m)} & \cdots & a_{1n}^{(m)}\\ a_{21}^{(m)} & a_{22}^{(m)} & \cdots & a_{2n}^{(m)}\\ \vdots & \vdots & & \vdots\\ a_{k1}^{(m)} & a_{k2}^{(m)} & \cdots & a_{kn}^{(m)}\end{bmatrix}$$

若存在矩阵 $A=[a_{ij}]_{k\times n}$，使

$$\lim_{m\to\infty}a_{ij}^{(m)}=a_{ij}\quad (i=1, 2, \cdots, k;\ j=1, 2, \cdots, n)$$

则称矩阵序列$\{A_m\}$收敛于 A，记为

$$\lim_{m\to\infty}A_m=A$$

矩阵 A 称为矩阵序列$\{A_m\}$的极限。否则，称$\{A_m\}$发散。

例如，2 阶矩阵序列

$$\begin{bmatrix}\frac{1}{2} & \frac{1}{2}\\ \frac{1}{3} & \frac{2}{3}\end{bmatrix}, \begin{bmatrix}\frac{2}{3} & \frac{1}{4}\\ \frac{1}{9} & \frac{3}{4}\end{bmatrix}, \cdots, \begin{bmatrix}\frac{k}{k+1} & \frac{1}{2^k}\\ \frac{1}{3^k} & \frac{k+1}{k}\end{bmatrix}, \cdots$$

以$\begin{bmatrix}1 & 0\\ 0 & 1\end{bmatrix}$为极限。

定理 3.9 设矩阵序列$\{A_m\}$，$\|\cdot\|$为任何一种矩阵范数，则

$$\lim_{m\to\infty}A_m=A\Leftrightarrow\lim_{m\to\infty}\|A_m-A\|=0$$

证明 由矩阵范数的嵌入不等式(3.7)，对于矩阵范数$\|\cdot\|$，有常数 $k_2\geqslant k_1>0$，使

$$k_1\|B\|_F\leqslant\|B\|_F\leqslant k_2\|B\|_F$$

对于一切 $B\in \mathbf{C}^{k\times n}$都成立，从而

$$k_1\|A_m-A\|_F\leqslant\|A_m-A\|_F\leqslant k_2\|A_m-A\|_F \tag{3.8}$$

也成立，又由矩阵序列$\{A_m\}$收敛于 A，即

$$\lim_{m\to\infty}\left(a_{ij}{}^{(m)}-a_{ij}\right)=0\quad (i=1, 2, \cdots, k;\ j=1, 2, \cdots, n)$$

需且仅需

$$\lim_{m\to\infty}\|A_m-A\|_F=\lim_{m\to\infty}\left(\sum_{j=1}^{k}\sum_{j=1}^{n}|a_{ij}^{(m)}-a_{ij}|^2\right)^{\frac{1}{2}}=0 \tag{3.9}$$

由式(3.8)知式(3.9)成立，需且仅需

$$\lim_{m\to\infty}\|A_m-A\|=0$$

收敛的矩阵序列与收敛的数列有类似的性质：

性质(1) 若 $\lim\limits_{m\to\infty}\boldsymbol{A}_m$ 存在，则极限唯一。

性质(2) 对于矩阵序列$\{\boldsymbol{A}_m\}$和$\{\boldsymbol{B}_m\}$，若当 $m\to\infty$ 时，有 $\boldsymbol{A}_m\to\boldsymbol{A}$，$B_m\to\boldsymbol{B}$，则必有

$$\alpha\boldsymbol{A}_m+\beta\boldsymbol{B}_m\to\alpha\boldsymbol{A}+\beta\boldsymbol{B}$$

即

$$\lim_{m\to\infty}(\alpha\boldsymbol{A}_m+\beta\boldsymbol{B}_m)=\alpha\boldsymbol{A}+\beta\boldsymbol{B}$$

其中，α，β 为两个任意常数。

性质(3) 若矩阵序列$\{\boldsymbol{A}_m\}$收敛，则存在正数 M，使得对于一切 M 都有$\|\boldsymbol{A}_m\|\leqslant M$。

性质(4) 若当 $m\to\infty$ 时，有 $\boldsymbol{A}_m\to\boldsymbol{A}$，$\boldsymbol{B}_m\to\boldsymbol{B}$，则必有 $\boldsymbol{A}_m\boldsymbol{B}_m\to\boldsymbol{AB}$，即

$$\lim_{m\to\infty}\boldsymbol{A}_m\boldsymbol{B}_m=\boldsymbol{AB}$$

性质(5) 若$\{\boldsymbol{A}_m\}$收敛于 $\boldsymbol{A}$，当逆矩阵 $\boldsymbol{A}_m^{-1}$，$\boldsymbol{A}^{-1}$ 均存在时，则必有$\{\boldsymbol{A}_m^{-1}\}$收敛于 $\boldsymbol{A}^{-1}$，即

$$\lim_{m\to\infty}\boldsymbol{A}_m^{-1}=\boldsymbol{A}^{-1}$$

证明 性质(1) 由定义 3.6 矩阵序列$\{\boldsymbol{A}_m\}$收敛的充分必要条件是各元素组成的数列收敛，而数列的极限是唯一的，因此，矩阵序列的极限也是唯一的。

性质(2) 因为

$$\begin{aligned}&\|(\alpha\boldsymbol{A}_m+\beta\boldsymbol{B}_m)-(\alpha\boldsymbol{A}+\beta\boldsymbol{B})\|\\=&\|\alpha(\boldsymbol{A}_m-\boldsymbol{A})+\beta(\boldsymbol{B}_m-\boldsymbol{B})\|\\\leqslant&|\alpha|\|\boldsymbol{A}_m-\boldsymbol{A}\|+|\beta|\|\boldsymbol{B}_m-\boldsymbol{B}\|\to0\quad(m\to\infty)\end{aligned}$$

所以

$$\lim_{m\to\infty}(\alpha\boldsymbol{A}_m+\beta\boldsymbol{B}_m)=\alpha\boldsymbol{A}+\beta\boldsymbol{B}$$

性质(3) 设矩阵序列$\{\boldsymbol{A}_m\}$收敛于 $\boldsymbol{A}$，则 $\lim\limits_{m\to\infty}\|\boldsymbol{A}_m-\boldsymbol{A}\|=0$，即对$\forall\varepsilon>0$，存在正整数 N，当 $m>N$ 时，有

$$\|\boldsymbol{A}_m-\boldsymbol{A}\|<\varepsilon$$

从而

$$\|\boldsymbol{A}_m\|=\|\boldsymbol{A}_m-\boldsymbol{A}+\boldsymbol{A}\|\leqslant\|\boldsymbol{A}_m-\boldsymbol{A}\|+\|\boldsymbol{A}\|<\varepsilon+\|\boldsymbol{A}\|\quad(m\geqslant N+1)$$

取 $M=\max\{\|\boldsymbol{A}_1\|,\|\boldsymbol{A}_2\|,\cdots,\|\boldsymbol{A}_N\|,\varepsilon+\|\boldsymbol{A}\|\}$，即有

$$\|\boldsymbol{A}_m\|\leqslant M\quad(m=1,2,\cdots)$$

性质(4) 由于

$$\begin{aligned}\|\boldsymbol{A}_m\boldsymbol{B}_m-\boldsymbol{AB}\|&=\|\boldsymbol{A}_m\boldsymbol{B}_m-\boldsymbol{AB}_m+\boldsymbol{AB}_m-\boldsymbol{AB}\|\\&\leqslant\|\boldsymbol{A}_m-\boldsymbol{A}\|\cdot\|\boldsymbol{B}_m\|+\|\boldsymbol{A}\|\cdot\|\boldsymbol{B}_m-\boldsymbol{B}\|\end{aligned}$$

又由已如条件知，$\lim\limits_{m\to\infty}\|\boldsymbol{A}_m-\boldsymbol{A}\|=0$，$\lim\limits_{m\to\infty}\|\boldsymbol{B}_m-\boldsymbol{B}\|=0$，再由性质(3)，$\|B_m\|$有界，故可知

$$\lim_{m\to\infty}\|\boldsymbol{A}_m\boldsymbol{B}_m-\boldsymbol{AB}\|=0$$

即

$$\lim_{m\to\infty}\boldsymbol{A}_m\boldsymbol{B}_m=\boldsymbol{AB}$$

性质(5) 因为 $\boldsymbol{A}_m^{-1}=\boldsymbol{A}_m^*/|\boldsymbol{A}_m|$，$\boldsymbol{A}_m^*$ 和$|\boldsymbol{A}_m|$中各元素都是 $\boldsymbol{A}_m$ 中的元素的多项式，而且

$$\lim_{m\to\infty}\text{多项式}(\boldsymbol{A}_m\text{的元素})=\text{多项式}(\lim_{m\to\infty}\boldsymbol{A}_m\text{的元素})$$

所以

$$\lim_{m\to\infty}\boldsymbol{A}_m^* = \boldsymbol{A}^*,\quad \lim_{m\to\infty}|\boldsymbol{A}_m| = |\boldsymbol{A}|\neq 0$$

故有

$$\lim_{m\to\infty}\boldsymbol{A}_m^{-1} = \boldsymbol{A}^*/|\boldsymbol{A}| = \boldsymbol{A}^{-1}$$

对方阵幂组成的序列极限有以下两个定理。

定理 3.10 矩阵 $\boldsymbol{A}\in\mathbf{R}^{n\times n}$ 的方幂 $\boldsymbol{E}, \boldsymbol{A}, \boldsymbol{A}^2, \cdots, \boldsymbol{A}^m, \cdots$ 所构成的矩阵序列 $\{\boldsymbol{A}^m\}$ 收敛于零矩阵（称 $\boldsymbol{A}$ 为收敛矩阵）的充分必要条件是 $\boldsymbol{A}$ 的特征根的模都小于 1，即 $\boldsymbol{A}$ 的谱半径小于 1。

定理 3.11 $\boldsymbol{A}^m\to\boldsymbol{O}$ 的充分条件是至少存在一种矩阵范数 $\|\cdot\|$ 使 $\|\boldsymbol{A}\|<1$。

证明 由矩阵范数定义，有

$$\|\boldsymbol{A}^m\|\leqslant\|\boldsymbol{A}^{m-1}\|\cdot\|\boldsymbol{A}\|\leqslant\|\boldsymbol{A}^{m-2}\|\cdot\|\boldsymbol{A}\|^2\leqslant\cdots\leqslant\|\boldsymbol{A}\|^m$$

所以当 $\|\boldsymbol{A}\|<1$ 时，有

$$\|\boldsymbol{A}\|^m\to 0$$

从而

$$\|\boldsymbol{A}^m\|\to 0,\ \boldsymbol{A}^m\to\boldsymbol{O}$$

例 3.8 设 $\boldsymbol{A}=\begin{bmatrix}0.1 & 0.2 & -0.2\\ -0.4 & 0.3 & 0.1\\ 0.3 & 0.1 & 0.2\end{bmatrix}$，问 $\boldsymbol{A}$ 是否为收敛矩阵。

解 显然 $\|\boldsymbol{A}\|_1=0.8<1$，故 $\boldsymbol{A}$ 为收敛矩阵。

例 3.9 设 $\boldsymbol{A}=\begin{bmatrix}0 & a & a\\ a & 0 & a\\ a & a & 0\end{bmatrix}$，其中 a 为实数。a 取何值时 $\boldsymbol{A}$ 为收敛矩阵？

解 $\boldsymbol{A}$ 的特征值为 $\lambda_1=2a$，$\lambda_2=\lambda_3=-a$，所以 $\rho(\boldsymbol{A})=2|a|$，由定理 3.10 知 $\rho(\boldsymbol{A})=2|a|<1$，即 $|a|<1/2$ 时，$\boldsymbol{A}$ 为收敛矩阵。

3.4 函数矩阵的微分与积分

本节用矩阵描述微积分中的若干结果，着重讨论在工程实际中常见的三个问题：函数矩阵关于自变量的微分和积分；纯量函数关于矩阵的微分；向量函数关于向量的微分。

3.4.1 函数矩阵关于自变量的微分和积分

定义 3.7 如果矩阵 $\boldsymbol{A}$ 的元素 a_{ij} 是变量 x 的函数，则称

$$\boldsymbol{A}(x)=\begin{bmatrix}a_{11}(x) & a_{12}(x) & \cdots & a_{1n}(x)\\ a_{21}(x) & a_{22}(x) & \cdots & a_{2n}(x)\\ \vdots & \vdots & & \vdots\\ a_{m1}(x) & a_{m2}(x) & \cdots & a_{mn}(x)\end{bmatrix}$$

为函数矩阵，简记为 $\boldsymbol{A}(x)=[a_{ij}(x)]_{m\times n}(i=1, 2, \cdots, m;\ j=1, 2, \cdots, n)$。

定义 3.8 设函数矩阵 $\boldsymbol{A}(x)=[a_{ij}(x)]_{m\times n}(i=1, 2, \cdots, m;\ j=1, 2, \cdots, n)$，如果对于所有元素 $a_{ij}(x)$ 在 $x=x_0$ 点或某一区间上是可微的，则称该函数矩阵 $\boldsymbol{A}(x)$ 在 $x=x_0$ 点或某

一区间上是可微的，并称

$$\frac{\mathrm{d}}{\mathrm{d}x}\boldsymbol{A}(x)=\boldsymbol{A}'(x)=\begin{bmatrix} a'_{11}(x) & a'_{12}(x) & \cdots & a'_{1n}(x) \\ a'_{21}(x) & a'_{22}(x) & \cdots & a'_{2n}(x) \\ \vdots & \vdots & & \vdots \\ a'_{m1}(x) & a'_{m2}(x) & \cdots & a'_{mn}(x) \end{bmatrix}$$

为函数矩阵 $\boldsymbol{A}(x)$ 对 x 的导数。

设函数矩阵 $\boldsymbol{A}(x)$ 与 $\boldsymbol{B}(x)$ 是可导的，则有下列运算法则：

（1）$\boldsymbol{A}(x)+\boldsymbol{B}(x)$ 也是可导的，且满足

$$\frac{\mathrm{d}}{\mathrm{d}x}[\boldsymbol{A}(x)+\boldsymbol{B}(x)]=\frac{\mathrm{d}}{\mathrm{d}x}\boldsymbol{A}(x)+\frac{\mathrm{d}}{\mathrm{d}x}\boldsymbol{B}(x)$$

（2）

$$\frac{\mathrm{d}}{\mathrm{d}x}[k\boldsymbol{A}(x)]=k\frac{\mathrm{d}}{\mathrm{d}x}\boldsymbol{A}(x)$$

式中，k 为任意常数。

一般地，若 $\boldsymbol{K}$ 是一个常数矩阵，则有

$$\frac{\mathrm{d}}{\mathrm{d}x}[\boldsymbol{K}\boldsymbol{A}(x)]=\boldsymbol{K}\frac{\mathrm{d}}{\mathrm{d}x}\boldsymbol{A}(x)$$

或

$$\frac{\mathrm{d}}{\mathrm{d}x}[\boldsymbol{A}(x)\cdot\boldsymbol{K}]=\frac{\mathrm{d}}{\mathrm{d}x}\boldsymbol{A}(x)\cdot\boldsymbol{K}$$

（3）$\boldsymbol{A}(x)\boldsymbol{B}(x)$ 也是可导的，且有

$$\frac{\mathrm{d}}{\mathrm{d}x}[\boldsymbol{A}(x)\boldsymbol{B}(x)]=\left[\frac{\mathrm{d}}{\mathrm{d}x}\boldsymbol{A}(x)\right]\boldsymbol{B}(x)+\boldsymbol{A}(x)\frac{\mathrm{d}}{\mathrm{d}x}\boldsymbol{B}(x)$$

注意：上面导数公式中的乘积次序是不能交换的。例如

$$\frac{\mathrm{d}}{\mathrm{d}x}\boldsymbol{A}^2(x)=\frac{\mathrm{d}}{\mathrm{d}x}[\boldsymbol{A}(x)\boldsymbol{A}(x)]=\left[\frac{\mathrm{d}}{\mathrm{d}x}\boldsymbol{A}(x)\right]\boldsymbol{A}(x)+\boldsymbol{A}(x)\left[\frac{\mathrm{d}}{\mathrm{d}x}\boldsymbol{A}(x)\right]\neq 2\boldsymbol{A}(x)\frac{\mathrm{d}}{\mathrm{d}x}\boldsymbol{A}(x)$$

（4）设矩阵 $\boldsymbol{A}$ 是 u 的函数，$u=f(x)$，则有

$$\frac{\mathrm{d}}{\mathrm{d}x}\boldsymbol{A}[f(x)]=\frac{\mathrm{d}}{\mathrm{d}u}\boldsymbol{A}(u)\cdot f'(x) \quad 或 \quad \frac{\mathrm{d}}{\mathrm{d}x}\boldsymbol{A}[f(x)]=f'(x)\frac{\mathrm{d}}{\mathrm{d}u}\boldsymbol{A}(u)$$

（5）若矩阵 $\boldsymbol{A}(x)$ 和逆矩阵 $\boldsymbol{A}^{-1}(x)$ 都是可导的，则

$$\frac{\mathrm{d}}{\mathrm{d}x}\boldsymbol{A}^{-1}(x)=-\boldsymbol{A}^{-1}(x)\frac{\mathrm{d}\boldsymbol{A}(x)}{\mathrm{d}x}\boldsymbol{A}^{-1}(x)$$

证明 由逆矩阵定义，有

$$\boldsymbol{A}(x)\boldsymbol{A}^{-1}(x)=\boldsymbol{E}$$

上式两边对 x 求导，得

$$\frac{\mathrm{d}}{\mathrm{d}x}(\boldsymbol{A}(x)\boldsymbol{A}^{-1}(x))=\frac{\mathrm{d}}{\mathrm{d}x}\boldsymbol{E}=\boldsymbol{O}$$

而

$$\frac{\mathrm{d}}{\mathrm{d}x}[\boldsymbol{A}(x)\boldsymbol{A}^{-1}(x)]=\frac{\mathrm{d}}{\mathrm{d}x}[\boldsymbol{A}(x)]\boldsymbol{A}^{-1}(x)+\boldsymbol{A}(x)\frac{\mathrm{d}}{\mathrm{d}x}\boldsymbol{A}^{-1}(x)$$

于是

$$\boldsymbol{A}(x)\frac{\mathrm{d}}{\mathrm{d}x}\boldsymbol{A}^{-1}(x)=-\left[\frac{\mathrm{d}}{\mathrm{d}x}\boldsymbol{A}(x)\right]\boldsymbol{A}^{-1}(x)$$

故

$$\frac{\mathrm{d}}{\mathrm{d}x}\boldsymbol{A}^{-1}(x)=-\boldsymbol{A}^{-1}(x)\left[\frac{\mathrm{d}}{\mathrm{d}x}\boldsymbol{A}(x)\right]\boldsymbol{A}^{-1}(x)$$

例 3.10 求二次型 $\boldsymbol{X}^{\mathrm{T}}\boldsymbol{A}\boldsymbol{X}$ 对变量 t 的导数。其中

$$\boldsymbol{X}=\begin{bmatrix}x_1(t)\\x_2(t)\\\vdots\\x_n(t)\end{bmatrix},\quad \boldsymbol{A}(t)=[a_{ij}]_{n\times n},\quad 且\ a_{ij}=a_{ji}$$

解 $$\frac{\mathrm{d}}{\mathrm{d}t}(\boldsymbol{X}^{\mathrm{T}}\boldsymbol{A}\boldsymbol{X})=\frac{\mathrm{d}\boldsymbol{X}^{\mathrm{T}}}{\mathrm{d}t}(\boldsymbol{A}\boldsymbol{X})+\boldsymbol{X}^{\mathrm{T}}\frac{\mathrm{d}}{\mathrm{d}t}(\boldsymbol{A}\boldsymbol{X})=\frac{\mathrm{d}\boldsymbol{X}^{\mathrm{T}}}{\mathrm{d}t}(\boldsymbol{A}\boldsymbol{X})+\boldsymbol{X}^{\mathrm{T}}\frac{\mathrm{d}\boldsymbol{A}}{\mathrm{d}t}\boldsymbol{X}+\boldsymbol{X}^{\mathrm{T}}\boldsymbol{A}\frac{\mathrm{d}\boldsymbol{X}}{\mathrm{d}t}$$

根据二次型定义，得

$$\frac{\mathrm{d}\boldsymbol{X}^{\mathrm{T}}}{\mathrm{d}t}(\boldsymbol{A}\boldsymbol{X})=\boldsymbol{X}^{\mathrm{T}}\boldsymbol{A}^{\mathrm{T}}\frac{\mathrm{d}\boldsymbol{X}}{\mathrm{d}t}=\boldsymbol{X}^{\mathrm{T}}\boldsymbol{A}\frac{\mathrm{d}\boldsymbol{X}}{\mathrm{d}t}$$

于是

$$\frac{\mathrm{d}}{\mathrm{d}t}(\boldsymbol{X}^{\mathrm{T}}\boldsymbol{A}\boldsymbol{X})=2\boldsymbol{X}^{\mathrm{T}}\boldsymbol{A}\frac{\mathrm{d}\boldsymbol{X}}{\mathrm{d}t}+\boldsymbol{X}^{\mathrm{T}}\frac{\mathrm{d}\boldsymbol{A}}{\mathrm{d}t}\boldsymbol{X}$$

例 3.11 设 $\boldsymbol{A}(x)=\begin{bmatrix}1&x^2\\x&0\end{bmatrix}$，计算 $\dfrac{\mathrm{d}\boldsymbol{A}}{\mathrm{d}x}$，$\dfrac{\mathrm{d}\boldsymbol{A}^{-1}}{\mathrm{d}x}$。

解 $$\frac{\mathrm{d}\boldsymbol{A}}{\mathrm{d}x}=\begin{bmatrix}0&2x\\1&0\end{bmatrix}$$

由于

$$\boldsymbol{A}^{-1}=\frac{1}{\begin{vmatrix}1&x^2\\x&0\end{vmatrix}}\begin{bmatrix}0&-x^2\\-x&1\end{bmatrix}=\begin{bmatrix}0&\dfrac{1}{x}\\\dfrac{1}{x^2}&-\dfrac{1}{x^3}\end{bmatrix}\quad(x\neq0)$$

所以

$$\frac{\mathrm{d}\boldsymbol{A}^{-1}}{\mathrm{d}x}=\begin{bmatrix}0&-\dfrac{1}{x^2}\\-\dfrac{2}{x^3}&\dfrac{3}{x^4}\end{bmatrix}\quad(x\neq0)$$

下面讨论函数矩阵的积分。

定义 3.9 设函数矩阵 $\boldsymbol{A}(x)=[a_{ij}(x)]_{m\times n}$，若 $a_{ij}(x)$ 在区间 $[a,b]$ 上对 x 可积，即积分 $\int_a^b a_{ij}(x)\,\mathrm{d}x$ 存在，称

$$\int_a^b\boldsymbol{A}(x)\,\mathrm{d}x=\begin{bmatrix}\int_a^b a_{11}(x)\,\mathrm{d}x&\int_a^b a_{12}(x)\,\mathrm{d}x&\cdots&\int_a^b a_{1n}(x)\,\mathrm{d}x\\\int_a^b a_{21}(x)\,\mathrm{d}x&\int_a^b a_{22}(x)\,\mathrm{d}x&\cdots&\int_a^b a_{2n}(x)\,\mathrm{d}x\\\vdots&\vdots&&\vdots\\\int_a^b a_{m1}(x)\,\mathrm{d}x&\int_a^b a_{m2}(x)\,\mathrm{d}x&\cdots&\int_a^b a_{mn}(x)\,\mathrm{d}x\end{bmatrix}$$

为 $\boldsymbol{A}(x)$ 在区间 $[a, b]$ 上对 x 的积分，简记为

$$\int_a^b \boldsymbol{A}(x)\mathrm{d}x = \left[\int_a^b a_{ij}(x)\mathrm{d}x\right]_{m\times n}$$

称 $\int \boldsymbol{A}(x)\mathrm{d}x = \left[\int a_{ij}(x)\mathrm{d}x\right]_{m\times n}$ 为 $\boldsymbol{A}(x)$ 的不定积分。

易证矩阵的积分有以下性质：

（1）对于函数矩阵 $\boldsymbol{A}(x)$，有

$$\int \boldsymbol{A}^{\mathrm{T}}(x)\mathrm{d}x = \left[\int \boldsymbol{A}(x)\mathrm{d}x\right]^{\mathrm{T}}$$

（2）对函数矩阵 $\boldsymbol{A}(x)$，$\boldsymbol{B}(x)$ 及 $a, b \in \mathbf{R}$，有

$$\int [a\boldsymbol{A}(x) + b\boldsymbol{B}(x)]\mathrm{d}x = a\int \boldsymbol{A}(x)\mathrm{d}x + b\int \boldsymbol{B}(x)\mathrm{d}x$$

（3）对于函数矩阵 $\boldsymbol{A}(x)$ 及常数矩阵 $\boldsymbol{B}$ 有

$$\int \boldsymbol{A}(x)\boldsymbol{B}\mathrm{d}x = \left[\int \boldsymbol{A}(x)\mathrm{d}x\right]\boldsymbol{B}$$

$$\int \boldsymbol{B}\boldsymbol{A}(x)\mathrm{d}x = \boldsymbol{B}\left[\int \boldsymbol{A}(x)\mathrm{d}x\right]$$

（4）对于函数矩阵 $\boldsymbol{A}(x)$，$\boldsymbol{B}(x)$，有

$$\int \left[\boldsymbol{A}(x)\frac{\mathrm{d}}{\mathrm{d}x}\boldsymbol{B}(x)\right]\mathrm{d}x = \boldsymbol{A}(x)\boldsymbol{B}(x) - \int \left[\frac{\mathrm{d}}{\mathrm{d}x}\boldsymbol{A}(x)\cdot\boldsymbol{B}(x)\right]\mathrm{d}x$$

3.4.2 纯量函数关于矩阵的微分

设函数 $f(\boldsymbol{X})$ 是以矩阵 $\boldsymbol{X} = [x_{ij}]_{m\times n}$ 中的 $m\times n$ 个元素 x_{ij} 为自变量的可微纯量函数，即

$$f(\boldsymbol{X}) = f(x_{11}, x_{12}, \cdots, x_{1n}; x_{21}, x_{22}, \cdots, x_{2n}; \cdots; x_{m1}, x_{m2}, \cdots, x_{mn})$$

则 $f(\boldsymbol{X})$ 对矩阵 $\boldsymbol{X}$ 的导数有如下定义。

定义 3.10 设矩阵 $\boldsymbol{X} = [x_{ij}]_{m\times n}$，若纯量函数 $f(\boldsymbol{X})$ 对自变量 x_{ij} 可微，称

$$\frac{\mathrm{d}f}{\mathrm{d}\boldsymbol{X}} = \begin{bmatrix} \frac{\partial f}{\partial x_{11}} & \frac{\partial f}{\partial x_{12}} & \cdots & \frac{\partial f}{\partial x_{1n}} \\ \frac{\partial f}{\partial x_{21}} & \frac{\partial f}{\partial x_{22}} & \cdots & \frac{\partial f}{\partial x_{2n}} \\ \vdots & \vdots & & \vdots \\ \frac{\partial f}{\partial x_{m1}} & \frac{\partial f}{\partial x_{m2}} & \cdots & \frac{\partial f}{\partial x_{mn}} \end{bmatrix}$$

为纯量函数 $f(\boldsymbol{X})$ 对矩阵 $\boldsymbol{X}$ 的导数，记为

$$\frac{\mathrm{d}f}{\mathrm{d}\boldsymbol{X}} = \left[\frac{\partial f}{\partial x_{ij}}\right]_{m\times n}$$

例 3.12 设矩阵

$$\boldsymbol{X} = \begin{bmatrix} x_{11} & x_{12} & \cdots & x_{1n} \\ x_{21} & x_{22} & \cdots & x_{2n} \\ \vdots & \vdots & & \vdots \\ x_{m1} & x_{m2} & \cdots & x_{mn} \end{bmatrix}$$

和纯量函数

$$f(\boldsymbol{X})=x_{11}^2+x_{12}^2+\cdots+x_{1n}^2+x_{21}^2+x_{22}^2+\cdots+x_{2n}^2+\cdots+x_{m1}^2+x_{m2}^2+\cdots+x_{mn}^2$$

求 $\frac{\mathrm{d}f}{\mathrm{d}\boldsymbol{X}}$。

解 因为

$$\frac{\partial f}{\partial x_{ij}}=2x_{ij}\quad(i=1,2,\cdots,m;\ j=1,2,\cdots,n)$$

所以

$$\frac{\mathrm{d}f}{\mathrm{d}\boldsymbol{X}}=2\begin{bmatrix}x_{11}&x_{12}&\cdots&x_{1n}\\x_{21}&x_{22}&\cdots&x_{2n}\\\vdots&\vdots&&\vdots\\x_{m1}&x_{m2}&\cdots&x_{mn}\end{bmatrix}=2\boldsymbol{X}$$

由于向量是矩阵的特殊情形，所以定义 3.10 对向量也适用。

定义 3.11 设 $f(\boldsymbol{X})$ 是以 n 维向量 $\boldsymbol{X}=(x_1,x_2,\cdots,x_n)^{\mathrm{T}}$ 的 n 个分量 x_i 为自变量的可微纯量函数，即

$$f(\boldsymbol{X})=f(x_1,x_2,\cdots,x_n)$$

称

$$\frac{\mathrm{d}f}{\mathrm{d}\boldsymbol{X}}=\left[\frac{\partial f}{\partial x_1}\quad\frac{\partial f}{\partial x_2}\quad\cdots\quad\frac{\partial f}{\partial x_n}\right]^{\mathrm{T}}$$

为纯量函数对 n 维向量 $\boldsymbol{X}$ 的导数，记为

$$\frac{\mathrm{d}f}{\mathrm{d}\boldsymbol{X}}=\left[\frac{\partial f}{\partial x_i}\right]_{n\times1}\quad(i=1,2,\cdots,n)$$

例 3.13 设 $\boldsymbol{a}$ 是 n 维常向量，$\boldsymbol{X}$ 为 n 维变向量，即

$$\boldsymbol{a}=(a_1,a_2,\cdots,a_n)^{\mathrm{T}}$$
$$\boldsymbol{X}=(x_1,x_2,\cdots,x_n)^{\mathrm{T}}$$

求线性型 $f=\boldsymbol{a}^{\mathrm{T}}\boldsymbol{X}=a_1x_1+a_2x_2+\cdots+a_nx_n$ 对向量 $\boldsymbol{X}$ 的导数。

解 由定义有 $\frac{\partial f}{\partial x_i}=a_i$，则

$$\frac{\mathrm{d}f}{\mathrm{d}\boldsymbol{X}}=(a_1,a_2,\cdots,a_n)^{\mathrm{T}}=\boldsymbol{a}$$

即

$$\frac{\mathrm{d}}{\mathrm{d}\boldsymbol{X}}(\boldsymbol{a}^{\mathrm{T}}\boldsymbol{X})=a$$

同理，由定义可验证二次型的导数公式为

$$\frac{\mathrm{d}}{\mathrm{d}\boldsymbol{X}}\boldsymbol{X}^{\mathrm{T}}\boldsymbol{A}\boldsymbol{X}=2\boldsymbol{A}\boldsymbol{X}$$

3.4.3 向量函数关于向量的微分

定义 3.12 设 m 个多元函数

$$z_1(x_1,x_2,\cdots,x_n)$$
$$z_2(x_1,x_2,\cdots,x_n)$$
…………
$$z_m(x_1,x_2,\cdots,x_n)$$

对自变量 x_1, x_2, …, x_n 的偏导数都存在，记向量

$$X = [x_1, x_2, \cdots, x_n]^T$$
$$Z = [z_1, z_2, \cdots, z_m]^T$$

则

$$Z(X) = [z_1(X), z_2(X), \cdots, z_n(X)]^T$$

称

$$\frac{dZ}{dX} = \begin{bmatrix} \frac{\partial z_1}{\partial x_1} & \frac{\partial z_1}{\partial x_2} & \cdots & \frac{\partial z_1}{\partial x_n} \\ \frac{\partial z_2}{\partial x_1} & \frac{\partial z_2}{\partial x_2} & \cdots & \frac{\partial z_2}{\partial x_n} \\ \vdots & \vdots & & \vdots \\ \frac{\partial z_m}{\partial x_1} & \frac{\partial z_m}{\partial x_2} & \cdots & \frac{\partial z_m}{\partial x_n} \end{bmatrix}$$

为 m 维向量 $Z(X)$ 对 n 维向量 X 的导数。

例 3.14 求向量函数 $Y = AX$ 对向量 X 的导数$\frac{dY}{dX}$。其中

$$Y = \begin{bmatrix} y_1 \\ y_2 \\ \vdots \\ y_m \end{bmatrix}, \quad X = \begin{bmatrix} x_1 \\ x_2 \\ \vdots \\ x_n \end{bmatrix}, \quad A = \begin{bmatrix} a_{11} & a_{12} & \cdots & a_{1n} \\ a_{21} & a_{22} & \cdots & a_{2n} \\ \vdots & \vdots & & \vdots \\ a_{m1} & a_{m2} & \cdots & a_{mn} \end{bmatrix}$$

解 因为 $y_i = \sum_{j=1}^{n} a_{ij}x_j (i = 1, 2, \cdots, m)$，于是

$$\frac{dy_i}{dX} = [a_{i1}, a_{i2}, \cdots, a_{in}]^T$$

则

$$\frac{dY}{dX} = \left[\left(\frac{dy_1}{dX}\right)^T, \left(\frac{dy_2}{dX}\right)^T, \cdots, \left(\frac{dy_m}{dX}\right)^T\right]^T = A$$

3.5 矩阵幂级数

3.5.1 矩阵级数

定义 3.13 对于任意的 $k \times n$ 阶矩阵序列 $\{A_m\}$，和式 $\sum_{m=0}^{\infty} A_m$ 称为矩阵级数。记 $S_N = \sum_{m=0}^{N} A_m$，若矩阵序列 $\{S_N\}$ 收敛于 S，即 $\lim_{N\to\infty} S_N = S$，则称矩阵级数 $\sum_{m=0}^{\infty} A_m$ 收敛，且称矩阵级数的和为 S，记为

$$S = \sum_{m=0}^{\infty} A_m$$

不收敛的矩阵级数称为发散。

如果记矩阵$\boldsymbol{A}_m$的第i行j列元素为$(a_m)_{ij}$，矩阵$\boldsymbol{S}$的第i行j列元素为$(s)_{ij}$，则由定义知，若矩阵级数$\sum_{m=0}^{\infty}\boldsymbol{A}_m$收敛于$\boldsymbol{S}$，则有

$$\sum_{m=0}^{\infty}(a_m)_{ij}=(s)_{ij}\quad(i=1,2,\cdots,k;\ j=1,2,\cdots,n)$$

即对应的$k\times n$个数值级数$\sum_{m=0}^{\infty}(a_m)_{ij}$都分别收敛于$(s)_{ij}$，反之也是正确的。所以，矩阵级数$\sum_{m=0}^{\infty}\boldsymbol{A}_m$收敛的充分必要条件是$k\times n$个数值级数

$$\sum_{m=0}^{\infty}(a_m)_{ij}\quad(i=1,2,\cdots,k;\ j=1,2,\cdots,n)$$

都收敛，当这$k\times n$个数值级数中至少有一个发散时，矩阵级数发散。

定义 3.14 若矩阵级数$\sum_{m=0}^{\infty}\boldsymbol{A}_m$所对应的$k\times n$个数值级数

$$\sum_{m=0}^{\infty}(a_m)_{ij}\quad(i=1,2,\cdots,k;\ j=1,2,\cdots,n)$$

都绝对收敛，则称该矩阵级数绝对收敛。

由数值级数、矩阵级数的收敛及绝对收敛定义和数值级数收敛及绝对收敛的性质，可以得到下述矩阵级数的收敛或绝对收敛性质：

性质(1) 若矩阵级数$\sum_{m=0}^{\infty}\boldsymbol{A}_m$绝对收敛，则它一定收敛，并且任意调换各项的次序得到的新级数仍收敛且其和不变。

性质(2) 矩阵级数$\sum_{m=0}^{\infty}\boldsymbol{A}_m$绝对收敛的充分必要条件是对于任意一种矩阵范数$\|\cdot\|$，正项级数$\sum_{m=0}^{\infty}\|\boldsymbol{A}_m\|$收敛。

性质(3) 对于确定的数字矩阵$\boldsymbol{P}$，$\boldsymbol{Q}$，若矩阵级数$\sum_{m=0}^{\infty}\boldsymbol{A}_m$收敛(或绝对收敛)，则级数$\sum_{m=0}^{\infty}\boldsymbol{P}\boldsymbol{A}_m\boldsymbol{Q}$也收敛（或绝对收敛），且

$$\sum_{m=0}^{\infty}\boldsymbol{P}\boldsymbol{A}_m\boldsymbol{Q}=\boldsymbol{P}\Big(\sum_{m=0}^{\infty}\boldsymbol{A}_m\Big)\boldsymbol{Q}$$

3.5.2 矩阵幂级数

定义 3.15 对于任意矩阵$\boldsymbol{A}\in\mathbf{C}^{n\times n}$及数列$\{c_m\}$，称矩阵级数

$$\sum_{m=0}^{\infty}c_m\boldsymbol{A}^m$$

为矩阵$\boldsymbol{A}$的幂级数。

为了得到判断矩阵幂级数收敛或发散的方法，先证明下面定理。

定理 3.12 设$\boldsymbol{A}\in\mathbf{C}^{n\times n}$的谱半径为$\rho(\boldsymbol{A})$，则对于任意的$\varepsilon>0$，总有一个矩阵范数

$\|\cdot\|_*$ 使

$$\|A\|_* \leqslant \rho(A) + \varepsilon$$

证明 对于 $A \in \mathbf{C}^{n\times n}$，必有可逆矩阵 P，使

$$J = PAP^{-1} = \begin{bmatrix} t_{11} & & & & \\ t_{21} & t_{22} & & & \\ & t_{32} & \ddots & & \\ & & \ddots & \ddots & \\ & & & t_{n,n-1} & t_{nn} \end{bmatrix}$$

为约当标准形，其中 t_{11}，t_{22}，…，t_{nn}是 A 的特征值，t_{21}，t_{32}，…，$t_{n,n-1}$是 1 或 0，故有

$$|t_{jj}| \leqslant \rho(A) \quad (j=1, 2, \cdots, n)$$

令

$$D = \mathrm{diag}(1, \varepsilon, \varepsilon^2, \cdots, \varepsilon^{n-1}) \quad (\varepsilon > 0)$$

显然 D 是可逆矩阵，且有

$$DJD^{-1} = DPAP^{-1}D^{-1} = \begin{bmatrix} t_{11} & & & & \\ \varepsilon t_{21} & t_{22} & & & \\ & \varepsilon t_{32} & \ddots & & \\ & & \ddots & \ddots & \\ & & & \varepsilon t_{n,n-1} & t_{nn} \end{bmatrix}$$

若对于任意的 $B \in \mathbf{C}^{n\times n}$，定义

$$\|B\|_* = \|DPBP^{-1}D^{-1}\|_1$$

易证$\|B\|_*$是 $\mathbf{C}^{n\times n}$中的矩阵范数，对此矩阵范数有

$$\|A\|_* = \|DPAP^{-1}D^{-1}\|_1 = \|DJD^{-1}\|_1 \leqslant \max_{1\leqslant j\leqslant n} |t_{jj}| + \max_{1\leqslant j\leqslant n-1} |t_{j+1,j}|\varepsilon \leqslant \rho(A) + \varepsilon$$

定理 3.13 设复变数幂级数 $\sum_{m=0}^{\infty} c_m z^m$ 的收敛半径为 R，$A \in \mathbf{C}^{n\times n}$ 的谱半径为 $\rho(A)$，则

（1）当 $\rho(A) < R$ 时，矩阵幂级数 $\sum_{m=0}^{\infty} c_m A^m$ 绝对收敛；

（2）当 $\rho(A) > R$ 时，矩阵幂级数 $\sum_{m=0}^{\infty} c_m A^m$ 发散。

证明 （1）因为 $\rho(A) < R$，则存在 $\varepsilon > 0$，使

$$\rho(A) + \varepsilon < R$$

故级数

$$\sum_{m=0}^{\infty} |c_m| \cdot (\rho(A) + \varepsilon)^m$$

收敛，对于上述 $\varepsilon > 0$，由定理 3.12，必有矩阵范数$\|\cdot\|_*$，使

$$\|A\|_* \leqslant \rho(A) + \varepsilon$$

所以

$$\begin{aligned} \|c_m A^m\|_* &= |c_m| \cdot \|A^m\|_* \leqslant |c_m| \cdot \|A\|_*^m \\ &\leqslant |c_m| \cdot (\rho(A) + \varepsilon)^m \end{aligned}$$

故级数 $\sum_{m=0}^{\infty}\|c_m A^m\|_*$ 收敛，由性质(2) 知级数 $\sum_{m=0}^{\infty}c_m A^m$ 绝对收敛。

若 $\rho(A)>R$，设 $AX=\lambda_j X$，且

$$\rho(A)=|\lambda_j|,\quad X^H X=1$$

(2) 若矩阵级数 $\sum_{m=0}^{\infty}c_m A^m$ 收敛，则级数

$$X^H\left(\sum_{m=0}^{\infty}c_m A^m\right)X=\sum_{m=0}^{\infty}c_m X^H A^m X=\sum_{m=0}^{\infty}c_m X^H\lambda_j^m X=\sum_{m=0}^{\infty}c_m\lambda_j^m$$

也收敛，此与已知矛盾，故当 $\rho(A)>R$，矩阵级数 $\sum_{m=0}^{\infty}c_m A^m$ 发散。

推论1 若复变数幂级数 $\sum_{m=0}^{\infty}c_m z^m$ 在整个复平面都收敛，则对于任意的 $A\in \mathbf{C}^{n\times n}$，矩阵幂级数 $\sum_{m=0}^{\infty}c_m A^m$ 绝对收敛。

推论2 矩阵 A 的幂级数

$$\sum_{m=0}^{\infty}A^m=E+A+A^2+\cdots+A^m+\cdots$$

绝对收敛的充分且必要的条件是 A 的谱半径 $\rho(A)<1$，且其和为 $(E-A)^{-1}$。

例 3.15 判别下列矩阵幂级数的收敛性。

(1) $\sum_{m=0}^{\infty}\frac{m}{6^m}\begin{bmatrix}1 & -8\\ -2 & 1\end{bmatrix}^m$；(2) $\sum_{m=0}^{\infty}\begin{bmatrix}0.1 & 0.3\\ 0.7 & 0.6\end{bmatrix}^m$；(3) $\sum_{m=1}^{\infty}\frac{(-1)^m}{m^2}\begin{bmatrix}1 & 1\\ 0 & 1\end{bmatrix}^m$。

解 (1) 幂级数 $\sum_{m=0}^{\infty}\frac{m}{6^m}z^m$ 的收敛半径为 $R=6$，又由 $A=\begin{bmatrix}1 & -8\\ -2 & 1\end{bmatrix}$，易求得 A 的特征值为 $\lambda_1=-3$，$\lambda_2=5$，故 $\rho(A)=5<R$，由定理3.13知，矩阵幂级数 $\sum_{m=0}^{\infty}\frac{m}{6^m}\begin{bmatrix}1 & -8\\ -2 & 1\end{bmatrix}^m$ 绝对收敛。

(2) 记 $A=\begin{bmatrix}0.1 & 0.3\\ 0.7 & 0.6\end{bmatrix}$，则 $\rho(A)\leqslant\|A\|_1=0.9<1$，故矩阵幂级数 $\sum_{m=0}^{\infty}A^m$ 绝对收敛，且其和为 $\sum_{m=0}^{\infty}A^m=(E-A)^{-1}=\begin{bmatrix}0.9 & -0.3\\ -0.7 & 0.4\end{bmatrix}^{-1}=\begin{bmatrix}\frac{8}{3} & 2\\ \frac{14}{3} & 6\end{bmatrix}$。

(3) 记 $A=\begin{bmatrix}1 & 1\\ 0 & 1\end{bmatrix}$，则 $A^m=\begin{bmatrix}1 & 1\\ 0 & 1\end{bmatrix}^m=\begin{bmatrix}1 & m\\ 0 & 1\end{bmatrix}$，故

$$\sum_{m=1}^{\infty}\frac{(-1)^m}{m^2}\begin{bmatrix}1 & 1\\ 0 & 1\end{bmatrix}^m=\begin{bmatrix}\sum_{m=1}^{\infty}\frac{(-1)^m}{m^2} & \sum_{m=1}^{\infty}\frac{(-1)^m}{m}\\ 0 & \sum_{m=1}^{\infty}\frac{(-1)^m}{m^2}\end{bmatrix}$$

而幂级数 $\sum_{m=1}^{\infty}\frac{(-1)^m}{m^2}$ 和 $\sum_{m=1}^{\infty}\frac{(-1)^m}{m}$ 都收敛，所以矩阵幂级数 $\sum_{m=1}^{\infty}\frac{(-1)^m}{m^2}\begin{bmatrix}1 & 1\\ 0 & 1\end{bmatrix}^m$ 收敛。

3.6 矩阵函数

3.6.1 常见的矩阵函数

本节利用复变数幂级数的和函数定义矩阵幂级数的和函数——矩阵函数。在复变函数中

$$e^z = 1 + z + \frac{1}{2!}z^2 + \cdots + \frac{1}{n!}z^n \cdots$$

$$\sin z = z - \frac{1}{3!}z^3 + \frac{1}{5!}z^5 - \frac{1}{7!}z^7 + \cdots$$

$$\cos z = 1 - \frac{1}{2!}z^2 + \frac{1}{4!}z^4 - \frac{1}{6!}z^6 + \cdots$$

在整个复平面上都成立，这样由定理3.13推论1，对于任意矩阵 $\boldsymbol{A} \in \mathbf{C}^{n\times n}$，矩阵幂级数

$$\boldsymbol{E} + \boldsymbol{A} + \frac{1}{2!}\boldsymbol{A}^2 + \frac{1}{3!}\boldsymbol{A}^3 + \cdots + \frac{1}{n!}\boldsymbol{A}^n + \cdots$$

$$\boldsymbol{A} - \frac{1}{3!}\boldsymbol{A}^3 + \frac{1}{5!}\boldsymbol{A}^5 - \frac{1}{7!}\boldsymbol{A}^7 + \cdots$$

$$\boldsymbol{E} - \frac{1}{2!}\boldsymbol{A}^2 + \frac{1}{4!}\boldsymbol{A}^4 - \frac{1}{6!}\boldsymbol{A}^6 + \cdots$$

都绝对收敛，因此它们都有和，分别用 $e^{\boldsymbol{A}}, \sin\boldsymbol{A}, \cos\boldsymbol{A}$ 表示其和，即

$$e^{\boldsymbol{A}} = \boldsymbol{E} + \boldsymbol{A} + \frac{1}{2!}\boldsymbol{A}^2 + \frac{1}{3!}\boldsymbol{A}^3 + \cdots + \frac{1}{n!}\boldsymbol{A}^n + \cdots$$

$$\sin\boldsymbol{A} = \boldsymbol{A} - \frac{1}{3!}\boldsymbol{A}^3 + \frac{1}{5!}\boldsymbol{A}^5 - \frac{1}{7!}\boldsymbol{A}^7 + \cdots$$

$$\cos\boldsymbol{A} = \boldsymbol{E} - \frac{1}{2!}\boldsymbol{A}^2 + \frac{1}{4!}\boldsymbol{A}^4 - \frac{1}{6!}\boldsymbol{A}^6 + \cdots$$

并分别称为矩阵 $\boldsymbol{A}$ 的指数函数、正弦函数及余弦函数，同样由

$$\ln(1+z) = \sum_{k=1}^{\infty} \frac{(-1)^{k-1}}{k} z^k \quad (|z| \leqslant 1)$$

及

$$(1+z)^a = \sum_{k=1}^{\infty} \frac{a(a-1)\cdots(a-k+1)}{k!} z^k \quad (|z| \leqslant 1)$$

可以定义矩阵函数 $\ln(\boldsymbol{E}+\boldsymbol{A})$ 及 $(\boldsymbol{E}+\boldsymbol{A})^a$（$a$ 为任意实数）为

$$\ln(\boldsymbol{E}+\boldsymbol{A}) = \sum_{k=1}^{\infty} \frac{(-1)^{k-1}}{k} \boldsymbol{A}^k$$

$$(\boldsymbol{E}+\boldsymbol{A})^a = \sum_{k=1}^{\infty} \frac{a(a-1)\cdots(a-k+1)}{k!} \boldsymbol{A}^k$$

但这两个矩阵函数只对 $\rho(\boldsymbol{A}) < 1$ 的矩阵有意义。

3.6.2 矩阵函数的计算

定义 3.16 设实值函数 $y=f(x)$，$\boldsymbol{A}$，$\boldsymbol{B}\in \mathbf{C}^{n\times n}$，称 $\boldsymbol{B}=f(\boldsymbol{A})$ 为矩阵 $\boldsymbol{A}$ 的函数。

对于给定的矩阵 $\boldsymbol{A}\in \mathbf{C}^{n\times n}$，如何求出矩阵函数 $\mathrm{e}^{\boldsymbol{A}}$，$\sin\boldsymbol{A}$，$\cos\boldsymbol{A}$ 等？解决这一问题的方法有多种。下面先介绍利用矩阵 $\boldsymbol{A}$ 的标准形计算矩阵函数。为此，先给出两个定理。

定理 3.14 若矩阵 $\boldsymbol{X}\in \mathbf{C}^{n\times n}$的幂级数 $\sum\limits_{m=0}^{\infty} c_m\boldsymbol{X}^m$ 收敛，其和记为

$$f(\boldsymbol{X}) = \sum_{m=0}^{\infty} c_m\boldsymbol{X}^m$$

则当 $\boldsymbol{X}$ 为分块对角矩阵

$$\boldsymbol{X} = \mathrm{diag}(\boldsymbol{X}_1, \boldsymbol{X}_2, \cdots, \boldsymbol{X}_t)$$

时，有

$$f(\boldsymbol{X}) = \mathrm{diag}[f(\boldsymbol{X}_1), f(\boldsymbol{X}_2), \cdots, f(\boldsymbol{X}_t)]$$

定理 3.15 任给一收敛半径为 R 的复变数幂级数

$$f(z) = \sum_{m=0}^{\infty} c_m z^m$$

及一 n 阶约当块

$$\boldsymbol{J}_0 = \begin{bmatrix} \lambda_0 & & & & \\ 1 & \lambda_0 & & & \\ & 1 & \ddots & & \\ & & \ddots & \ddots & \\ & & & 1 & \lambda_0 \end{bmatrix}_{n\times n}$$

则当 $|\lambda_0|<R$ 时，方阵幂级数 $\sum\limits_{m=0}^{\infty} c_m\boldsymbol{J}_0^m$ 绝对收敛，且其和为

$$f(\boldsymbol{J}_0) = \sum_{m=0}^{\infty} c_m\boldsymbol{J}_0^m$$

$$= \begin{bmatrix} f(\lambda_0) & & & & \\ f'(\lambda_0) & f(\lambda_0) & & & \\ \frac{1}{2!}f''(\lambda_0) & f'(\lambda_0) & \ddots & & \\ \vdots & \ddots & \ddots & \ddots & \\ \frac{1}{(n-1)!}f^{(n-1)}(\lambda_0) & \cdots & \frac{1}{2!}f''(\lambda_0) & f'(\lambda_0) & f(\lambda_0) \end{bmatrix}$$

有了定理 3.14 和定理 3.15，现在讨论如何用 $\boldsymbol{A}$ 的标准形计算矩阵函数 $f(\boldsymbol{A})$。

当 $\boldsymbol{A}$ 与对角矩阵相似时，即存在可逆矩阵 $\boldsymbol{P}$，使

$$\boldsymbol{A} = \boldsymbol{P}[\mathrm{diag}(\lambda_1, \lambda_2, \cdots, \lambda_n)]\boldsymbol{P}^{-1}$$

则对于复变数幂级数

$$f(z) = \sum_{m=0}^{\infty} c_m z^m \quad (|z|<R)$$

当$\rho(\boldsymbol{A})<R$时，矩阵幂级数$\sum\limits_{m=0}^{\infty}c_m\boldsymbol{A}^m$收敛，且

$$\begin{aligned}f(\boldsymbol{A})&=f(\boldsymbol{P}\mathrm{diag}(\lambda_1,\lambda_2,\cdots,\lambda_n)\boldsymbol{P}^{-1})\\&=\sum_{m=0}^{\infty}c_m[\boldsymbol{P}\mathrm{diag}(\lambda_1,\lambda_2,\cdots,\lambda_n)\boldsymbol{P}^{-1}]^m\\&=\boldsymbol{P}\left\{\sum_{m=0}^{\infty}c_m[\mathrm{diag}(\lambda_1,\lambda_2,\cdots,\lambda_n)]^m\right\}\boldsymbol{P}^{-1}\\&=\boldsymbol{P}\left[\mathrm{diag}\left(\sum_{m=0}^{\infty}c_m\lambda_1^m,\sum_{m=0}^{\infty}c_m\lambda_2^m,\cdots,\sum_{m=0}^{\infty}c_m\lambda_n^m\right)\right]\boldsymbol{P}^{-1}\\&=\boldsymbol{P}[\mathrm{diag}(f(\lambda_1),f(\lambda_2),\cdots,f(\lambda_n))]\boldsymbol{P}^{-1}\end{aligned}$$

分别以$\mathrm{e}^{\boldsymbol{A}}$，$\sin\boldsymbol{A}$，$\cos\boldsymbol{A}$代入，有

$$\begin{aligned}&\mathrm{e}^{\boldsymbol{A}}=\boldsymbol{P}[\mathrm{diag}(\mathrm{e}^{\lambda_1},\mathrm{e}^{\lambda_2},\cdots,\mathrm{e}^{\lambda_n})]\boldsymbol{P}^{-1}\\&\sin\boldsymbol{A}=\boldsymbol{P}[\mathrm{diag}(\sin\lambda_1,\sin\lambda_2,\cdots,\sin\lambda_n)]\boldsymbol{P}^{-1}\\&\cos\boldsymbol{A}=\boldsymbol{P}[\mathrm{diag}(\cos\lambda_1,\cos\lambda_2,\cdots,\cos\lambda_n)]\boldsymbol{P}^{-1}\end{aligned}$$

从而，$\mathrm{e}^{\boldsymbol{A}}$的特征值为$\mathrm{e}^{\lambda_i}$；

$\sin\boldsymbol{A}$的特征值为$\sin\lambda_i$；

$\cos\boldsymbol{A}$的特征值为$\cos\lambda_i$。

例 3.16 设$\boldsymbol{A}=\begin{bmatrix}0&1\\0&-2\end{bmatrix}$，求$\mathrm{e}^{\boldsymbol{A}}$，$\sin\boldsymbol{A}$，$\cos\boldsymbol{A}$。

解 因为

$$|\lambda\boldsymbol{E}-\boldsymbol{A}|=\begin{vmatrix}\lambda&-1\\0&\lambda+2\end{vmatrix}=\lambda(\lambda+2)$$

所以$\boldsymbol{A}$的特征值是

$$\lambda_1=0,\quad\lambda_2=-2$$

对于$\lambda_1=0$，求得特征向量

$$\boldsymbol{X}_1=\begin{bmatrix}1\\0\end{bmatrix}$$

对于$\lambda_2=-2$，求得特征向量

$$\boldsymbol{X}_2=\begin{bmatrix}1\\-2\end{bmatrix}$$

从而求得

$$\boldsymbol{P}=\begin{bmatrix}1&1\\0&-2\end{bmatrix},\quad\boldsymbol{P}^{-1}=\begin{bmatrix}1&\frac{1}{2}\\0&-\frac{1}{2}\end{bmatrix}$$

因此

$$\mathrm{e}^{\boldsymbol{A}}=\begin{bmatrix}1&1\\0&-2\end{bmatrix}\begin{bmatrix}\mathrm{e}^0&0\\0&\mathrm{e}^{-2}\end{bmatrix}\begin{bmatrix}1&\frac{1}{2}\\0&-\frac{1}{2}\end{bmatrix}=\begin{bmatrix}1&\frac{1}{2}(1-\mathrm{e}^{-2})\\0&\mathrm{e}^{-2}\end{bmatrix}$$

$$\sin\boldsymbol{A}=\begin{bmatrix}1&1\\0&-2\end{bmatrix}\begin{bmatrix}\sin 0&0\\0&\sin(-2)\end{bmatrix}\begin{bmatrix}1&\frac{1}{2}\\0&-\frac{1}{2}\end{bmatrix}=\begin{bmatrix}0&\frac{1}{2}\sin 2\\0&-\sin 2\end{bmatrix}$$

$$\cos\boldsymbol{A}=\begin{bmatrix}1&1\\0&-2\end{bmatrix}\begin{bmatrix}\cos 0&0\\0&\cos(-2)\end{bmatrix}\begin{bmatrix}1&\frac{1}{2}\\0&-\frac{1}{2}\end{bmatrix}=\begin{bmatrix}1&\frac{1}{2}(1-\cos 2)\\0&\cos 2\end{bmatrix}$$

在工程应用中，遇到的矩阵函数往往不是常数矩阵 $\boldsymbol{A}$ 的函数 $f(\boldsymbol{A})$，而是变量 t 的函数矩阵 $\boldsymbol{A}t$ 的函数 $f(\boldsymbol{A}t)$，即常需计算矩阵函数 $e^{\boldsymbol{A}t}$，$\sin\boldsymbol{A}t$，$\cos\boldsymbol{A}t$ 等，计算方法与上面类似，即

$$\begin{aligned}f(\boldsymbol{A}t)&=f(\boldsymbol{P}\mathrm{diag}(\lambda_1,\lambda_2,\cdots,\lambda_n)t\boldsymbol{P}^{-1})\\&=\sum_{m=0}^{\infty}c_m[\boldsymbol{P}\mathrm{diag}(\lambda_1 t,\lambda_2 t,\cdots,\lambda_n t)\boldsymbol{P}^{-1}]^m\\&=\boldsymbol{P}\left[\mathrm{diag}\left(\sum_{m=0}^{\infty}c_m(\lambda_1 t)^m,\cdots,\sum_{m=0}^{\infty}c_m(\lambda_n t)^m\right)\right]\boldsymbol{P}^{-1}\\&=\boldsymbol{P}[\mathrm{diag}(f(\lambda_1 t),f(\lambda_2 t),\cdots,f(\lambda_n t))]\boldsymbol{A}^{-1}\end{aligned}$$

从而

$$e^{\boldsymbol{A}t}=\boldsymbol{P}[\mathrm{diag}(e^{\lambda_1 t},e^{\lambda_2 t},\cdots,e^{\lambda_n t})]\boldsymbol{P}^{-1}$$
$$\sin\boldsymbol{A}t=\boldsymbol{P}[\mathrm{diag}(\sin\lambda_1 t,\sin\lambda_2 t,\cdots,\sin\lambda_n t)]\boldsymbol{P}^{-1}$$
$$\cos\boldsymbol{A}t=\boldsymbol{P}[\mathrm{diag}(\cos\lambda_1 t,\cos\lambda_2 t,\cdots,\cos\lambda_n t)]\boldsymbol{P}^{-1}$$

例 3.17 求 $e^{\boldsymbol{A}t}$，其中

$$\boldsymbol{A}=\begin{bmatrix}-7&-7&5\\-8&-8&-5\\0&-5&0\end{bmatrix}$$

解 特征方程 $|\lambda\boldsymbol{E}-\boldsymbol{A}|=(\lambda-5)(\lambda+5)(\lambda+15)$，因此，特征值

$$\lambda_1=5,\quad \lambda_2=-5,\quad \lambda_3=-15$$

对 $\lambda_1=5$，求得特征向量

$$\boldsymbol{X}_1=\begin{bmatrix}1\\-1\\1\end{bmatrix}$$

对 $\lambda_2=-5$，求得特征向量

$$\boldsymbol{X}_2=\begin{bmatrix}1\\-1\\-1\end{bmatrix}$$

对 $\lambda_3=-15$，求得特征向量

$$\boldsymbol{X}_3=\begin{bmatrix}2\\3\\1\end{bmatrix}$$

因此

$$P=\begin{bmatrix}1 & 1 & 2\\ -1 & -1 & 3\\ 1 & -1 & 1\end{bmatrix},\quad P^{-1}=\frac{1}{10}\begin{bmatrix}2 & -3 & 5\\ 4 & -1 & -5\\ 2 & 2 & 0\end{bmatrix}$$

从而

$$\begin{aligned}
e^{At}&=P\begin{bmatrix}e^{5t} & 0 & 0\\ 0 & e^{-5t} & 0\\ 0 & 0 & e^{-15t}\end{bmatrix}P^{-1}\\
&=\frac{1}{10}\begin{bmatrix}1 & 1 & 2\\ -1 & -1 & 3\\ 1 & -1 & 1\end{bmatrix}\begin{bmatrix}e^{5t} & 0 & 0\\ 0 & e^{-5t} & 0\\ 0 & 0 & e^{-15t}\end{bmatrix}\begin{bmatrix}2 & -3 & 5\\ 4 & -1 & -5\\ 2 & 2 & 0\end{bmatrix}\\
&=\frac{1}{10}\begin{bmatrix}2e^{5t}+4e^{-5t}+4e^{-15t} & -3e^{5t}-e^{-5t}+4e^{-15t} & 5^{5t}-5e^{-5t}\\ -2e^{5t}-4e^{-5t}+6e^{-15t} & 3e^{5t}+e^{-5t}+6e^{-15t} & -5e^{5t}+5e^{-5t}\\ 2e^{5t}-4e^{-5t}+2e^{-15t} & -3e^{5t}+e^{-5t}+2e^{-15t} & 5e^{5t}+5e^{-5t}\end{bmatrix}
\end{aligned}$$

当 $\boldsymbol{A}$ 不与对角矩阵相似时，存在可逆矩阵 $\boldsymbol{P}$，把 $\boldsymbol{A}$ 化为约当标准形

$$A=P\begin{bmatrix}J_1(\lambda_1) & & & \\ & J_2(\lambda_2) & & \\ & & \ddots & \\ & & & J_s(\lambda_s)\end{bmatrix}P^{-1}$$

其中

$$J_i(\lambda_i)=\begin{bmatrix}\lambda_i & & & & \\ 1 & \lambda_i & & & \\ & 1 & \ddots & & \\ & & \ddots & \ddots & \\ & & & 1 & \lambda_i\end{bmatrix}_{m_i\times m_i}$$

为 m_i阶约当块，且

$$m_1+m_2+\cdots+m_s=n$$

由定理 3.14，有

$$\begin{aligned}
f(A)&=Pf(\mathrm{diag}(J_1(\lambda_1),J_2(\lambda_2),\cdots,J_s(\lambda_s))P^{-1}\\
&=P\mathrm{diag}(f(J_1),f(J_2),\cdots,f(J_s))P^{-1}
\end{aligned}$$

再由定理 3.15，有

$$f(J_i)=\begin{bmatrix}f(\lambda_i) & & & & \\ f'(\lambda_i) & f(\lambda_i) & & & \\ \frac{1}{2!}f''(\lambda_i) & f'(\lambda_i) & \ddots & & \\ \vdots & \ddots & \ddots & \ddots & \\ \frac{1}{(m_i-1)!}f^{(m_i-1)}(\lambda_i) & \cdots & \frac{1}{2!}f''(\lambda_i) & f'(\lambda_i) & f(\lambda_i)\end{bmatrix}$$

便可算出 $f(\boldsymbol{A})$。

例 3.18 设

$$A=\begin{bmatrix}0&1&0\\0&0&1\\2&3&0\end{bmatrix}$$

求 e^{A}。

解 因为 A 的特征矩阵

$$\lambda E-A=\begin{bmatrix}\lambda&-1&0\\0&\lambda&-1\\-2&-3&\lambda\end{bmatrix}$$

的 3 阶行列式因子是

$$D_3(\lambda)=|\lambda E-A|=(\lambda-2)(\lambda+1)^2$$

而 $\lambda E-A$ 有一个 2 阶子式，即 $\begin{vmatrix}-1&0\\\lambda&-1\end{vmatrix}=1$，所以 $D_1(\lambda)=D_2(\lambda)=1$，于是 A 的不变因子为

$$d_1(\lambda)=d_2(\lambda)=1$$

$$d_3(\lambda)=(\lambda-2)(\lambda+1)^2$$

因此 $\lambda E-A$ 的初等因子为 $\lambda-2$，$(\lambda+1)^2$，故 A 的约当标准形为

$$J=\begin{bmatrix}2&0&0\\0&-1&0\\0&1&-1\end{bmatrix}$$

下面求相似变换矩阵 P。由 $P^{-1}AP=J$，得 $AP=PJ$，令

$$P=(X_1,X_2,X_3)$$

则

$$A(X_1,X_2,X_3)=(X_1,X_2,X_3)\begin{bmatrix}2&0&0\\0&-1&0\\0&1&-1\end{bmatrix}$$

即

$$(AX_1,AX_2,AX_3)=(2X_1,-X_2+X_3,-X_3)$$

得下列方程组

$$(2E-A)X_1=\mathbf{0}$$

$$(E+A)X_2=X_3$$

$$(E+A)X_3=\mathbf{0}$$

解得

$$X_1=\begin{bmatrix}1\\2\\4\end{bmatrix},\quad X_2=\begin{bmatrix}1\\0\\-1\end{bmatrix},\quad X_3=\begin{bmatrix}1\\-1\\1\end{bmatrix}$$

于是求得

$$P=\begin{bmatrix}1&1&1\\2&0&-1\\4&-1&1\end{bmatrix},\quad P^{-1}=\frac{1}{9}\begin{bmatrix}1&2&1\\6&3&-3\\2&-5&2\end{bmatrix}$$

使

$$A=P\begin{bmatrix}2&0&0\\0&-1&0\\0&1&-1\end{bmatrix}P^{-1}$$

那么

$$\begin{aligned}e^{A}&=\frac{1}{9}\begin{bmatrix}1&1&1\\2&0&-1\\4&-1&1\end{bmatrix}\begin{bmatrix}e^{2}&0&0\\0&e^{-1}&0\\0&e^{-1}&e^{-1}\end{bmatrix}\begin{bmatrix}1&2&1\\6&3&-3\\2&-5&2\end{bmatrix}\\&=\frac{1}{9}\begin{bmatrix}e^{2}+14e^{-1}&2e^{2}+e^{-1}&e^{2}-4e^{-1}\\2e^{2}-8e^{-1}&4e^{2}+2e^{-1}&2e^{2}+e^{-1}\\4e^{2}+2e^{-1}&8e^{2}-5e^{-1}&4e^{2}+2e^{-1}\end{bmatrix}\end{aligned}$$

类似地，可求得

$$f(At)=P\mathrm{diag}[f(J_1(\lambda_1)t),f(J_2(\lambda_2)t),\cdots,f(J_s(\lambda_s)t)]P^{-1}$$

其中

$$f(J_it)=\begin{bmatrix}f(\lambda_it)&&&&\\tf'(\lambda_it)&f(\lambda_it)&&&\\\frac{t^2}{2!}f''(\lambda_it)&tf'(\lambda_it)&\ddots&&\\\vdots&\ddots&\ddots&\ddots&\\\frac{t^{m_i-1}}{(m_i-1)!}f^{(m_i-1)}(\lambda_it)&\cdots&\frac{t^2}{2!}f''(\lambda_it)&tf'(\lambda_it)&f(\lambda_it)\end{bmatrix}$$

对于例 3.18，我们求 e^{At}。因为

$$At=P\begin{bmatrix}2t&0&0\\0&-t&0\\0&t&-t\end{bmatrix}P^{-1}$$

而

$$J_1(2)t=2t$$

$$J_2(-1)t=\begin{bmatrix}-1&0\\1&-1\end{bmatrix}t$$

所以

$$e^{J_1(2)t}=e^{2t}$$

$$e^{J_2(-1)t}=\begin{bmatrix}e^{-t}&0\\te^{-t}&e^{-t}\end{bmatrix}$$

$$\begin{aligned}e^{At}&=\frac{1}{9}\begin{bmatrix}1&1&1\\2&0&-1\\4&-1&1\end{bmatrix}\begin{bmatrix}e^{2t}&0&0\\0&e^{-t}&0\\0&te^{-t}&e^{-t}\end{bmatrix}\begin{bmatrix}1&2&1\\6&3&-3\\2&-5&-2\end{bmatrix}\\&=\frac{1}{9}\begin{bmatrix}e^{2t}+(8+6t)e^{-t}&2e^{2t}+(3t-2)e^{-t}&e^{2t}-(3t+1)e^{-t}\\2e^{2t}-(2+6t)e^{-t}&4e^{2t}+(5-3t)e^{-t}&2e^{2t}+(3t-2)e^{-t}\\4e^{2t}+(6t-4)e^{-t}&8e^{2t}+(3t-8)e^{-t}&4e^{2t}+(5-3t)e^{-t}\end{bmatrix}\end{aligned}$$

3.6.3 矩阵函数的多项式表示

下面介绍利用最小多项式求矩阵函数的计算方法。

定义 3.17 设 n 阶方阵 $\boldsymbol{A}$ 的最小多项式为

$$\varphi(\lambda)=(\lambda-\lambda_1)^{m_1}(\lambda-\lambda_2)^{m_2}\cdots(\lambda-\lambda_s)^{m_s}$$

其中，λ_1，λ_2，…，λ_s为 $\boldsymbol{A}$ 的相异特征值，$m_1+m_2+\cdots+m_s\leqslant n$。如果复变量函数$f(z)$及其各阶导数$f^{(l)}(z)$在 $z=\lambda_j(j=1,2,\cdots,s)$ 处的值，即

$$f^{(l)}(\lambda_j)\quad(j=1,2,\cdots,s;\ l=0,1,2,\cdots,m_j-1)$$

均为有限值，则称函数$f(z)$在方阵 $\boldsymbol{A}$ 的谱上给定，并称这些值为$f(z)$在 $\boldsymbol{A}$ 上的谱值。

定理 3.16 设 n 阶方阵 $\boldsymbol{A}$ 的最小多项式为

$$\varphi(\lambda)=(\lambda-\lambda_1)^{m_1}(\lambda-\lambda_2)^{m_2}\cdots(\lambda-\lambda_s)^{m_s}$$

其中，λ_1，λ_2，…，λ_s相异，且 $m_1+m_2+\cdots+m_s\leqslant n$，而

$$f(\boldsymbol{A})=\sum_{k=0}^{\infty}c_k\boldsymbol{A}^k$$

是 $\boldsymbol{A}$ 的收敛级数，则 $f(\boldsymbol{A})$ 可唯一地表示成 $\boldsymbol{A}$ 的次数不超过 $n-1$ 的多项式 $T(\boldsymbol{A})$，且

$$f^{(l)}(\lambda_j)=T^{(l)}(\lambda_j)\quad(j=1,2,\cdots,s;\ l=0,1,2,\cdots,m_j-1)$$

即 $f(\lambda)$ 与 $T(\lambda)$ 在方阵 $\boldsymbol{A}$ 上谱值相等。

例 3.19 利用最小多项式计算例 3.16 中对应的 $\mathrm{e}^{\boldsymbol{A}t}$。

解 由例 3.16 中的最小多项式为

$$\varphi(\lambda)=\lambda(\lambda+2)$$

且 $\det|\lambda\boldsymbol{E}-\boldsymbol{A}|=\lambda(\lambda+2)$，故 $\mathrm{e}^{\boldsymbol{A}t}$可以表示成 $\boldsymbol{A}$ 的一次多项式，设

$$\mathrm{e}^{\boldsymbol{A}t}=a_0(t)\boldsymbol{E}+a_1(t)\boldsymbol{A}=T(\boldsymbol{A}t)$$

或

$$T(\lambda t)=a_0(t)+a_1(t)\lambda,\ f(\lambda t)=\mathrm{e}^{\lambda t}$$

计算谱值，得

$$\begin{cases}a_0(t)+a_1(t)\lambda_1=\mathrm{e}^{\lambda_1 t}\\ a_0(t)+a_1(t)\lambda_2=\mathrm{e}^{\lambda_2 t}\end{cases}$$

代入 $\lambda_1=0$，$\lambda_2=-2$，得

$$\begin{cases}a_0(t)=1\\ a_0(t)-2a_1(t)=\mathrm{e}^{-2t}\end{cases}$$

解方程组，求出

$$a_0(t)=1,\quad a_1(t)=\frac{1}{2}(1-\mathrm{e}^{-2t})$$

于是

$$\mathrm{e}^{\boldsymbol{A}t}=\boldsymbol{E}+\frac{1}{2}(1-\mathrm{e}^{-2t})\boldsymbol{A}=\begin{bmatrix}1&0\\0&1\end{bmatrix}+\frac{1}{2}(1-\mathrm{e}^{-2t})\begin{bmatrix}0&1\\0&-2\end{bmatrix}$$

$$=\begin{bmatrix}1&\frac{1}{2}(1-\mathrm{e}^{-2t})\\0&\mathrm{e}^{-2t}\end{bmatrix}$$

例 3.20 计算 $\boldsymbol{A}^{100}$，其中

$$\boldsymbol{A}=\begin{bmatrix}5 & -4\\4 & -3\end{bmatrix}$$

解 $f(\boldsymbol{A})=\boldsymbol{A}^{100}$，$f(\lambda)=\lambda^{100}$，因为

$$|\lambda\boldsymbol{E}-\boldsymbol{A}|=\begin{vmatrix}\lambda-5 & 4\\-4 & \lambda+3\end{vmatrix}=(\lambda-1)^2$$

由于 $\lambda-1$ 不是 $\boldsymbol{A}$ 的零化多项式，故 $\boldsymbol{A}$ 的最小多项式为

$$\varphi(\lambda)=(\lambda-1)^2$$

故可设 $T(\boldsymbol{A})$ 为 $\boldsymbol{A}$ 的一次多项式，有

$$\boldsymbol{A}^{100}=a_0\boldsymbol{E}+a_1\boldsymbol{A}=T(\boldsymbol{A})$$

则

$$T(\lambda)=a_0+a_1\lambda$$

计算 $f(\lambda)$ 与 $T(\boldsymbol{A})$ 在 $\boldsymbol{A}$ 上的谱值，得

$$\begin{cases}a_0+a_1\lambda_1=f(\lambda_1)\\a_1=f'(\lambda_1)\end{cases}\quad\text{或}\quad\begin{cases}a_0+a_1=1^{100}\\a_1=100\times1^{99}\end{cases}$$

解方程组，得

$$a_0=-99,\quad a_1=100$$

即

$$\boldsymbol{A}^{100}=100\boldsymbol{A}-99\boldsymbol{E}=\begin{bmatrix}401 & -400\\400 & -399\end{bmatrix}$$

例 3.21 设 4 阶矩阵 $\boldsymbol{A}$ 的特征值为 $-\pi$，π，0，0，求 $\cos\boldsymbol{A}$。

解 由题设可知 $\boldsymbol{A}$ 的特征多项式为

$$f(\lambda)=|\lambda\boldsymbol{E}-\boldsymbol{A}|=\lambda^2(\lambda+\pi)(\lambda-\pi)=\lambda^4-\lambda^2\pi^2$$

设 $\varphi(\lambda)=\cos\lambda=a+b\lambda+c\lambda^2+d\lambda^3$，则

$$\begin{cases}\varphi(0)=a=\cos0=1\\\varphi'(0)=b=-\sin0=0\\\varphi(\pi)=a+b\pi+c\pi^2+d\pi^3=\cos\pi=-1\\\varphi(-\pi)=a-b\pi+c\pi^2-d\pi^3=\cos(-\pi)=-1\end{cases}$$

解得

$$a=1,\quad b=0,\quad c=-\frac{2}{\pi^2},\quad d=0$$

故

$$\cos\boldsymbol{A}=\boldsymbol{E}-\frac{2}{\pi^2}\boldsymbol{A}^2$$

习题一

1. 检验下列集合对指定的线性运算是否构成线性空间：

(1) $\mathbf{R}$ 为实数域，$\mathbf{V}$ 为全体正实数组成的集合，定义 $\boldsymbol{a}\oplus\boldsymbol{b}=\boldsymbol{ab}$，$k\cdot\boldsymbol{a}=\boldsymbol{a}^k$。

(2)数域 F 上二维向量的全体构成的集合 $\mathbf{V}$，定义运算：$(a_1,b_1)\oplus(a_2,b_2)=(a_1+a_2,0)$，$k\cdot(a_1,b_1)=(ka_1,0)$。验证 $\mathbf{V}$ 对于这两种运算不能构成数域 F 上的线性空间。

(3) $\mathbf{R}$ 为实数域，$\mathbf{V}=\{\boldsymbol{\alpha}=(a_1,a_2)\mid a_i\in\mathbf{R}\}$ 是 $\mathbf{R}$ 上的线性空间，定义 $\boldsymbol{\alpha}\oplus\boldsymbol{\beta}=(a_1+b_1,a_2+b_2+a_1b_1)$，$k\cdot\boldsymbol{\alpha}=(ka_1,ka_2+\frac{1}{2}k(k-1)a_1^2)$。

(4)在实数域上，$\mathbf{V}=\left\{y(t)\;\middle|\;\frac{\mathrm{d}^2y(t)}{\mathrm{d}t^2}-y(t)=0\right\}$ 对于通常的函数加法与数乘运算。

2. (1)在 $\mathbf{R}^4$ 中求向量 $\boldsymbol{\alpha}=(1,2,1,1)^{\mathrm{T}}$ 在基 $\boldsymbol{\varepsilon}_1=(1,1,1,1)^{\mathrm{T}}$，$\boldsymbol{\varepsilon}_2=(1,1,-1,-1)^{\mathrm{T}}$，$\boldsymbol{\varepsilon}_3=(1,-1,1,-1)^{\mathrm{T}}$，$\boldsymbol{\varepsilon}_4=(1,-1,-1,1)^{\mathrm{T}}$ 下的坐标。

(2)在 $\mathbf{R}^4$ 中求向量 $\boldsymbol{\alpha}=(0,0,0,1)^{\mathrm{T}}$ 在基 $\boldsymbol{\varepsilon}_1=(1,1,0,1)^{\mathrm{T}}$，$\boldsymbol{\varepsilon}_2=(2,1,3,1)^{\mathrm{T}}$，$\boldsymbol{\varepsilon}_3=(1,1,0,0)^{\mathrm{T}}$，$\boldsymbol{\varepsilon}_4=(0,1,-1,-1)^{\mathrm{T}}$ 下的坐标。

3. 已知 $f(x)=x^2+x+1\in\mathbf{R}[x]_2$，求 $f(x)$ 在基 1，$x-1$，$(x-1)(x-2)$ 下的坐标。

4. 给定 $\mathbf{R}^3$ 的两组基：

Ⅰ：$\boldsymbol{\alpha}_1=(1,-1,1)^{\mathrm{T}}$，$\boldsymbol{\alpha}_2=(0,1,-1)^{\mathrm{T}}$，$\boldsymbol{\alpha}_3=(0,0,-1)^{\mathrm{T}}$

Ⅱ：$\boldsymbol{\beta}_1=(1,-1,1)^{\mathrm{T}}$，$\boldsymbol{\beta}_2=(0,1,1)^{\mathrm{T}}$，$\boldsymbol{\beta}_3=(1,0,1)^{\mathrm{T}}$

求由基Ⅰ到Ⅱ的过渡矩阵。

5. $f(x)=5x^3+3x^2+x+2\in\mathbf{R}[x]_3$，求：

(1) $f(x)$ 在基Ⅰ：1，$x-1$，$(x-1)^2$，$(x-1)^3$ 下的坐标；

(2) 基Ⅰ：1，$x-1$，$(x-1)^2$，$(x-1)^3$）到基Ⅱ：1，$x+1$，$(x+1)^2$，$(x+1)^3$ 的过渡矩阵；

(3) $f(x)$ 在基Ⅱ：1，$x+1$，$(x+1)^2$，$(x+1)^3$ 下的坐标。

6. 判断下列变换是不是线性变换。

(1) 在线性空间 $\mathbf{V}$ 中，定义 $\boldsymbol{\sigma}(\boldsymbol{\alpha})=\boldsymbol{\alpha}_0$ $(\boldsymbol{\alpha}\in\mathbf{V})$，其中 $\boldsymbol{\alpha}_0$ 是 $\mathbf{V}$ 中一个固定的向量；

(2) 在 $\mathbf{R}^3$ 中定义 $\boldsymbol{\sigma}(a_1,a_2,a_3)^{\mathrm{T}}=(a_1^2,a_2+a_3,a_3)^{\mathrm{T}}$；

(3) 在 $\mathbf{R}^4$ 中定义 $\boldsymbol{\sigma}(a_1,a_2,a_3,a_4)^{\mathrm{T}}=(a_1+a_2,a_2+a_3,a_3+a_4,a_4)^{\mathrm{T}}$。

7. 在 $\mathbf{R}^3$ 中，线性变换 $\boldsymbol{\sigma}$ 为 $\boldsymbol{\sigma}(x_1,x_2,x_3)^{\mathrm{T}}=(2x_1-x_2,x_2-x_3,x_2+x_3)^{\mathrm{T}}$，求 $\boldsymbol{\sigma}$ 在基 $\boldsymbol{\varepsilon}_1=(1,0,0)^{\mathrm{T}}$，$\boldsymbol{\varepsilon}_2=(0,1,0)^{\mathrm{T}}$，$\boldsymbol{\varepsilon}_3=(0,0,1)^{\mathrm{T}}$ 及基 $\boldsymbol{\varepsilon}_1'=(1,1,0)^{\mathrm{T}}$，$\boldsymbol{\varepsilon}_2'=(0,1,1)^{\mathrm{T}}$，$\boldsymbol{\varepsilon}_3'=(0,0,1)^{\mathrm{T}}$ 下的矩阵。

8. 在 $\mathbf{R}^3$ 中，线性变换 σ 在基 $\boldsymbol{\varepsilon}_1$，$\boldsymbol{\varepsilon}_2$，$\boldsymbol{\varepsilon}_3$ 下的矩阵为 $\begin{bmatrix}1&2&3\\-1&0&3\\2&1&5\end{bmatrix}$，求 $\boldsymbol{\sigma}$ 在基 $\boldsymbol{\beta}_1=\boldsymbol{\varepsilon}_1$，$\boldsymbol{\beta}_2=\boldsymbol{\varepsilon}_1+\boldsymbol{\varepsilon}_2$，$\boldsymbol{\beta}_3=\boldsymbol{\varepsilon}_1+\boldsymbol{\varepsilon}_2+\boldsymbol{\varepsilon}_3$ 下的矩阵。

9. 在 $\mathbf{R}[x]_3$ 中，线性变换 $f(x)=a_0+a_1x+a_2x^2+a_3x^3$，求 σ 在基 1，x，x^2，x^3 下的矩阵。

10. 设 $\mathbf{V}$ 是实数域 $\mathbf{R}$ 上的 n 维线性空间，$\boldsymbol{\varepsilon}_1$，$\boldsymbol{\varepsilon}_2$，…，$\boldsymbol{\varepsilon}_n$ 是 $\mathbf{V}$ 的一组基，对于任意的 $\boldsymbol{\alpha}$，$\boldsymbol{\beta}\in\mathbf{V}$ 有 $\boldsymbol{\alpha}=a_1\boldsymbol{\varepsilon}_1+a_2\boldsymbol{\varepsilon}_2+\cdots+a_n\boldsymbol{\varepsilon}_n$，$\boldsymbol{\beta}=b_1\boldsymbol{\varepsilon}_1+b_2\boldsymbol{\varepsilon}_2+\cdots+b_n\boldsymbol{\varepsilon}_n$。定义 $\boldsymbol{\alpha}$，$\boldsymbol{\beta}$ 的内积为 $(\boldsymbol{\alpha},\boldsymbol{\beta})=a_1b_1+$

$2a_2b_2+\cdots+na_nb_n$。试验证 **V** 对这个内积构成一个欧氏空间。

11. 设 $\boldsymbol{\varepsilon}_1$，$\boldsymbol{\varepsilon}_2$，$\boldsymbol{\varepsilon}_3$ 是三维欧氏空间 V 的一组标准正交基。$\boldsymbol{\varepsilon}_1=\frac{1}{\sqrt{3}}(1,1,1)^{\mathrm{T}}$，$\boldsymbol{\varepsilon}_2=\frac{1}{\sqrt{2}}(1,-1,0)^{\mathrm{T}}$，求 $\boldsymbol{\varepsilon}_3$。

12. 在欧氏空间 $\mathbf{R}^4$ 中，$(1,1,0,0)^{\mathrm{T}}$，$(0,0,1,1)^{\mathrm{T}}$，$(1,0,0,-1)^{\mathrm{T}}$，$(0,1,1,0)^{\mathrm{T}}$是一组基，利用施密特正交标准化的方法求一组标准正交基。

13. 求下列 λ-矩阵的史密斯标准形。

(1) $\begin{bmatrix}\lambda^3-\lambda & 2\lambda^2\\ \lambda^2+5\lambda & 3\lambda\end{bmatrix}$；　(2) $\begin{bmatrix}\lambda-a & -1 & 0\\ 0 & \lambda-a & -1\\ 0 & 0 & \lambda-a\end{bmatrix}$；

(3) $\begin{bmatrix}\lambda^2+\lambda & 0 & 0\\ 0 & \lambda & 0\\ 0 & 0 & \lambda+1\end{bmatrix}$；　(4) $\begin{bmatrix}0 & \lambda(\lambda-1) & 0\\ \lambda & 0 & \lambda+1\\ 0 & 0 & -\lambda-2\end{bmatrix}$

14. 设 $\boldsymbol{A}(\lambda)$ 为 5×6 阶 λ-矩阵，秩为 4，初等因子为

$$\lambda,\ \lambda,\ \lambda^2,\ \lambda-1,\ (\lambda-1)^2,\ (\lambda-1)^3,\ (\lambda+i)^3,\ (\lambda-i)^3$$

求 $\boldsymbol{A}(\lambda)$ 的不变因子、行列式因子及史密斯标准形。

15. 求下列矩阵的不变因子、初等因子、约当标准形和最小多项式。

(1) $\begin{bmatrix}3 & 7 & -3\\ -2 & -5 & 2\\ -4 & -10 & 3\end{bmatrix}$；　(2) $\begin{bmatrix}4 & 1 & 1\\ 0 & 3 & 0\\ -1 & 0 & 2\end{bmatrix}$

16. 求下列矩阵的初等因子、约当标准形和最小多项式。

(1) $\begin{bmatrix}1 & 2 & 3 & 4\\ 0 & 1 & 2 & 3\\ 0 & 0 & 1 & 2\\ 0 & 0 & 0 & 1\end{bmatrix}$；　(2) $\begin{bmatrix}3 & 0 & 0 & 0\\ 1 & 3 & 0 & 0\\ 0 & 0 & 1 & -1\\ 0 & 0 & 0 & 2\\ 0 & 0 & 1 & 1\end{bmatrix}$

17. 求下列矩阵的有理标准形。

(1) $\begin{bmatrix}0 & 1 & 1\\ 1 & 0 & 1\\ 1 & 1 & 0\end{bmatrix}$；　(2) $\begin{bmatrix}-a & -b & -1 & 0\\ b & -a & 0 & -1\\ 0 & 0 & -a & -b\\ 0 & 0 & b & -a\end{bmatrix}$

18. 设矩阵 $\boldsymbol{A}$ 分别为

$$\begin{bmatrix}7 & 4\\ -9 & -5\end{bmatrix},\begin{bmatrix}3 & 1 & -1\\ 2 & 2 & -1\\ 2 & 2 & 0\end{bmatrix},\begin{bmatrix}1 & -1 & 0\\ 0 & 2 & 0\\ 1 & 2 & 2\end{bmatrix},\begin{bmatrix}-3 & 3 & -1\\ -7 & 6 & -1\\ 1 & -1 & 3\end{bmatrix}$$

求：(1) 约当标准形 $\boldsymbol{J}$；

(2) 相似变换矩阵 $\boldsymbol{P}$，使得 $\boldsymbol{P}^{-1}\boldsymbol{AP}=\boldsymbol{J}$，并对第一个矩阵求 $\boldsymbol{A}^k$。

19. 下列的 $f(\lambda)$，$m_A(\lambda)$ 分别表示方阵 $\boldsymbol{A}$ 的特征多项式和最小多项式，试确定 $\boldsymbol{A}$ 的约当标准形的可能形状：

(1) $f(\lambda)=(\lambda-2)^4(\lambda-3)^2$，$m_A(\lambda)=(\lambda-2)^2(\lambda-3)^2$；

(2) $f(\lambda)=(\lambda-3)^3(\lambda-5)^3$, $m_A(\lambda)=(\lambda-3)^2(\lambda-5)$；

(3) $f(\lambda)=(\lambda-1)^3(\lambda+2)^2$, $m_A(\lambda)=(\lambda-1)^2(\lambda+2)^2$；

(4) $f(\lambda)=(\lambda-1)^3(\lambda-2)^2$, $m_A(\lambda)=(\lambda-1)^2(\lambda-2)$；

(5) $f(\lambda)=(\lambda-3)^2(\lambda+2)^2$, $m_A(\lambda)=(\lambda-3)^2(\lambda+2)$。

20. 试计算：(1) $2\boldsymbol{A}^8-3\boldsymbol{A}^5+\boldsymbol{A}^4+\boldsymbol{A}^2-4\boldsymbol{E}$;

(2) $\boldsymbol{B}^4-2\boldsymbol{B}^3+\boldsymbol{B}-\boldsymbol{E}$，其中

$$\boldsymbol{A}=\begin{bmatrix}1&0&2\\0&-1&1\\0&1&1\end{bmatrix},\quad \boldsymbol{B}=\begin{bmatrix}2&0&0\\1&1&1\\1&-1&3\end{bmatrix}$$

21. 设方阵 $\boldsymbol{A}$ 的最小多项式为 $\lambda^2-6\lambda+7$。证明：

$$\varphi(\boldsymbol{A})=2\boldsymbol{A}^4-12\boldsymbol{A}^3+19\boldsymbol{A}^2-29\boldsymbol{A}+37\boldsymbol{E}$$

可逆,并将其逆矩阵表示成 $\boldsymbol{A}$ 的多项式。

22. 如果 n 阶方阵 $\boldsymbol{A}$ 满足 $\boldsymbol{A}^2+\boldsymbol{A}=2\boldsymbol{E}$。证明：$\boldsymbol{A}$ 与对角矩阵相似。

23. 证明：幂等矩阵 $\boldsymbol{A}$（满足 $\boldsymbol{A}^2=\boldsymbol{A}$）与对角矩阵相似，且 $\boldsymbol{A}\sim\mathrm{diag}(\boldsymbol{E}_r,\boldsymbol{O})$，其中$R(\boldsymbol{A})=r$。

24. 设 n 阶方阵 $\boldsymbol{A}$ 满足 $\boldsymbol{A}^m=\boldsymbol{E}$（$m$ 是正整数）。证明：$\boldsymbol{A}$ 与对角矩阵相似。

25. 对于任何一种向量范数 $|x|$，求证 $\big||x|-|y|\big|\leqslant|x-y|$。

26. 设$\|\boldsymbol{X}\|_a$，$\|\boldsymbol{X}\|_b$是 $\mathbf{C}^n$ 上的两个向量范数，α_1，α_2是正实数，证明：

$$\|\boldsymbol{X}\|_c=\max\{\|\boldsymbol{X}\|_a,\|\boldsymbol{Y}\|_b\}$$
$$\|\boldsymbol{X}\|_d=\alpha_1\|\boldsymbol{X}\|_a+\alpha_2\|\boldsymbol{Y}\|_b$$

都是 $\mathbf{C}^n$ 中向量范数。

27. 设向量 $\boldsymbol{X}=(-1,i,0,1)^{\mathrm{T}}$，求$\|\boldsymbol{X}\|_1$，$\|\boldsymbol{X}\|_2$，$\|\boldsymbol{X}\|_\infty$，$\|\boldsymbol{X}\boldsymbol{X}^{\mathrm{T}}\|_F$，$\|\boldsymbol{X}\boldsymbol{X}^{\mathrm{T}}\|_\infty$。

28. 设矩阵 $\boldsymbol{A}=\begin{bmatrix}1&-4&-1&-4\\2&0&5&-4\\-1&1&-2&3\\-1&4&-1&5\end{bmatrix}$，求$\|\boldsymbol{A}\|_F$，$\|\boldsymbol{A}\|_1$，$\|\boldsymbol{A}\|_\infty$。

29. 设函数矩阵 $\boldsymbol{A}(t)=\begin{bmatrix}\sin t&\cos t&t\\\dfrac{\sin t}{t}&\mathrm{e}^t&t^2\\1&0&t^3\end{bmatrix}$，计算：

(1) $\lim\limits_{t\to0}\boldsymbol{A}(t)$；

(2) $\dfrac{\mathrm{d}}{\mathrm{d}t}\boldsymbol{A}(t)$，$\dfrac{\mathrm{d}^2}{\mathrm{d}t^2}\boldsymbol{A}(t)$，$\dfrac{\mathrm{d}}{\mathrm{d}t}\det\boldsymbol{A}(t)$，$\det\dfrac{\mathrm{d}}{\mathrm{d}t}\boldsymbol{A}(t)$。

30. 设函数矩阵 $\boldsymbol{A}(x)=\begin{bmatrix}\mathrm{e}^{2x}&x\mathrm{e}^x&1\\\mathrm{e}^{-x}&2\mathrm{e}^{2x}&0\\3x&0&0\end{bmatrix}$，计算 $\int_0^1\boldsymbol{A}(x)\,\mathrm{d}x$ 和$\int\boldsymbol{A}(x)\,\mathrm{d}x$。

31. 判断矩阵列的敛散性。

(1) $\boldsymbol{A}_k=\begin{bmatrix}\dfrac{3k^3+1}{k^3}&\dfrac{\sin k^{-1}}{k^{-1}}\\\dfrac{\sin k}{k}&\dfrac{k^2+1}{k^2}\end{bmatrix}$；　(2) $\boldsymbol{B}_k=\begin{bmatrix}\dfrac{(-1)^k}{2^k}&1\\2^k&(-1)^k\end{bmatrix}$

32. 判断下列矩阵是否为收敛矩阵：

（1）$A=\begin{bmatrix}0.2 & -0.1 & 0.2\\ 0.5 & 0.5 & 0.4\\ 0.1 & 0.3 & 0.2\end{bmatrix}$；（2）$B=\begin{bmatrix}\frac{1}{6} & -\frac{4}{3}\\ -\frac{1}{3} & \frac{1}{6}\end{bmatrix}$

33. 判别矩阵幂级数的敛散性。

（1）$\sum\limits_{m=0}^{\infty}\frac{1}{m^2}\begin{bmatrix}1 & 3\\ 2 & 2\end{bmatrix}^m$；（2）$\sum\limits_{m=0}^{\infty}\frac{m}{5^m}\begin{bmatrix}1 & 3\\ 2 & 2\end{bmatrix}^m$

34. 对下列方阵 A，求方阵函数 e^{At}。

（1）$A=\begin{bmatrix}0 & -1\\ 4 & 4\end{bmatrix}$（2）$A=\begin{bmatrix}3 & 0 & 0\\ 1 & -2 & 3\\ 0 & -3 & 4\end{bmatrix}$；

（3）$A=\begin{bmatrix}-2 & 1 & 0\\ 0 & -2 & 1\\ 0 & 0 & -2\end{bmatrix}$；（4）$A=\begin{bmatrix}3 & 0 & 0\\ 0 & -2 & 1\\ 0 & 0 & -2\end{bmatrix}$

35. 设 4 阶方阵 A 的特征值为 0，0，1，-1，求 $\sin(At)$。

$$A=\begin{bmatrix}0 & 0 & -2\\ 0 & 1 & 0\\ 1 & 0 & 3\end{bmatrix}$$

【习题一答案】

1. （1）能；（2）不能；（3）能；（4）能

2. （1）$\left(\frac{5}{4}\quad \frac{1}{4}\quad -\frac{1}{4}\quad -\frac{1}{4}\right)^{\mathrm{T}}$；（2）$(1\quad 0\quad -1\quad 0)^{\mathrm{T}}$

3. $(3\quad 4\quad 1)^{\mathrm{T}}$

4. $\begin{bmatrix}1 & 0 & 1\\ 0 & 1 & 1\\ 0 & -2 & -1\end{bmatrix}$

5. （1）$(11\quad 22\quad 18\quad 5)^{\mathrm{T}}$；（2）$\begin{bmatrix}1 & 2 & 4 & 8\\ 0 & 1 & 4 & 12\\ 0 & 0 & 1 & 6\\ 0 & 0 & 0 & 1\end{bmatrix}$；（3）$(-1\quad 10\quad -12\quad 5)^{\mathrm{T}}$

6. （1）当 $\boldsymbol{\alpha}_0=\mathbf{0}$ 时，是线性变换，当 $\boldsymbol{\alpha}_0\neq\mathbf{0}$ 时，不是线性变换；（2）不是；（3）是

7. $\begin{bmatrix}2 & -1 & 0\\ 0 & 1 & -1\\ 0 & 1 & 1\end{bmatrix}$，$\begin{bmatrix}1 & -1 & 0\\ 0 & 1 & -1\\ 1 & 1 & 2\end{bmatrix}$

8. $\begin{bmatrix}2 & 4 & 4\\ -3 & -4 & -6\\ 2 & 3 & 8\end{bmatrix}$

9. $\begin{bmatrix}1 & -1 & 0 & 0\\ 0 & 1 & -1 & 0\\ 0 & 0 & 1 & -1\\ -1 & 0 & 0 & 1\end{bmatrix}$

11. $\boldsymbol{\varepsilon}_3 = \pm\frac{1}{\sqrt{6}}(1 \quad 1 \quad -2)^{\mathrm{T}}$

12. $\frac{1}{\sqrt{2}}(1 \quad 1 \quad 0 \quad 0)^{\mathrm{T}}$，$\frac{1}{\sqrt{2}}(0 \quad 0 \quad 1 \quad 1)^{\mathrm{T}}$，$\frac{1}{2}(1 \quad -1 \quad 1 \quad -1)^{\mathrm{T}}$，$\frac{1}{2}(-1 \quad 1 \quad 1 \quad -1)^{\mathrm{T}}$

13. (1) $\begin{bmatrix} \lambda & \\ & \lambda(\lambda^2-10\lambda-3) \end{bmatrix}$；(2) $\begin{bmatrix} 1 & & \\ & 1 & \\ & & (\lambda-a)^3 \end{bmatrix}$

(3) $\begin{bmatrix} 1 & & \\ & \lambda(\lambda+1) & \\ & & \lambda(\lambda+1)^2 \end{bmatrix}$；(4) $\begin{bmatrix} 1 & & \\ & \lambda & \\ & & \lambda(\lambda-1)(\lambda-2) \end{bmatrix}$

14. 不变因子：

$d_4(\lambda)=\lambda^2(\lambda-1)^3(\lambda+i)^3(\lambda-i)^3$，$d_3(\lambda)=\lambda(\lambda-1)^2$，$d_2(\lambda)=\lambda(\lambda-1)$，$d_1(\lambda)=1$；

行列式因子：

$D_1(\lambda)=1$，$D_2(\lambda)=\lambda(\lambda-1)$，$D_3(\lambda)=\lambda^2(\lambda-1)^3$，$D_4(\lambda)=\lambda^4(\lambda-1)^6(\lambda+i)^3(\lambda-i)^3$；

史密斯标准形：$\begin{bmatrix} 1 & & & & \\ & \lambda(\lambda-1) & & & \\ & & \lambda(\lambda-1)^2 & & \\ & & & \lambda^2(\lambda-1)^3(\lambda+i)^3(\lambda-i)^3 & \\ & & & 0 & 0 \end{bmatrix}$

15. (1) 不变因子：$\varphi_3(\lambda)=(\lambda-1)(\lambda+i)(\lambda-i)$，$\varphi_2(\lambda)=\varphi_1(\lambda)=1$；

初等因子：$(\lambda-1)$，$(\lambda+i)$，$(\lambda-i)$；

约当标准形：$\begin{bmatrix} 1 & & \\ & i & \\ & & -i \end{bmatrix}$；最小多项式：$(\lambda-1)(\lambda^2+1)$

(2) 不变因子：$\varphi_3(\lambda)=(\lambda-3)^3$，$\varphi_2(\lambda)=\varphi_1(\lambda)=1$；

初等因子：$(\lambda-3)^3$；约当标准形：$\begin{bmatrix} 3 & 1 & \\ & 3 & 1 \\ & & 3 \end{bmatrix}$；最小多项式：$(\lambda-3)^3$

16. (1) 初等因子：$(\lambda-1)^4$；约当标准形：$\begin{bmatrix} 1 & 1 & & \\ & 1 & 1 & \\ & & 1 & 1 \\ & & & 1 \end{bmatrix}$；最小多项式：$(\lambda-1)^4$

(2) 初等因子：$(\lambda-3)^2$，$(\lambda-1)$，$(\lambda-2)$，$(\lambda-2)$；

约当标准形：$\begin{bmatrix} 3 & 1 & & & \\ & 3 & & & \\ & & 1 & & \\ & & & 2 & \\ & & & & 2 \end{bmatrix}$；最小多项式：$(\lambda-3)^2(\lambda-1)(\lambda-2)$

17. (1) $\begin{bmatrix} -1 & 0 & 0 \\ 0 & 0 & 2 \\ 0 & 1 & 1 \end{bmatrix}$；(2) $\begin{bmatrix} 0 & -1 & 0 & 0 \\ 1 & -2 & 0 & 0 \\ 0 & 0 & 0 & -1 \\ 0 & 0 & 1 & -2 \end{bmatrix}$

18. (1) $\boldsymbol{J}=\begin{bmatrix}1&1\\0&1\end{bmatrix}$, $\boldsymbol{P}=\begin{bmatrix}2&-1\\-3&2\end{bmatrix}$, $\boldsymbol{A}^k=\begin{bmatrix}1+6k&4k\\-9k&1-6k\end{bmatrix}$;

(2) $\boldsymbol{J}=\begin{bmatrix}1&&\\&2&1\\&&2\end{bmatrix}$, $\boldsymbol{P}=\begin{bmatrix}1&1&1\\0&1&1\\2&2&1\end{bmatrix}$;

(3) $\boldsymbol{J}=\begin{bmatrix}1&&\\&2&1\\&&2\end{bmatrix}$, $\boldsymbol{P}=\begin{bmatrix}-1&0&-1\\0&0&1\\1&1&0\end{bmatrix}$;

(4) $\boldsymbol{J}=\begin{bmatrix}2&1&\\&2&1\\&&2\end{bmatrix}$, $\boldsymbol{P}=\begin{bmatrix}1&-2&1\\2&-3&1\\1&0&0\end{bmatrix}$

19. (1) $\boldsymbol{J}=\begin{bmatrix}2&1&&&&\\&2&&&&\\&&2&1&&\\&&&2&&\\&&&&3&1\\&&&&&3\end{bmatrix}$ 或 $\boldsymbol{J}=\begin{bmatrix}2&1&&&&\\&2&&&&\\&&2&&&\\&&&2&&\\&&&&3&1\\&&&&&3\end{bmatrix}$;

(2) $\boldsymbol{J}=\begin{bmatrix}3&1&&&&\\&3&&&&\\&&3&&&\\&&&5&&\\&&&&5&\\&&&&&5\end{bmatrix}$; (3) $\boldsymbol{J}=\begin{bmatrix}1&&&&\\&1&1&&\\&&1&&\\&&&-2&1\\&&&&-2\end{bmatrix}$;

(4) $\boldsymbol{J}=\begin{bmatrix}1&&&&\\&1&1&&\\&&1&&\\&&&2&\\&&&&2\end{bmatrix}$; (5) $\boldsymbol{J}=\begin{bmatrix}3&1&&\\&3&&\\&&-2&\\&&&-2\end{bmatrix}$

20. (1) $\begin{bmatrix}-3&50&76\\0&46&-12\\0&-12&22\end{bmatrix}$; (2) $\begin{bmatrix}1&0&0\\9&-8&9\\9&-9&10\end{bmatrix}$

21. $\varphi(\boldsymbol{A})=\boldsymbol{A}+2\boldsymbol{E}$, $\det[\varphi(\boldsymbol{A})]=23\neq0$, 故 $\varphi(\boldsymbol{A})$ 可逆;

$[\varphi(\boldsymbol{A})]^{-1}=(\boldsymbol{A}+2\boldsymbol{E})^{-1}=-\dfrac{1}{23}(\boldsymbol{A}-8\boldsymbol{E})$

27. 3, $\sqrt{3}$, 1, 3, 3

28. $\sqrt{137}$, 16, 11

29. (1) $\lim\limits_{t\to0}\boldsymbol{A}(t)=\begin{bmatrix}0&1&0\\1&1&0\\1&0&0\end{bmatrix}$;

(2) $\frac{\mathrm{d}}{\mathrm{d}t}\boldsymbol{A}(t)=\begin{bmatrix}\cos t & -\sin t & 1\\ \frac{t\cos t-\sin t}{t^2} & \mathrm{e}^t & 2t,\\ 0 & 0 & 3t^2\end{bmatrix}$，$\frac{\mathrm{d}^2}{\mathrm{d}t^2}\boldsymbol{A}(t)=\begin{bmatrix}-\sin t & -\cos t & 0\\ \frac{2\sin t-2t\cos t-t^2\sin t}{t^3} & \mathrm{e}^t & 2\\ 0 & 0 & 6t\end{bmatrix}$，

$\frac{\mathrm{d}}{\mathrm{d}t}\det\boldsymbol{A}(t)=\mathrm{e}^t[3t^2\sin t+t^3(\sin t+\cos t)-t-1]+t(2\cos t-t\sin t)-t(\sin 2t+t\cos 2t)$，

$\det\frac{\mathrm{d}}{\mathrm{d}t}\boldsymbol{A}(t)=3t^2\mathrm{e}^t\cos t+3\sin t(t\cos t-\sin t)$

30. $\int_0^1\boldsymbol{A}(x)\mathrm{d}x=\begin{bmatrix}\frac{1}{2}(\mathrm{e}^2-1) & 1 & 1\\ 1-\frac{1}{\mathrm{e}} & \mathrm{e}^2-1 & 0\\ \frac{3}{2} & 0 & 0\end{bmatrix}$，

$\int\boldsymbol{A}(x)\mathrm{d}x=\begin{bmatrix}\frac{1}{2}\mathrm{e}^{2x}+c_{11} & x\mathrm{e}^x-\mathrm{e}^x+c_{12} & x+c_{13}\\ -\mathrm{e}^{-x}+c_{21} & \mathrm{e}^{2x}+c_{22} & c_{23}\\ \frac{3}{2}x^2+c_{31} & c_{32} & c_{33}\end{bmatrix}$

31. (1) 收敛；(2) 发散

32. (1) $\boldsymbol{A}$ 是收敛矩阵；

(2) $\boldsymbol{B}$ 的特征值 $\lambda_1=\frac{5}{6}$，$\lambda_2=-\frac{1}{2}\Rightarrow\rho(\boldsymbol{B})=\frac{5}{6}<1$，$\boldsymbol{B}$ 是收敛矩阵

33. (1) 发散；(2) 收敛

34. (1) $\begin{bmatrix}(1-2t)\mathrm{e}^{2t} & -t\mathrm{e}^{2t}\\ 4t\mathrm{e}^{2t} & (1+2t)\mathrm{e}^{2t}\end{bmatrix}$；

(2) $\begin{bmatrix}\mathrm{e}^{2t} & 0 & 0\\ \frac{1}{4}\mathrm{e}^t(1+6t-\mathrm{e}^{2t}) & \mathrm{e}^t(1-3t) & 3t\mathrm{e}^t\\ \frac{3}{4}\mathrm{e}^2(1+2t-\mathrm{e}^{2t}) & -3t\mathrm{e}^t & (1+3t)\mathrm{e}^t\end{bmatrix}$；

(3) $\begin{bmatrix}\mathrm{e}^{-2t} & t\mathrm{e}^{-2t} & \frac{t^2}{2}\mathrm{e}^{-2t}\\ 0 & \mathrm{e}^{-2t} & t\mathrm{e}^{-2t}\end{bmatrix}$；(4) $\begin{bmatrix}\mathrm{e}^{3t} & 0 & 0\\ 0 & \mathrm{e}^{-2t} & t\mathrm{e}^{-2t}\\ 0 & 0 & \mathrm{e}^{-2t}\end{bmatrix}$

35. $\boldsymbol{A}\mathrm{t}+(\sin t-t)\boldsymbol{A}^3$

第二篇 运筹学

随着科学技术和生产的发展，运筹学已渗入很多学科领域里，并发挥了非常重要的作用。其应用已趋向研究大规模和复杂的问题，如部门计划、区域经济规划等，并且与系统工程的结合更加紧密。该篇主要研究线性规划及对偶理论，主要介绍线性规划的单纯形法及对偶理论，突出在实际问题中的应用。

4 线性规划问题及单纯形法

一般线性规划包含三个方面的特点：

（1）用一组决策变量 $X=(x_1, x_2, \cdots, x_n)^{\mathrm{T}}$ 表示某一方案，且决策变量取值非负；

（2）有一个要达到的目标，并且目标要求可以表示成决策变量的线性函数；

（3）有一组约束条件，这些约束条件可以用决策变量的线性等式或线性不等式来表示。

我们将约束条件和目标函数都是决策变量的线性函数的规划问题称为**线性规划**。有时也将线性规划问题简记为 LP（linear programming），其数学模型为

$$\max(\min) Z = c_1 x_1 + c_2 x_2 + \cdots + c_n x_n$$

$$\text{s.t.} \begin{cases} a_{11} x_1 + a_{12} x_2 + \cdots + a_{1n} x_n \leqslant (=, \geqslant) b_1 \\ a_{21} x_1 + a_{22} x_2 + \cdots + a_{2n} x_n \leqslant (=, \geqslant) b_2 \\ \cdots\cdots\cdots\cdots \\ a_{m1} x_1 + a_{m2} x_2 + \cdots + a_{mn} x_n \leqslant (=, \geqslant) b_m \\ x_i \geqslant 0 \quad (i=1,2,\cdots,n) \end{cases}$$

建立线性规划模型的步骤：

（1）确定决策变量：即需要做出决策或选择的量；

（2）找出所有限定条件：即决策变量所有受到的约束；

（3）建立目标函数：即问题所要达到的目标，明确是 max 还是 min。

4.1 线性规划问题的标准型

由前面可知，线性规划问题有各种不同的形式，目标函数有的要求 max，有的要求 min；约束条件可以是"≤"形式的不等式，也可以是"≥"形式的不等式，还可以是等式；

决策变量一般是非负约束，但也允许在($-\infty$, $+\infty$)范围内取值，即无约束。将这些多种形式的数学模型统一变换为标准形式，即

$$\max Z = c_1 x_1 + c_2 x_2 + \cdots + c_n x_n$$

$$\text{s.t}\begin{cases} a_{11} x_1 + a_{12} x_2 + \cdots + a_{1n} x_n = b_1 \\ a_{21} x_1 + a_{22} x_2 + \cdots + a_{2n} x_n = b_2 \\ \cdots\cdots \\ a_{m1} x_1 + a_{m2} x_2 + \cdots + a_{mn} x_n = b_m \\ x_i \geqslant 0 \ (i = 1, 2, \cdots, n) \end{cases}$$

特点：

(1) 目标函数求最大值(有时求最小值)。

(2) 约束条件都为等式方程，且右端常数项 b_i 都大于或等于零。

(3) 决策变量 x_j 为非负。

对于以上线性规划问题的标准型，令 $\boldsymbol{C} = (c_1 \quad c_2 \quad \cdots \quad c_n)$

$$\boldsymbol{X} = \begin{bmatrix} x_1 \\ \vdots \\ x_n \end{bmatrix}, \ \boldsymbol{P}_j = \begin{bmatrix} a_{1j} \\ \vdots \\ a_{mj} \end{bmatrix}, \ \boldsymbol{B} = \begin{bmatrix} b_1 \\ \vdots \\ b_m \end{bmatrix}, \ \boldsymbol{A} = \begin{bmatrix} a_{11} & \cdots & a_{1n} \\ \vdots & & \vdots \\ a_{m1} & \cdots & a_{mn} \end{bmatrix}$$

$$\max Z = \boldsymbol{CX}$$

线性规划问题标准型的向量形式为：$\begin{cases} \sum p_j x_j = \boldsymbol{B} \\ \boldsymbol{X} \geqslant 0 \end{cases}$

$$\max \boldsymbol{Z} = \boldsymbol{CX}$$

线性规划问题标准型的矩阵形式为：$\begin{cases} \boldsymbol{AX} = \boldsymbol{B} \\ \boldsymbol{X} \geqslant 0 \end{cases}$

一般型变换为标准型的问题。

(1) 若要求目标函数极小值，即 $\min Z = \boldsymbol{CX}$，这时只需将目标函数乘以(-1)，可化为求极大值问题，即令 $Z' = -\boldsymbol{CX}$。这就同标准型目标函数的形式一致了。即令 $Z' = -Z$，有 $\max Z' = -Z = -\sum c_j x_j$。

(2) 约束方程式为不等式。这里有两种情况：一种是约束方程式为"≤"不等式，则可在"≤"不等式的左端加入非负松弛变量，把原"≤"不等式变为等式；另一种是约束方程式为"≥"不等式，则可在"≥"不等式的左端减去一个非负剩余变量(也可称松弛变量)，把不等式约束条件变为等式约束条件。

$$\sum a_{ij} x_j \leqslant b_i \rightarrow \begin{matrix} \sum a_{ij} x_j + x_{n+i} = b_i, \\ x_{n+i} \geqslant 0 \end{matrix} \quad (x_{n+i}\text{称为松弛变量})$$

$$\sum a_{ij} x_j \geqslant b_i \rightarrow \begin{matrix} \sum a_{ij} x_j - x_{n+i} = b_i, \\ x_{n+i} \geqslant 0 \end{matrix} \quad (x_{n+i}\text{称为剩余变量})$$

(3) 变量的变换。

若存在取值无约束的变量 x_j，可令 $x_j = x_j' - x_j''$ (x_j' , $x_j'' \geqslant 0$)；

若存在取值非正的变量 x_j，可令 $x_j' = -x_j$ ($x_j' \geqslant 0$)。

例 4.1 将下列线性规划问题化为标准形式。

$$\min Z=-2x_1+x_2+3x_3$$

$$\begin{cases}5x_1+\ +x_2+x_3\leqslant 7\\ x_1-x_2-4x_3\geqslant 2\\ -3x_1+x_2-2x_3=-5\\ x_1,\ x_2\geqslant 0,\ x_3\ \text{无约束}\end{cases}$$

解

$$\max Z=2x_1-x_2-3(x'_3-x''_3)+0x_4+0x_5$$

$$\begin{cases}5x_1+x_2\ \ +(x_3'-x_3'')+x_4 & =7\\ x_1-x_2-4(x_3'-x_3'') \quad -x_5 & =2\\ 3x_1-x_2+2(x_3'-x_3'') & =5\\ x_1,\ x_2,\ x_3',\ x_3'',\ x_4,\ x_5\geqslant 0\end{cases}$$

4.2 线性规划问题的基本概念

由前面可知，一般线性规划问题的标准型为

$$\max Z=\sum_{j=1}^{n}c_j x_j \tag{1}$$

$$\text{s.t}\begin{cases}\sum\limits_{j=1}^{n}a_{ij}x_j=b_i\ (i=1,2,\cdots,m) & (2)\\ x_j\geqslant 0\ (j=1,2,\cdots,n) & (3)\end{cases}$$

1. 可行解和可行域

满足约束条件 (2) 及 (3) 的 $\boldsymbol{X}=(x_1,x_2,\cdots,x_n)^{\mathrm{T}}$，称为线性规划问题的可行解。所有可行解构成的集合称为线性规划问题的可行域。如果上述的 $\boldsymbol{X}=(x_1,x_2,\cdots,x_n)^{\mathrm{T}}$不存在，则称线性规划问题没有可行解。

2. 最优解

使目标函数取得最大值的可行解，称为线性规划问题的最优解。最优解对应的目标函数值，称为线性规划问题的最优值。

3. 基、基变量、非基变量

设 $\boldsymbol{A}$ 为约束条件(2)的 $m\times n$ 阶系数矩阵 ($m<n$)，其秩为 m，$\boldsymbol{B}$ 是矩阵 $\boldsymbol{A}$ 中 m 阶满秩子矩阵($|\boldsymbol{B}|\neq 0$)，称 $\boldsymbol{B}$ 是规划问题的一个基。

显然，一个线性规划问题的基的个数不会超过 C_n^m。由线性代数知识可知，若 $\boldsymbol{B}$ 是线性规划问题的一个基，则 $\boldsymbol{B}$ 一定是由 m 个线性无关的列向量组成的。为了确定起见，不失一般性，可设：

$$\boldsymbol{B}=\begin{bmatrix}a_{11} & \cdots & a_{1m}\\ \vdots & & \vdots\\ a_{m1} & \cdots & a_{mm}\end{bmatrix}=(p_1\quad\cdots\quad p_m)$$

称 $\boldsymbol{B}$ 中每个列向量 $\boldsymbol{P}_j$ ($j=1,2,\cdots,m$)为基向量。与基向量 $\boldsymbol{P}_j$ 对应的变量 x_j 为基变量。除基变量以外的变量为非基变量。

4. 基解、基本可行解

某一确定的基 $\boldsymbol{B}$，令非基变量等于零，由约束条件方程(2)解出基变量，称这组解为基解。在基解中变量取非 0 值的个数不大于方程数 m，基解的总数不超过 C_n^m，满足变量非负约束条件的基本解，简称基可行解。对应于基可行解的基称为可行基。

由此可见，一个线性规划问题的所有基本解分为可行的基本解和不可行的基本解两类。由于基和基本解是一一对应的，所以相应地，一个线性规划问题的所有的基也分为两类：

（1）基本可行解对应的基，称为可行基。特别地，当基本可行解是最优解时，它所对应的可行基称为最优可行基或最优基。

（2）不可行的基本解对应的基，称为非可行基。

4.3 单纯形法

凸集：如果集合 C 中任意两个点 X_1，X_2，其连线上的所有点也都是集合 C 中的点，称 C 为凸集。

定理 1：若线性规划问题存在可行解，则该问题的可行域是凸集。

注：说明线性规划问题的可行域是一个凸集，等价表述为连接线性规划问题的任意两个可行解的线段上的点仍是可行解。

定理 2：线性规划问题的基可行解 X 对应可行域(凸集）的顶点。

定理 3：若问题存在最优解，一定存在一个基可行解是最优解（或在某个顶点取得）。

注：说明线性规划问题的最优解一定在基可行解（或在某个顶点）处取得，并且若线性规划在两个顶点以上达到最优，则连接这两个顶点的线段上的点都为最优解，即该线性规划问题有无穷多个最优解。

单纯形法是用迭代法求解线性规划问题的一种方法。迭代法是一种计算方法，用这种方法可以产生一系列有次序的点，除初始点以外的每一个点，都是根据它前面的点计算出来的。其基本思想是：从线性规划问题的标准型出发，首先求出一个基本可行解(称为初始基本可行解)，然后按一定的方法迭代到另一个基本可行解，并使基本可行解所对应的目标函数值逐步增大。经过有限次迭代，当目标函数达到最大值或判定目标函数无最大值时，就停止迭代。所以单纯形法的步骤如下：

（1）建立实际问题的线性规划数学模型。

（2）把线性规划数学模型化为标准型。

（3）求出线性规划的初始基可行解，列出初始单纯形表 4.1。

（4）检验所得到的基本可行解是否为最优解。如果表中所有检验数 $\sigma_j \leqslant 0$，则表中的基可行解就是问题的最优解，计算停止。否则继续下一步。

(5)迭代，从当前基本可行解转换到新的基本可行解。

① 确定换入基的变量。选择 $\sigma_j > 0$，对应的变量 x_j 作为换入变量，当有一个以上检验数大于 0 时，一般选择最大的一个检验数，即 $\sigma_k = \max\{\sigma_j \mid \sigma_j > 0\}$，其对应的 x_k 作为换入变量。

② 确定换出变量。根据 $\theta_L = \min\left\{\dfrac{b_i}{a_{ik}} \mid a_{ik} > 0\right\}$ 计算并选择 θ，选最小的 θ 对应基变量作

为换出变量。用换入变量 x_k 替换基变量中的换出变量，得到一个新的基。对应新的基可以找出一个新的基可行解，并相应地可以画出一个新的单纯形表。

(6)重复(4)和(5)，直到得到最优解或者判定无最优解。

表 4.1

C_j			c_1	c_2	…	c_n	θ
C_B	X_B	B	X_1	X_2	…	X_n	
c_1	X_1	b_1	a_{11}	a_{12}	…	a_{1n}	θ_1
c_2	X_2	b_2	a_{21}	a_{22}	…	a_{2n}	θ_2
c_m	X_m	b_m	a_{m1}	a_{m2}	…	a_{mn}	θ_m
$\sigma_j = c_j - \sum c_i a_{ij}$			σ_1	σ_2	…	σ_n	

其中 $\theta_i = \dfrac{b_i}{a_{kj}}, a_{kj} > 0$。

例 4.2 用单纯性法求解 $\max Z = 3x_1 + 5x_2$

$$\text{s. t.} \begin{cases} x_1 + x_3 = 8 \\ 2x_2 + x_4 = 12 \\ 3x_1 + 4x_2 + x_5 = 36 \\ x_1, x_2, x_3, x_4, x_5 \geqslant 0 \end{cases}$$

解 列初始单纯形表 4.2。

表 4.2

C_j			3	5	0	0	0	θ
C_B	X_B	B	X_1	X_2	X_3	X_4	X_5	
0	X_3	8	1	0	1	0	0	—
0	X_4	12	0	[2]	0	1	0	6
0	X_5	36	3	4	0	0	1	9
$\sigma_j = c_j - \sum c_i a_{ij}$			3	5	0	0	0	
0	X_3	8	1	0	1	0	0	8
5	X_2	6	0	1	0	1/2	0	—
0	X_5	12	[3]	0	0	0	1	4
σ_j			3	0	0	-5/2	0	
0	X_3	4	0	0	1	2/3	-1/3	
5	X_2	6	0	1	0	1/2	0	
3	X_1	4	1	0	0	-2/3	1/3	
σ_j			0	0	0	-1/2	-1	

最优解 $\boldsymbol{X}^* = (4,6,4,0,0)^{\mathrm{T}}$，最优值 $Z^* = 42$。

4.4 人工变量法

前面讨论了在标准型中系数矩阵有单位矩阵，很容易确定一组基可行解。在实际问题中，有些模型并不含有单位矩阵，为了得到一组基向量和初基可行解，需要在约束条件的等式左端加一组虚拟变量，得到一组基变量。这种人为添加的变量称为人工变量，构成的可行基称为人工基，这种用人工变量作桥梁的求解方法称为人工变量法，主要有大 M 法和两阶段法。

4.4.1 大 M 法

所谓大 M 法，就是在约束方程中加入人工变量后，对于每一个人工变量 x_k，在目标函数中增加一项“$-Mx_k$”(M 是充分大的正数)，构成一个新的目标函数，人工变量的作用仅仅在于使**它们对应的系数列向量构成单位阵**，帮助我们在初始单纯形表中找到初始基可行解，不涉及最优解的取值。

问题：加入的人工变量是否合理？如何处理？

在目标函数中，给人工变量前面添上一个绝对值很大的负系数 $-M$(罚因子)，只要人工变量取值大于0，目标函数不可能实现最优。在迭代过程中，只要基变量中还存在人工变量，目标函数就不可能实现极大化，此时原线性规划问题无最优解。

例 4.3 用大 M 法解下列线性规划。

$$\max Z = 3x_1 - x_2 - x_3$$

$$\begin{cases} x_1 - 2x_2 + x_3 \leqslant 11 \\ -4x_1 + x_2 + 2x_3 \geqslant 3 \\ -2x_1 + x_3 = 1 \\ x_1, x_2, x_3 \geqslant 0 \end{cases}$$

解 首先将数学模型化为标准形式：

$$\max Z = 3x_1 - x_2 - x_3$$

$$\begin{cases} x_1 - 2x_2 + x_3 + x_4 = 11 \\ -4x_1 + x_2 + 2x_3 - x_5 = 3 \\ -2x_1 + x_3 = 1 \\ x_j \geqslant 0 \ (j = 1, 2, \cdots, 5) \end{cases}$$

由于系数矩阵中不存在单位矩阵，无法建立初始单纯形表，因此需要人为添加两个单位向量，得到人工变量单纯形法数学模型：

$$\max Z = 3x_1 - x_2 - x_3 + 0x_4 + 0x_5 - Mx_6 - Mx_7$$

$$\begin{cases} 3x_1 - x_2 - x_3 + x_4 = 11 \\ -4x_1 + x_2 + 2x_3 - x_5 + x_6 = 3 \\ -2x_1 + x_3 + x_7 = 1 \\ x_j \geqslant 0 \ (j = 1, 2, \cdots, 7) \end{cases}$$

列初始单纯形表如下：

表 4.3

C_j			3	−1	−1	0	0	−M	−M	θ
C_B	X_B	B	X_1	X_2	X_3	X_4	X_5	X_6	X_7	
0	X_4	11	1	−2	1	1	0	0	0	11
−M	X_6	3	−4	1	2	0	−1	1	0	3/2
−M	X_7	1	−2	0	[1]	0	0	0	1	1
σ_j			3−6M	−1+M	−1+3M	0	−M	0	0	
0	X_4	10	3	−2	0	1	0	0	−1	—
−M	X_6	1	0	1	0	0	−1	1	−2	1
−1	X_3	1	−2	0	1	0	0	0	1	—
σ_j			1	−1+M	0	0	−M	0	−3M+1	
0	X_4	12	3	0	0	1	−2	2	−5	4
−1	X_2	1	0	1	0	0	−1	1	−2	—
−1	X_3	1	−2	0	1	0	0	0	1	—
σ_j			1	0	0	0	−1	−M+1	−M−1	
3	X_1	4	1	0	0	1/3	−2/3	2/3	−5/3	
−1	X_2	1	0	1	0	0	−1	1	−2	
−1	X_3	9	0	0	1	2/3	−4/3	4/3	−7/3	
σ_j			0	0	0	−1/3	−1/3	−M+1/3	M+2/3	

得到最优解 $(4,1,9,0,0,0,0)^{\mathrm{T}}$，这里人工变量 x_6 和 x_7 均取值为零。去掉人工变量部分，得原线性规划问题的最优解$(4,1,9,0,0)^{\mathrm{T}}$。如果得到的最优解中含有取值为正的人工变量，则原线性规划问题无可行解。

4.4.2 两阶段法

用计算机处理数据时，只能用很大的数代替 M，可能造成计算机上的错误，故多采用两阶段法。两阶段单纯形法与大 M 单纯形法的目的类似，将人工变量从基变量中换出，以求出原问题的初始基本可行解。将问题分成两个阶段求解，第一阶段的数学模型是

$$\min \omega = x_{n+1} + \cdots + x_{n+m} + 0x_1 + \cdots + 0x_n$$

$$\begin{cases} a_{11}x_1 + \cdots + a_{1n}x_n + x_{n+1} & = b_1 \\ \quad \vdots \qquad\qquad \vdots \qquad\qquad \ddots & \\ a_{m1}x_1 + \cdots + a_{mn}x_n \qquad\qquad + x_{n+m} & = b_m \\ x_1, \cdots, x_{n+m} \geqslant 0 & \end{cases}$$

当第一阶段的最优解中没有人工变量作基变量时，得到原线性规划的一个基本可行解，第二阶段就以此为基础对原目标函数求最优解。当第一阶段的最优解 $\omega \neq 0$ 时，说明还有不为零的人工变量是基变量，则原问题无可行解。例如，用两阶段法求解例 4.3：

$$\max Z = 3x_1 - x_2 - x_3$$

$$\begin{cases} x_1 - 2x_2 + x_3 \leqslant 11 \\ -4x_1 + x_2 + 2x_3 \geqslant 3 \\ -2x_1 + x_3 = 1 \\ x_1,\ x_2,\ x_3 \geqslant 0 \end{cases}$$

添加两个人工向量 x_6, x_7，得到约束条件为

$$\begin{cases} 3x_1 - x_2 - x_3 + x_4 = 11 \\ -4x_1 + x_2 + 2x_3 - x_5 + x_6 = 3 \\ -2x_1 + x_3 + x_7 = 1 \\ x_j \geqslant 0\ (j = 1, 2, \cdots, 7) \end{cases}$$

第一阶段的线性规划问题可写为

$$\min \omega = x_6 + x_7$$

$$\begin{cases} x_1 - 2x_2 + x_3 + x_4 = 11 \\ -4x_1 + x_2 + 2x_3 - x_5 + x_6 = 3 \\ -2x_1 + x_3 + x_7 = 1 \\ x_1,\ x_2,\ \cdots,\ x_7 \geqslant 0 \end{cases}$$

利用单纯形法求解得表 4. 4。

表 4. 4

C_j			0	0	0	0	0	1	1	θ
C_B	X_B	B	X_1	X_2	X_3	X_4	X_5	X_6	X_7	
0	X_4	11	1	−2	1	1	0	0	0	11
1	X_6	3	−4	1	2	0	−1	1	0	3/2
1	X_7	1	−2	0	1	0	0	0	1	1
σ_j			6	−1	−3	0	1	0	0	
0	X_4	10	3	−2	0	1	0	0	−1	—
1	X_6	1	0	1	0	0	−1	1	−2	1
0	X_3	1	−2	0	1	0	0	0	1	—
σ_j			0	−1	0	0	1	0	3	
0	X_4	12	3	0	0	1	−2	2	−5	
0	X_2	1	0	1	0	0	−1	1	−2	
0	X_3	1	−2	0	1	0	0	0	0	
σ_j			0	0	0	0	0	1	1	

第二阶段：

在第一阶段的最终表中，目标函数值 $\omega = 0$，去掉人工变量，将目标函数的系数换成原问题的目标函数系数，作为第二阶段计算的初始表 4. 5（用单纯形法计算）。

表 4.5

C_j			3	-1	-1	0	0	θ
C_B	X_B	B	X_1	X_2	X_3	X_4	X_5	
0	X_4	12	3	0	0	1	-2	4
-1	X_2	1	0	1	0	0	-1	—
—1	X_3	1	-2	0	1	0	0	—
σ_j			1	0	0	0	-1	
3	X_1	4	1	0	0	1/3	-2/3	
-1	X_2	1	0	1	0	0	-1	
-1	X_3	9	0	0	1	2/3	-4/3	
σ_j			0	0	0	-1/3	-1/3	

$$\max Z = 3x_1 - x_2 - x_3$$

$$\begin{cases} x_1 - 2x_2 + x_3 + x_4 = 11 \\ -4x_1 + x_2 + 2x_3 - x_5 + x_6 = 3 \\ -2x_1 + x_3 + x_7 = 1 \\ x_1, x_2, \cdots, x_7 \geqslant 0 \end{cases}$$

得原线性规划问题的最优解$(4,1,9,0,0)^T$。

4.5 线性规划解的讨论

线性规划问题求解主要包含以下六种情况：

（1）唯一最优解判别：最优表中所有非基变量的检验数非零，则线性规划具有唯一最优解。

（2）多重最优解判别：最优表中存在非基变量的检验数为零,则线性规划具有多重最优解(或无穷多最优解)。

$$\max z = 50x_1 + 50x_2$$

例如， $$\text{s.t.}\begin{cases} x_1 + x_2 \leqslant 300 \\ 2x_1 + x_2 \leqslant 400 \\ x_2 \leqslant 250 \\ x_1, x_2 \geqslant 0 \end{cases}$$ 利用单纯形法计算，得最优解$(0,250,0,50,0)^T$，最优值为 15000。由于非基变量 x_5 的检验数为零，也可以经过迭代转为基变量得到最终单纯形表如下：

表 4.6

C_j			50	50	0	0	0
C_B	X_B	B	X_1	X_2	X_3	X_4	X_5
50	X_1	50	1	0	1	0	-1
0	X_4	50	0	0	-2	1	1
50	X_2	250	0	1	0	0	1
σ_j			0	0	-50	0	0
50	X_1	50	1	0	-1	1	0
0	X_5	0	0	0	-2	1	1
50	X_2	50	0	1	2	-1	0
σ_j			0	0	-50	0	0

得最优解 $(0, 50, 0, 0, 50)^{\mathrm{T}}$，最优值仍为 15000，即有无穷多组解。

（3）无界解判别：在求解极大化的线性规划问题过程中，若某单纯形表的检验行存在某个大于零的检验数，但是该检验数所对应的非基变量的系数列向量的全部系数都为负数或零，则该线性规划问题无最优解。

例
$$\max Z = 2x_1 + 2x_2$$
$$\text{s.t.}\begin{cases} x_1 - x_2 \geqslant -1 \\ -\dfrac{1}{2}x_1 + x_2 \leqslant 2 \\ x_1 \geqslant 0,\ x_2 \geqslant 0 \end{cases}$$
化为标准型为
$$\max Z = 2x_1 + 2x_2$$
$$\text{s.t.}\begin{cases} -x_1 + x_2 + x_3 = 1 \\ -\dfrac{1}{2}x_1 + x_2 + x_4 = 2 \\ x_j \geqslant 0\ (j = 1, 2, 3, 4) \end{cases}$$

列初始单纯形（表 4.7）。由于 x_1 的检验数大于 0，将 x_1 换入基变量会带来目标函数值表的增大，但是由于系数均小于 0，意味着 x_1 的取值可以无限增大。

表 4.7

C_j			2	2	0	0
C_B	X_B	B	X_1	X_2	X_3	X_4
0	X_3	1	-1	1	1	0
0	X_4	1	-1/2	1	0	1
σ_j			2	2	0	0

（4）无可行解的判断：当用大 M 单纯形法计算得到最优解并且存在人工变量取值非负，是在两阶段求解时第一阶段的目标函数值不为零，则表明原线性规划无可行解。

（5）退化解的判别：存在某个基变量为零的基可行解，这样的基可行解称为退化的基可行解，在变量的迭代过程中，可能会出现循环。例如，在用最小比值 θ 来确定换出变量时，可能会存在两个或两个以上的比值同时达到最小的情况，通常选择其中一个来确定换出变量，这样在下一步的迭代中就会出现基变量取值等于零的情况，从而出现了退化。

（6）为了避免出现循环，1974 年 Bland 提出了一个简便有效的规则：

① 在存在多个检验数 $\sigma_j > 0$ 时，始终对应地选择下标值最小的变量作为换入变量；

② 当计算比值 θ 时出现两个及以上的最小值，则始终选择下标值最大的作为换出变量。

5 线性规划的对偶理论

引例：公司甲要加工两种产品Ⅰ，Ⅱ，需要使用生产设备A及两种原材料B、C，生产这两种产品的单位资源消耗、资源的限量及单位产品可获利润见表5.1。

表5.1

产品	Ⅰ	Ⅱ	资源限量
设备A	1	2	8台时
原料B	4	0	16千克
原料C	0	4	12千克
利润	2	3	

问甲公司每周应生产产品Ⅰ与Ⅱ各多少单位，才能使每周的获利达到最大？如果此时有另一公司乙由于订单较多，希望收购甲公司的各种资源以扩大自己的生产能力，那么甲公司的资源该如何定价呢？

5.1 原问题与对偶问题

对于引例，我们可以很容易地列出线性规划的模型：设 x_j（$j=1, 2$）分别表示第Ⅰ，Ⅱ种产品每天的产量，有（LP1）：

$$\max Z = 2x_1 + 3x_2$$

$$\text{s.t.} \begin{cases} x_1 + 2x_2 \leqslant 8 \\ 4x_1 \qquad \leqslant 16 \\ \qquad 4x_2 \leqslant 12 \\ x_1, x_2 \geqslant 0 \end{cases}$$

现在如果有另一公司乙由于订单较多，希望收购甲公司的各种资源以扩大自己的生产能力，那么甲公司的资源该如何定价呢？

在市场竞争的时代，甲公司经理的最佳决策显然应符合两条原则：

（1）不吃亏原则：即资源定价所赚利润不能低于加工产品Ⅰ与Ⅱ所获利润。由此原则，便构成了新规划的不等式约束条件。

（2）竞争性原则：即在上述不吃亏原则下，尽量降低资源总收费，以便争取更多用户。

为此，设三种资源A，B，C的定价分别为 y_1，y_2，y_3，则新的线性规划数学模型为（LP2）：

$$\min W = 8y_1 + 16y_2 + 12y_3$$

$$\text{s. t.} \begin{cases} y_1 + 4y_2 \geqslant 2 \\ 2y_1 + 4y_3 \geqslant 3 \\ y_1, y_2, y_3 \geqslant 0 \end{cases}$$

这里 LP1 和 LP2 是同种问题的两种提法所获得的数学模型，都来自同一个产品——资源消耗系数矩阵表，因此，本质上它们是同一个问题的两个不同的侧面。我们把 LP1 叫作原规划，把 LP2 叫作 LP1 的对偶规划（Dual Linear Program）。把这两个模型放在一起作对比，有

$$\max Z = 2x_1 + 3x_2$$

$$\text{s. t.} \begin{cases} 2x_1 + 2x_2 \leqslant 12 \\ x_1 + 2x_2 \leqslant 8 \\ 4x_1 \leqslant 16 \\ 4x_2 \leqslant 12 \\ x_1, x_2 \geqslant 0 \end{cases}$$

原问题 P

$$\min W = 12y_1 + 8y_2 + 16y_3 + 12y_4$$

$$\text{s. t.} \begin{cases} 2y_1 + y_2 + 4y_3 + 0y_4 \geqslant 2 \\ 2y_1 + 2y_2 + 0y_3 + 4y_4 \geqslant 3 \\ y_1, y_2, y_3, y_4 \geqslant 0 \end{cases}$$

对偶问题 D

通过比较上述模型，可以得出两者之间的一些关系：

（1）原问题是生产计划问题，目标函数追求利润最大化；对偶问题是资源定价问题，目标函数追求购买成本的最小化。

（2）一个问题的变量个数等于另一个问题的方程个数，反之亦然。

（3）一个问题的目标函数系数是另一个问题的约束方程右端常数，反之亦然。

（4）两个问题的约束方程系数矩阵互为转置。

用矩阵形式表示有

$$\text{P:} \quad \max \boldsymbol{Z} = \boldsymbol{CX} \qquad \begin{cases} \boldsymbol{AX} \leqslant \boldsymbol{b} \\ \boldsymbol{X} \geqslant 0 \end{cases}$$

$$\text{D:} \quad \min \boldsymbol{W} = \boldsymbol{Y}^{\mathrm{T}}\boldsymbol{b} \qquad \begin{cases} \boldsymbol{A}^{\mathrm{T}}\boldsymbol{Y} \geqslant \boldsymbol{C}^{\mathrm{T}} \\ \boldsymbol{Y} \geqslant 0 \end{cases}$$

5.1.1 对称型对偶问题

特点：变量均具有非负约束，且约束条件为：当目标函数求极大时均取“≤”号，当目标函数求极小时均取“≥”号。

原问题对偶问题：

$$\max Z = c_1 x_1 + c_2 x_2 + \cdots + c_n x_n$$

$$\text{s. t.} \begin{cases} a_{11}x_1 + a_{12}x_2 + \cdots + a_{1n}x_n \leqslant b_1 \\ a_{21}x_1 + a_{22}x_2 + \cdots + a_{2n}x_n \leqslant b_2 \\ \cdots\cdots\cdots\cdots \\ a_{m1}x_1 + a_{m2}x_2 + \cdots + a_{mn}x_n \leqslant b_m \\ x_j \geqslant 0 \ (j = 1, 2, \cdots, n) \end{cases}$$

$$\min W = b_1 y_1 + b_2 y_2 + \cdots + b_m y_m$$

$$\text{s. t.} \begin{cases} a_{11}y_1 + a_{21}y_2 + \cdots + a_{m1}y_m \geqslant c_1 \\ a_{12}y_1 + a_{22}y_2 + \cdots + a_{m2}y_m \geqslant c_2 \\ \cdots\cdots\cdots\cdots \\ a_{1n}y_1 + a_{2n}y_2 + \cdots + a_{mn}y_m \geqslant c_n \\ y_i \geqslant 0 \ (i = 1, 2, \cdots, m) \end{cases}$$

遇到符合对称形式的线性规划模型原问题（对偶问题），直接按照形式写出对应的对偶问题（原问题）即可。

5.1.2 非对称型对偶问题

遇到不符合对称形式的线性规划模型原问题(对偶问题)，可以先化成对称形式的原问题(对偶问题)，再写出对应的对偶问题(原问题)。也可以按照表 5.2 写出对应的对偶问题(原问题)。

表 5.2

<table>
<tr><th colspan="2">原问题（或对偶问题）</th><th colspan="2">对偶问题（或原问题）</th></tr>
<tr><td colspan="2">目标函数 max</td><td colspan="2">目标函数 min</td></tr>
<tr><td rowspan="4">约束条件</td><td>m个</td><td>m个</td><td rowspan="4">变量</td></tr>
<tr><td>≤</td><td>≥0</td></tr>
<tr><td>≥</td><td>≤0</td></tr>
<tr><td>=</td><td>无约束</td></tr>
<tr><td rowspan="4">变量</td><td>n个</td><td>n个</td><td rowspan="4">约束条件</td></tr>
<tr><td>≥0</td><td>≥</td></tr>
<tr><td>≤0</td><td>≤</td></tr>
<tr><td>无约束</td><td>=</td></tr>
<tr><td>b</td><td>约束条件右端项</td><td>目标函数变量的系数</td><td></td></tr>
<tr><td>c</td><td>目标函数变量的系数</td><td>约束条件右端项</td><td></td></tr>
</table>

例 5.1 写出下列线性规划问题的对偶问题。

$$\max\ Z = 2x_1 - 3x_2 + 4x_3$$

$$\begin{cases} 2x_1 + 3x_2 - 5x_3 = 2 \\ 3x_1 + x_2 + 7x_3 = 3 \\ -x_1 + 4x_2 + 6x_3 = 5 \\ x_1,\ x_2,\ x_3 \geqslant 0 \end{cases}$$

解 原问题的对偶问题为

$$\min\ W = 2y_1 + 3y_2 + 5y_3$$

$$\begin{cases} 2y_1 + 3y_2 - y_3 \geqslant 2 \\ 3y_1 + y_2 + 4y_3 \geqslant -3 \\ -5y_1 + 7y_2 + 6y_3 \geqslant 4 \\ y_1,\ y_2,\ y_3 \text{无约束} \end{cases}$$

5.2 对偶问题的基市性质

性质 1 **对称性定理**：对偶问题的对偶是原问题。

性质 2 **弱对偶原理（弱对偶性）**：设 $\boldsymbol{X}$ 和 $\boldsymbol{Y}$ 分别是问题 P 和 D 的可行解，则必有 $\boldsymbol{CX} \leqslant \boldsymbol{Yb}$，即 $\sum_{j=1}^{n} c_j x_j \leqslant \sum_{i=1}^{m} y_i b_i$。

推论 1 原问题任一可行解的目标函数值是其对偶问题目标函数值的下界；反之，对偶问题任意可行解的目标函数值是其原问题目标函数值的上界。

推论 2 在一对对偶问题 P 和 D 中，若其中一个问题可行但目标函数无界，则另一个问题无可行解；反之不成立。事实上，若一个问题无可行解，则另一个问题或者无可行解，或者有可行解，但目标函数无界。

推论 3 在一对对偶问题 P 和 D 中，若一个可行（如 P），而另一个不可行（如 D），则该可行的问题目标函数值无界。

性质 3 **最优性定理**：如果设 $\boldsymbol{X}$ 和 $\boldsymbol{Y}$ 分别是问题 P 和 D 的可行解，并且对应的目标函数值相等，则 $\boldsymbol{X}$ 和 $\boldsymbol{Y}$ 分别是问题 P 和 D 的最优解。

性质 4 **强对偶性**：若原问题及其对偶问题均具有可行解，则两者均具有最优解，且它们最优解的目标函数值相等。

性质 5 **互补松弛性**：设 X_0 和 Y_0 分别是原问题和对偶问题的可行解，则它们分别是最优解的充要条件是 $\begin{cases} Y^0 X_s = 0 \\ Y_s X^0 = 0 \end{cases}$（$X_s$，$Y_s$ 为松弛变量）。

性质 5 给出了已知一个问题最优解求另一个问题最优解的方法。

例 5.2 已知线性规划

$$\max Z = 3x_1 + 4x_2 + x_3$$
$$\begin{cases} x_1 + 2x_2 + x_3 \leqslant 10 \\ 2x_1 + 2x_2 + x_3 \leqslant 16 \\ x_j \geqslant 0,\ j = 1,\ 2,\ 3 \end{cases}$$

的最优解是 $\boldsymbol{X} = (6,2,0)^{\mathrm{T}}$，求其对偶问题的最优解 $\boldsymbol{Y}$。

解 写出原问题的对偶问题，即

$$\min W = 10y_1 + 16y_2$$
$$\begin{cases} y_1 + 2y_2 \geqslant 3 \\ 2y_1 + 2y_2 \geqslant 4 \\ y_1 + y_2 \geqslant 1 \\ y_1,\ y_2 \geqslant 0 \end{cases}$$

，标准化得

$$\min W = 10y_1 + 16y_2$$
$$\begin{cases} y_1 + 2y_2 - y_3 = 3 \\ 2y_1 + 2y_2 - y_4 = 4 \\ y_1 + y_2 - y_5 = 1 \\ y_1,\ y_2,\ y_3,\ y_4,\ y_5 \geqslant 0 \end{cases}$$

设对偶问题最优解为 $\boldsymbol{Y}^0 = (y_1,\ y_2)$，由互补松弛性定理可知，$\boldsymbol{X}^0$ 和 $\boldsymbol{Y}^0$ 满足：

$$\begin{cases} \boldsymbol{Y}^0 \boldsymbol{X}_s = 0 \\ \boldsymbol{Y}_s \boldsymbol{X}^0 = 0 \end{cases}$$

由于原问题的最优解 $\boldsymbol{X} = (6,2,0)^{\mathrm{T}}$ 中，x_1，x_2 不为零，因此按照互补松弛条件，对偶问题第一、二个约束条件的松弛变量为零，即 $y_3 = 0$，$y_4 = 0$，带入对偶问题的约束方程中：

$$\begin{cases} y_1 + 2y_2 = 3 \\ 2y_1 + 2y_2 = 4 \end{cases}$$

解得 $y_1 = 1$，$y_2 = 1$，从而对偶问题的最优解 $\boldsymbol{Y}^0 = (1,1)$，最优值 $w = 26$。

5.3 对偶单纯形法

单纯形法计算的基本思想是在保持原问题为可行解（这时一般其对偶问题为非可行解）的基础上，通过迭代，增大目标函数，当对偶问题的解也为可行解时，就达到了目标函数的最优值，但是当初始单纯形表没有单位矩阵，无法确定初始基可行解时，通过将某些约束条件两端乘以“-1”后，即可找出初始基变量，这时需要借助人工变量的方法来求解。

所谓对偶单纯形法则是将单纯形法应用于对偶问题的计算，基本思想是在保持对偶问题为可行解(这时一般问题为非可行解)的基础上，利用对偶问题的基本性质，通过迭代，减小目标函数，当原问题也达到可行解时，即得到了目标函数的最优值。

对偶单纯形法的步骤是：

(1) 建立初始对偶单纯形表。

(2) 检查常数列的数据是否非负：若全部非负，则使用一般单纯形法继续求解；若有小于零的分量 b_j，并且 b_j 所在行各系数 $a_{ij} \geqslant 0$，则原规划没有可行解，停止计算；若 $b_j \leqslant 0$，并且存在 $a_{ij} \leqslant 0$，则转到下一步。

(3) 确定出基变量：取常数列最小负数对应的变量 x_i 为出基变量。对偶单纯形法在确定出基变量时，若不遵循 $b_l = \min\{b_i \mid b_i < 0\}$规则，任选一个小于零的 b_i 对应的基变量出基，只可能造成迭代次数不一样，不会影响计算结果。

(4) 确定入基变量：用检验数 σ_j 去除换出变量行的对应负系数 $a_{lj}(a_{lj} < 0)$，即计算：$\min\limits_{j}\left\{\left|\dfrac{\sigma_j}{a_{lj}}\right| \mid a_{lj} < 0\right\}$，在除得的商中选取其中最小者对应的变量 x_k 作为入基变量，其目的是保证下一个对偶问题的基本解可行。

(5) 重复步骤(2)~(4)，直到所有常数列均非负，检验数均非正为止。

下面举例说明对偶单纯形法的计算步骤。

例 5.3 用对偶单纯形法求解下列线性规划问题

$$\min Z = x_1 + 2x_2 + 3x_3$$

$$\text{s. t.} \begin{cases} x_1 - x_2 + x_3 \geqslant 4 \\ x_1 + x_2 + 2x_3 \leqslant 8 \\ x_2 - x_3 \geqslant 2 \\ x_1, x_2, x_3 \geqslant 0 \end{cases}$$

解 将模型转化为求最大化问题，约束方程化为等式，求出一组基本解：

$$\max Z' = -x_1 - 2x_2 - 3x_3$$

$$\text{s. t.} \begin{cases} -x_1 + x_2 - x_3 + x_4 = -4 \\ x_1 + x_2 + 2x_3 + x_5 = 8 \\ -x_2 + x_3 + x_6 = -2 \\ x_1, x_2, x_3, x_4, x_5, x_6 \geqslant 0 \end{cases}$$

列出初始单纯形表如下：

表 5.3

C_j			-1	-2	-3	0	0	0	θ
C_B	X_B	B	X_1	X_2	X_3	X_4	X_5	X_6	
0	X_4	-4	[-1]	1	-1	1	0	0	1
0	X_5	8	1	1	2	0	1	0	
0	X_6	-2	0	-1	1	0	0	1	
	σ_j		-1	-2	-3	0	0	0	
-1	X_1	4	1	-1	1	-1	0	0	
0	X_5	4	0	2	1	1	1	0	
0	X_6	-2	0	[-1]	1	0	0	1	3
	σ_j		0	-3	-2	-1	0	0	
-1	X_1	6	1	0	0	-1	0	-1	
0	X_5	0	0	0	3	1	1	2	
-2	X_2	2	0	1	-1	0	0	-1	
	σ_j		0	0	-5	-1	0	3	

最优解 $\boldsymbol{X}^* = (6, 2, 0, 0, 0, 0)^{\mathrm{T}}$，最优值 $Z^* = 10$。

注：(1) 对偶单纯形法只是单纯形法的补充，只适合特殊情况简化单纯形法计算。

(2) 对偶单纯形法使用场合：目标函数求最小值问题，且目标函数的价值系数全部为非负，所有的约束条件为不等式约束（不能为等式），由于很容易找出一个对偶问题的初始可行解，因此不用加人工变量。

5.4　灵敏度分析

灵敏度分析是对偶理论中一个非常重要的工具，主要用来分析在各种经济参数发生变化时最优解的变化情况，以及如何快速求出新的最优解。

在前面的讨论中，线性规划模型的确定是以约束条件的系数 a_{ij}、约束方程常数项 b_i、目标函数中价值系数 c_j 为已知常数作为基础的。但在实际问题中，这些数据本身受到诸如市场价格波动、资源供应量变化、企业的技术改造等因素的影响，就会对最优解产生影响。因此，灵敏度分析所要研究的主要问题有：

(1) 当这些数据有一个或多个发生变化时，对已找到的最优解或最优基会产生怎样的影响。

(2) 当这些数据在什么范围内变化，已找到的最优解或最优基不变。

(3) 当原最优解或最优基发生变化时，如何用最简单的方法求出新的最优解或最优基。

因此，灵敏度分析就是研究 c_j, b_i, a_{ij} 等参数在什么范围内变化时最优解不变，若最优解发生变化，如何用简便的方法求出新的最优解。

灵敏度分析的方法

当约束条件的系数 a_{ij}、约束方程常数项 b_i、目标函数中价值系数 c_j 发生改变，原则上可以通过重新运用单纯形算法进行求解，但这样做会带来大量重复性工作。由于单纯形法的迭代计算式从一组基向量变换为另一组基向量时，每步迭代得到的数字只随着基向量的不同选择而发生改变，因此可以把个别参数的变化直接反映在计算得到最优解的单纯形表上，这样就可以直接利用最终单纯形表进行最优解的判断。

分为以下三类情况：

1. 目标函数系数 c_j 变化

c_j 变动的原因可能是市场价格的波动，或者是由于生产成本的变动。

例 5.4 公司甲要加工三种产品 A，B，C，需要使用两种原材料Ⅰ，Ⅱ，生产这两种产品的单位资源消耗、这些资源的限量及单位产品可获利润见表 5.4。

表 5.4

产品	Ⅰ	Ⅱ	利润
A	1	1	5
B	1	2	8
C	1	2	6
资源限量	12	20	

问：甲公司每周应生产产品 A，B，C 各多少单位，才能使每周的获利达到最大？

解 设产品 A，B，C 的产量分别为 x_1，x_2，x_3，则该问题的数学模型为

$$\max f = 5x_1 + 8x_2 + 6x_3$$

$$\begin{cases} x_1 + x_2 + x_3 \leqslant 12 \\ x_1 + 2x_2 + 2x_3 \leqslant 20 \\ x_1, x_2, x_3 \geqslant 0 \end{cases}$$

列初始单纯形表如下：

表 5.5

C_j			5	8	6	0	0
C_B	X_B	B	X_1	X_2	X_3	X_4	X_5
0	X_4	12	1	1	1	1	0
0	X_5	20	1	2	2	0	1
$\sigma_j = c_j - \sum c_i a_{ij}$			5	8	6	0	0

得到最终单纯形表（表 5.6）。

表 5.6

C_j			5	8	6	0	0
C_B	X_B	B	X_1	X_2	X_3	X_4	X_5
5	X_1	4	1	0	0	2	−1
8	X_2	8	0	1	1	−1	1
$\sigma_j = c_j - \sum c_i a_{ij}$			0	0	−2	−2	−3

（1）非基变量对应的价值系数发生变化：只有非基变量对应的价值系数变化，不影响

其他变量的检验数。例如，考虑 X_3 对应的价值系数 c_3 在什么范围内变化，最优解保持不变。见表 5.7。

表 5.7

C_j			5	8	c_3	0	0
C_B	X_B	B	X_1	X_2	X_3	X_4	X_5
5	X_1	4	1	0	0	2	-1
8	X_2	8	0	1	1	-1	1
$\sigma_j = c_j - \sum c_i a_{ij}$			0	0	$c_3 - 8$	-2	-3

由表 5.7 可知：当 $c_3 - 8 \leqslant 0$，即 $c_3 \leqslant 8$ 时，最优解不变。

(2) 基变量对应价值系数变化：如果基变量对应的价值系数变化，那么所有变量的检验数都会发生变化。例如，考虑基变量 X_1 对应的价值系数 c_1 在什么范围内变化，最优解保持不变。见表 5.8。

表 5.8

C_j			c_1	8	6	0	0
C_B	X_B	B	X_1	X_2	X_3	X_4	X_5
c_1	X_1	4	1	0	0	2	-1
8	X_2	8	0	1	1	-1	1
$\sigma_j = c_j - \sum c_i a_{ij}$			0	0	-2	$8 - 2c_1$	$c_1 - 8$

由表 5.8 可知：当 $8 - 2c_1 \leqslant 0$，同时 $c_1 - 8 \leqslant 0$，即 $4 \leqslant c_1 \leqslant 8$ 时，最优解不变。

2. 约束条件右端项 b_i 变化的分析

由前面可知，一般线性规划问题借助于松弛变量可以化为标准形式：

$$\max z = \sum_{j=1}^{n} c_j x_j + 0 \sum_{i=1}^{m} x_{si}$$

$$\text{s.t.} \begin{cases} \sum_{j=1}^{n} a_{ij} x_j + x_{si} = b_i \quad (i = 1, 2, \cdots, m) \\ x_j \geqslant 0, x_{si} \geqslant 0 \quad (j = 1, 2, \cdots, n) \end{cases}$$

列初始单纯形表如下：

表 5.9

C_j			c_1	…	c_n	0	…	0	θ
C_B	X_B	B	X_1	…	X_n	X_{s1}	…	X_{sm}	
c_1	X_1	b_1	a_{11}	…	a_{1n}	1	…	0	θ_1
c_2	X_2	b_2	a_{21}	…	a_{2n}	0	…	0	θ_2
						…	…		
c_m	X_m	b_m	a_{m1}	…	a_{mn}	0	…	1	θ_m
$\sigma_j = c_j - \sum c_i a_{ij}$			σ_1	…	σ_n	0		0	

将其转化为矩阵形式：

$$\max z = \boldsymbol{CX} + 0\boldsymbol{X}_s$$

$$\text{s. t.} \begin{cases} \boldsymbol{AX} + \boldsymbol{IX}_s = \boldsymbol{b} \\ \boldsymbol{X} \geqslant 0, \ \boldsymbol{X}_s \geqslant 0 \end{cases}$$

按照决策变量在初始和最终单纯形表中是否为基变量，分为 X_B（初始单纯形表中作为非基变量，最终单纯形表作为基变量），X_N（初始单纯形表中作为非基变量，最终单纯形表作为非基变量），X_S（初始单纯形表中作为基变量，最终单纯形表作为非基变量），见表5.10。

表5.10

基变量系数	基变量	基可行解	非基变量		基变量
			X_B	X_N	X_S
0	X_S	b	B	N	I
$\sigma_j = c_j - z_j$			C_B	C_N	0

经过若干次初等行变换（左乘 $\boldsymbol{B}^{-1}$），得到最终单纯形表如下：

表5.11

基变量系数	基变量	基可行解	基变量	非基变量	
			X_B	X_N	X_S
C_B	X_S	$\boldsymbol{B}^{-1}\boldsymbol{b}$	$\boldsymbol{I}$	$\boldsymbol{B}^{-1}\boldsymbol{N}\boldsymbol{B}^{-1}$	
$\boldsymbol{\sigma}_j = \boldsymbol{c}_j - \boldsymbol{z}_j$			0	$\boldsymbol{C}_N - \boldsymbol{C}_B\boldsymbol{B}^{-1}\boldsymbol{N} - \boldsymbol{C}_B\boldsymbol{B}^{-1}$	

因此有若 $\boldsymbol{X}_B = \boldsymbol{B}^{-1}\boldsymbol{b}$ 是最优解，则有 $\boldsymbol{X}_B = \boldsymbol{B}^{-1}\boldsymbol{b} \geqslant 0$，$\boldsymbol{b}$ 的变化不会影响检验数，但 $\boldsymbol{b}$ 的变化可能导致原最优解变为非基可行解，因此为保证最优基不变，当 $\boldsymbol{b} \to \boldsymbol{b}'$ 时，必须满足 $\boldsymbol{X}_B = \boldsymbol{B}^{-1}\boldsymbol{b}' \geqslant 0$。

例5.5 在例5.4中，分析当 $\boldsymbol{b} = \begin{pmatrix} 12 \\ 20 \end{pmatrix}$ 变为 $\boldsymbol{b}' = \begin{pmatrix} 16 \\ 20 \end{pmatrix}$ 时，最优基和最优解是否发生变化。

初始单纯形表和最终单纯形表如表5.5和表5.6所示。

表5.5

C_j			5	8	6	0	6
C_B	X_B	B	X_1	X_2	X_3	X_4	X_5
0	X_4	12	1	1	1	1	0
0	X_5	20	1	2	2	0	1
$\sigma_j = c_j - \sum c_i a_{ij}$			5	8	6	0	0

表 5.6

C_j			5	8	6	0	6
C_B	X_B	B	X_1	X_2	X_3	X_4	X_5
5	X_1	4	1	0	0	2	-1
8	X_2	8	0	1	1	-1	1
$\sigma_j = c_j - \sum c_i a_{ij}$			0	0	-2	-2	-3

这里，$\boldsymbol{B}^{-1} = \begin{vmatrix} 2 & -1 \\ -1 & 1 \end{vmatrix}$，当 $\boldsymbol{b} = \begin{pmatrix} 12 \\ 20 \end{pmatrix}$变为 $\boldsymbol{b}' = \begin{pmatrix} 16 \\ 20 \end{pmatrix}$时，在最终单纯形表中，$\boldsymbol{B} = \boldsymbol{B}^{-1}\boldsymbol{b}' = \begin{vmatrix} 2 & -1 \\ -1 & 1 \end{vmatrix}\begin{pmatrix} 16 \\ 20 \end{pmatrix} = \begin{pmatrix} 12 \\ 4 \end{pmatrix} \geqslant 0$，有表 5.12。

表 5.12

C_j			5	8	6	0	6
C_B	X_B	B	X_1	X_2	X_3	X_4	X_5
5	X_1	12	1	0	0	2	-1
8	X_2	4	0	1	1	-1	1
$\sigma_j = c_j - \sum c_i a_{ij}$			0	0	-2	-2	-3

对偶问题可行且原问题也可行，因此最优基不变，最优解变为 $\boldsymbol{X} = (12, 4, 0, 0, 0)^{\mathrm{T}}$。

例 5.6 在例 5.4 中，分析当 $\boldsymbol{b} = \begin{pmatrix} 12 \\ 20 \end{pmatrix}$变为 $\boldsymbol{b}' = \begin{pmatrix} 22 \\ 20 \end{pmatrix}$时，最优基和最优解是否会发生变化。

由于在最终单纯形表中，$\boldsymbol{B} = \boldsymbol{B}^{-1}\boldsymbol{b}' = \begin{vmatrix} 2 & -1 \\ -1 & 1 \end{vmatrix}\begin{pmatrix} 22 \\ 20 \end{pmatrix} = \begin{pmatrix} 24 \\ -2 \end{pmatrix}$，原问题非可行解，利用对偶单纯形法进一步迭代，见表 5.13。

表 5.13

C_j			5	8	6	0	6
C_B	X_B	B	X_1	X_2	X_3	X_4	X_5
5	X_1	24	1	0	0	2	-1
8	X_2	-2	0	1	1	[-1]	1
$\sigma_j = c_j - \sum c_i a_{ij}$			0	0	-2	-2	-3
5	X_1	20	1	2	2	0	1
8	X_4	2	0	-1	-1	1	-1
$\sigma_j = c_j - \sum c_i a_{ij}$			0	-2	-4	0	-5

即当 $b_1 = 22$，$b_2 = 20$ 时，最优基改变，最优解变为 $\boldsymbol{X} = (20, 0, 0, 2, 0)^{\mathrm{T}}$。

3. 系数矩阵 **A** 变化的分析

(1) 增加新变量的分析(增加新产品)。

这时把 x_j 对应于原最优基 $\boldsymbol{B}$ 的系数列向量 $\boldsymbol{P}_j'=\boldsymbol{B}^{-1}\boldsymbol{P}_j$ 加入原最优表中，并以 x_j 作为换入变量按单纯形法进行迭代，即可得到新的最优解。

例 5.7 在例 5.4 中，如果该厂还计划生产一种新产品 D，资源消耗见表 5.14，问生产产品 D 是否有利?

表 5.14

产品	Ⅰ	Ⅱ	利润
A	1	1	5
B	1	2	8
C	1	2	6
D	2	1	8
资源限量	12	20	

解 设产品 A，B，C，D 的产量分别为 x_1，x_2，x_3，x_6，该问题的数学模型为

$$\max f=5x_1+8x_2+6x_3+8x_6$$

$$\begin{cases}x_1+x_2+x_3+x_4+2x_6=12\\x_1+2x_2+2x_3+x_5+x_6=20\\x_1,x_2,x_3,x_4\geqslant 0\end{cases}$$

得到初始单纯形表(表 5.15):

表 5.15

C_j			5	8	6	0	0	8
C_B	X_B	B	X_1	X_2	X_3	X_4	X_5	X_6
0	X_5	12	1	1	1	1	0	2
0	X_6	20	1	2	2	0	1	1
$\sigma_j=c_j-\sum c_i a_{ij}$			5	8	6	8	0	0

与原来问题相比，相当于在系数矩阵中增加一列新的向量 $\boldsymbol{P}_j=\begin{pmatrix}2\\1\end{pmatrix}$，体现在最终单纯形表中有

$$\boldsymbol{P}_j'=\boldsymbol{B}^{-1}\boldsymbol{P}_j=\begin{vmatrix}2&-1\\-1&1\end{vmatrix}\begin{pmatrix}2\\1\end{pmatrix}=\begin{pmatrix}3\\-1\end{pmatrix}$$

由于对偶问题非可行，利用单纯形法经过若干次迭代得表 5.16。

表 5.16

C_j			5	8	6	0	0	8
C_B	X_B	B	X_1	X_2	X_3	X_4	X_5	X_6
5	X_1	4	1	0	0	2	-1	[3]
8	X_2	8	0	1	1	-1	1	-1
$\sigma_j = c_j - \sum c_i a_{ij}$			0	0	-2	-2	-3	1
8	X_6	4/3	1/3	0	0	2/3	-1/3	1
8	X_2	28/3	1/3	1	1	-1/3	2/3	0
$\sigma_j = c_j - \sum c_i a_{ij}$			-1/3	0	-2	-8/3	-8/3	0

得到新的最优解为 $\boldsymbol{X} = (0, 28/3, 0, 0, 0, 4/3)^{\mathrm{T}}$，即产品 D 安排在生产计划中会带来利润的增长。

(2) 系数列向量 $\boldsymbol{P}_k$ 变化的分析（工艺系数变化）。

在初始单纯形表上，变量 x_j 的系数列向量 $\boldsymbol{P}_j$ 变为 $\boldsymbol{P}'_j$，经过迭代后，在最终单纯形表上，x_j 的系数列就变成 $\boldsymbol{B}^{-1}\boldsymbol{P}'_j$。若 $\sigma_j \leqslant 0$，原最优解不变；若 $\sigma_j > 0$，则最优解改变，继续迭代可以求出新的最优解。

例 5.8 在例 5.4 中，假设产品 C 的资源消耗量由 $\begin{pmatrix}1\\2\end{pmatrix}$ 变为 $\begin{pmatrix}1\\1\end{pmatrix}$，试分析最优解的变化情况。

解 在最终单纯形表中，$\boldsymbol{P}'_3 = \boldsymbol{B}^{-1}\boldsymbol{P} = \begin{vmatrix} 2 & -1 \\ -1 & 1 \end{vmatrix}\begin{pmatrix}1\\1\end{pmatrix} = \begin{pmatrix}1\\0\end{pmatrix}$，得到单纯形表，由于对偶问题非可行，利用单纯形法进一步迭代，得到表 5.17。

表 5.17

C_j			5	8	6	0	0
C_B	X_B	B	X_1	X_2	X_3	X_4	X_5
5	X_1	4	1	0	1	2	-1
8	X_2	8	0	1	0	-1	1
$\sigma_j = c_j - \sum c_i a_{ij}$			0	0	1	-2	-3
6	X_3	4	1	0	1	2	-1
8	X_2	8	0	1	0	-1	1
$\sigma_j = c_j - \sum c_i a_{ij}$			-1	0	0	-4	-2

得到新的最优解为 $\boldsymbol{X} = (0, 8, 4, 0, 0)^{\mathrm{T}}$。

(3) 增加新约束条件的分析。

① 将最优解代入新的约束条件，若满足，则最优解不变。

② 若不满足，则当前最优解要发生变化；将新增约束条件加入最优单纯形表，并变换为标准型。

③ 利用对偶单纯形法继续迭代。

例5.9 在例5.4中假如增加第三种新的原料Ⅲ，生产这三种产品的单位资源消耗、这些资源的限量及单位产品可获利润见表5.18。

表5.18

产品	Ⅰ	Ⅱ	Ⅲ	利润
A	1	1	1	5
B	1	2	2	8
C	1	2	2	6
资源限量	12	20	18	

解 原问题的最终单纯形表见表5.6。

表5.6

C_j			5	8	6	0	0
C_B	X_B	B	X_1	X_2	X_3	X_4	X_5
5	X_1	4	1	0	0	2	-1
8	X_2	8	0	1	1	-1	1
$\sigma_j = c_j - \sum c_i a_{ij}$			0	0	-2	-2	-3

这个问题相当于在原问题的基础上增加约束条件 $x_1+2x_2+2x_3 \leqslant 18$，将原最优解 $x_1=4$，$x_2=8$，代入上式知，原最优解不满足该约束条件，因而原最优解不再是增加约束条件以后的最优解。在新的约束条件中引入松弛变量 x_6，则有 $x_1+2x_2+2x_3+x_6=18$，将该条件填入单纯形表5.19中，并将该单纯形表标准化：

表5.19

C_j			5	8	6	0	0	0
C_B	X_B	B	X_1	X_2	X_3	X_4	X_5	X_6
5	X_1	4	1	0	0	2	-1	0
8	X_2	8	0	1	1	-1	1	0
0	X_6	18	1	2	2	0	0	1
$\sigma_j = c_j - \sum c_i a_{ij}$			0	0	-2	-2	-3	0
5	X_1	4	1	0	0	2	-1	0
8	X_2	8	0	1	1	-1	1	0
0	X_6	-2	0	0	0	0	[-1]	1
$\sigma_j = c_j - \sum c_i a_{ij}$			0	0	-2	-2	-3	0

由于原问题 $X_6=-2$ 不可行，用对偶单纯形法迭代一次得表5.20。

表 5.20

C_j			5	8	6	0	0	0
C_B	X_B	B	X_1	X_2	X_3	X_4	X_5	X_6
5	X_1	6	1	0	0	2	0	-1
8	X_2	6	0	1	1	-1	0	1
0	X_5	2	0	0	0	0	1	-1
$\sigma_j = c_j - \sum c_i a_{ij}$			0	0	-2	-2	0	-3

新的最优解为 $\boldsymbol{X} = (6, 6, 0, 0, 2, 0)^{\mathrm{T}}$。

6 运筹学在实际问题中的应用

6.1 LINGO 简介

LINGO（Linear Interactive and General Optimizer）即交互式的线性和通用优化求解器的缩写。它是一套能够快速和有效地构建和求解线性、非线性和整数最优化模型的功能全面的工具。它内部设置功能强大的建模语言，能够建立和编辑问题的全功能环境，实现读取和写入 Excel 和数据库的功能，并且具有一系列完全内置的求解程序。

LINGO 主要有两种命令模式：

（1）Windows 模式：通过下拉式菜单命令驱动 LINGO 运行（多数菜单命令有快捷键，常用的菜单命令有快捷按钮），图形界面，使用方便；

（2）命令行模式：仅在命令窗口（Command Window）下操作，通过输入行命令驱动 LINGO 运行。

当用户在 Windows 系统下开始运行 LINGO 时，会得到一个窗口，包括文件菜单、编辑菜单、求解菜单、窗口菜单、帮助菜单以及工具栏。

6.1.1 文件菜单(File Menu)

1. 新建（New）

从文件菜单中选用“新建”命令、单击“新建”按钮或直接按 F2 键可以创建一个新的“Model”窗口。在这个新的“Model”窗口中能够输入所要求解的模型。

2. 打开（Open）

从文件菜单中选用“打开”命令、单击“打开”按钮或直接按 Ctrl + O 组合键可以打开一个已经存在的文本文件。

3. 保存（Save）

从文件菜单中选用“保存”命令、单击“保存”按钮或直接按 F4 键用来将当前活动窗口（最前台的窗口）中的模型结果、命令序列等保存为文件。

4. 另存为（Save As）

从文件菜单中选用“另存为”命令或按 F5 键可以将当前活动窗口中的内容保存为文本文件，其文件名为在“另存为”对话框中输入的文件名。利用这种方法可以将任何窗口的内容如模型、求解结果或命令保存为文件。

5. 关闭（Close）

在文件菜单中选用“关闭”（Close）命令或按 F6 键将关闭当前活动窗口。如果这个窗口是新建窗口或已经改变了当前文件的内容，LINGO 系统将会提示是否想要保存改变后的内容。

6. 打印（Print）

在文件菜单中选用“打印”（Print）命令、单击“打印”按钮或直接按 F7 键可以将当前活动窗口中的内容发送到打印机。

7. 打印设置（Print Setup）

在文件菜单中选用“打印设置”命令或直接按 F8 键可以将文件输出到指定的打印机。

8. 打印预览（Print Preview）

在文件菜单中选用“打印预览”命令或直接按 Shift + F8 键可以进行打印预览。

9. 输出到日志文件（Log Output）

从文件菜单中选用“Log Output”命令或按 F9 键打开一个对话框，用于生成一个日志文件，它存储接下来在“命令窗口”中输入的所有命令。

10. 提交 LINGO 命令脚本文件（Take Commands）

从文件菜单中选用“Take Commands”命令或直接按 F11 键就可以将 LINGO 命令脚本（command script）文件提交给系统进程来运行。

11. 引入 LINGO 文件（Export File）

优化模型输出到文件，有两个子菜单，分别表示两种输出格式(都是文本文件)：

MPS Format（MPS 格式）：是 IBM 公司制定的一种数学规划文件格式。

MPI Format（MPI 格式）：是 LINDO 公司制定的一种数学规划文件格式。

12. 用户信息（User Database Info）

弹出对话框，用户输入使用数据库时需要验证的用户名（User ID）和密码（Password），这些信息在使用@ ODBC( )函数访问数据库时要用到。

13. 退出（Exit）

从文件菜单中选用“Exit”命令或直接按 F10 键可以退出 LINGO 系统。

6.1.2 编辑菜单（Edit Menu）

1. 撤销（Undo）

从编辑菜单中选用“恢复”（Undo）命令或按 Ctrl + Z 组合键，将撤销上次操作，恢复至其前的状态。

2. 重做（Redo）

从编辑菜单中选用“重做”（Undo）命令或按 Ctrl + Y 组合键，将重复上次操作。

3. 剪切（Cut）

从编辑菜单中选用“剪切”（Cut）命令或按 Ctrl + X 组合键可以将当前选中的内容剪切至剪贴板中。

4. 复制（Copy）

从编辑菜单中选用“复制”（Copy）命令，单击“复制”按钮或按 Ctrl + C 组合键可以将当前选中的内容复制到剪贴板中。

5. 粘贴（Paste）

从编辑菜单中选用“粘贴”（Paste)命令、单击“粘贴”按钮或按 Ctrl + V 组合键可以将粘贴板中的当前内容复制到当前插入点的位置。

6. 粘贴特定（Paste Special）

与上面的命令不同，它可以用于剪贴板中的内容不是文本的情形。

7. 全选（Select All）

从编辑菜单中选用“Select All”命令或按 Ctrl + A 组合键可选定当前窗口中的所有内容。

8. 查找（Find）

从编辑菜单中选用“Find”命令或按 Ctrl + F 组合键，可在查找框内设定查找内容。

9. 查找下一处（Find Next）

从编辑菜单中选用“Find Next”命令或按 Ctrl + N 组合键，可进行继续查找。

10. 替换（Replace）

从编辑菜单中选用“Replace”命令或按 Ctrl + H 组合键，可实现替换功能。

11. 定位（Go to Line）

从编辑菜单中选用“Go to Line”命令或按 Ctrl + T 组合键，可实现定位功能，并能根据使用者的设定定位到具体的行首处。

12. 匹配小括号（Match Parenthesis）

从编辑菜单中选用“Match Parenthesis”命令、单击“Match Parenthesis”按钮或按 Ctrl + P 组合键可以为当前选中的开括号查找匹配的闭括号。

13. 粘贴函数（Paste Function）

从编辑菜单中选用“Paste Function”命令可以将 LINGO 的内部函数粘贴到当前插入点。

6.1.3 Solve 菜单

1. 求解模型（Solve）

从 LINGO 菜单中选用“求解”命令、单击“Solve”按钮或按 Ctrl + S 组合键可以将当前模型送入内存求解。

2. 求解结果（Solution）

从 LINGO 菜单中选用“Solution”命令、单击“Solution”按钮或直接按 Ctrl + W 组合键可以打开求解结果的对话框。这里可以指定查看当前内存中求解结果的内容。

3. 灵敏度分析（Range，Ctrl + R）

从 LINGO 菜单中选用“Range”命令或直接按 Ctrl + R 组合键可以产生当前模型的灵敏度分析报告。灵敏度分析用于研究目标函数的费用系数和约束右端项在什么范围内变化时，能够保持最优基保持不变。

由于灵敏度分析耗费相当多的求解时间，因此 LINGO 软件默认不激活，因此若要运行灵敏度分析，需要先激活该功能：在 Solve 菜单中选择“Options”选项，选择“General Solver”，在 Dual Computations 列表框中，选择“Prices and Ranges”选项，然后点击“Save”并且点击“OK”，这就完成了灵敏性分析的激活。

4. 调试（Debug）

从 LINGO 菜单中选用“Debug”命令或直接按 Ctrl + D 组合键可以用来调试程序，可以用于非物理 0 磁道坏软盘的修复以及物理 0 磁道坏软盘中的数据读取。

5. 查看(Look)

从 LINGO 菜单中选用“Look”命令或直接按 Ctrl + L 组合键可以查看全部的或选中的模型文本内容。

6.1.4 窗口菜单(Windows Menu)

1. 命令行窗口(Command Window)

从窗口菜单中选用“Command Window”命令或直接按 Ctrl +1 可以打开 LINGO 的命令行窗口。在命令行窗口中可以获得命令行界面,在“:”提示符后可以输入 LINGO 的命令行命令。

2. 状态窗口(Status Window)

从窗口菜单中选用“Status Window”命令或直接按 Ctrl +2 可以打开 LINGO 的求解状态窗口。如果在编译期间没有表达错误,那么 LINGO 将调用适当的求解器来求解模型。当求解器开始运行时,它就会显示图 6.1 所示的求解器状态窗口(LINGO Solver Status)。

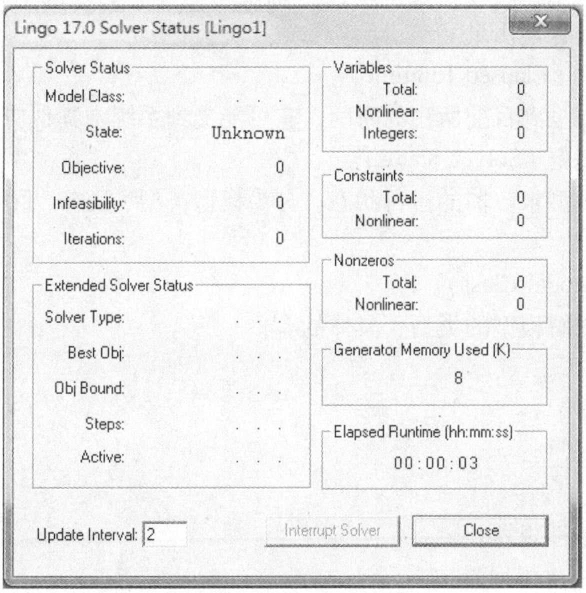

图 6.1 求解器状态窗口

求解器状态窗口用于考察求解器的进展和模型大小,并且提供了一个中断求解器按钮(Interrupt Solver),点击它会导致 LINGO 在下一次迭代时停止求解。

注意:在求解器中断后,得到的当前解有可能不是最优解、不是可行解或者对线性规划模型来说是无用解。

位于中断求解器按钮右边的是关闭按钮(Close)。点击它可以关闭求解器状态窗口,并且可通过选择“Windows”菜单中的“Status Window”重新打开。在中断求解器按钮左边是表示更新时间间隔(Update Interval)的域。LINGO 将根据该域指示的时间(以秒为单位)为周期更新求解器状态窗口。可以随意设置该域,不过若设置为 0 将导致求解时间变长,原因在于 LINGO 在更新上花费的时间将会超过求解模型的时间。

求解器状态窗口分为变量框、约束框、非零框、内存使用框、运行时间框以及求解器状态框等六个主要部分:

(1)变量框(Variables)。

用于统计该模型中决策变量的情况:Total 显示当前模型的全部变量数;Nonlinear 显示其中的非线性变量数;Integers 显示其中的整数变量数;非线性变量是指约束中存在的非线

性关系数。

(2) 约束框(Constraints)。

用于统计该模型中约束条件的情况：Total 显示当前模型扩展后的全部约束数；Nonlinear 显示其中的非线性约束数。非线性约束指的是该约束中至少有一个非线性变量，如果一个约束中的所有变量都是定值，那么该约束就被剔除出模型（该约束为真），不计入约束总数。

(3) 非零框(Nonzeros)。

用于统计该模型中系数的情况：Total 显示当前模型中全部非零系数的数目；Nonlinear 显示其中的非线性变量系数的数目。

(4) 内存使用框 (Generator Memory Used，单位：K)。

用于显示当前模型在内存中使用的内存量情况，可以通过使用 Solver 中的 Options 命令修改模型的最大内存使用量。

(5) 运行时间框 (Elapsed Runtime)。

用于显示求解模型到目前所用的时间，它可能受到系统中其他应用程序的影响。

(6) 求解器状态框 (Solver Status)。

用于显示当前模型求解器的运行状态。分为模型类型、状态、目标值、不可行性及迭代次数等五个部分：

① 模型类型 (Model Class)。

用于显示当前求解模型的类型，具体的有：

LP：线性规划；

QP：二次规划；

ILP：整数线性规划；

IQP：整数二次规划；

PILP：纯整数线性规划；

PIQP：纯整数二次规划；

NLP：非线性规划；

INLP：整数非线性规划；

PINLP：纯整数非线性规划。

② 状态 (State)。

用于表示当前解的类型，具体的有：

Global Optimum：全局最优解；

Local Optimum：局部最优解；

Feasible：可行解；

Infeasible：不可行解；

Unbounded：无界解；

Interrupted：中断解；

Undetermined：未确定解。

③目标值 (Objective)。

用于表示当前解的对应目标函数值，以实数形式体现。

④ 不可行性 (Infeasibility)。

用于表示当前约束不可行的数量，即当前解不满足约束条件的总量，以实数形式体现。

需要注意的是，即使该数值为0，当前解也未必是可行解，因为存在以上下界形式给出的约束，但是该约束并没有包含在不可行约束中。

⑤ 迭代次数（Iterations）。

用于表示到目前为止进行的迭代次数，以自然数形式体现。

（7）扩展求解器状态框（Extended Solver Status）。

用于显示 LINGO 中几个特殊求解器的运行状态，仅当扩展求解器运行时才会更新，包含以下五个方面内容：

① 求解类型（Solver Type）。

用于表示使用的特殊求解程序，包含分枝定界法（B and B）、全局最优求解（Global）、用多个初始点求解（Multistart）等求解程序。

② 最佳目标函数值（Best Obj）。

用于表示到目前为止找到的可行解的最佳目标函数值，以实数形式体现。

③ 目标函数值的界（Obj Bound）。

用于表示到目前为止找到的目标函数值的界，以实数形式体现。

④ 运行步数（Steps）。

用于表示到目前为止求解特殊程序的当前运行步数，以自然数形式体现。例如对 B-and-B 程序的分枝数；对 Global 程序的子问题数；对 Multistart 程序的初始点数。

⑤ 有效步数（Active）。

用于表示到目前为止求解程序的有效步数，以自然数形式体现。

6.1.5 帮助菜单（Help Menu）

1. 帮助主题（Help Menu）

从帮助菜单中选用"Help Menu"可以打开 LINGO 的帮助文件。

2. 关于 LINGO（About LINGO）

关于当前 LINGO 的版本信息等。

6.1.6 LINGO 工具栏

工具栏具体内容如图 6.2 所示。

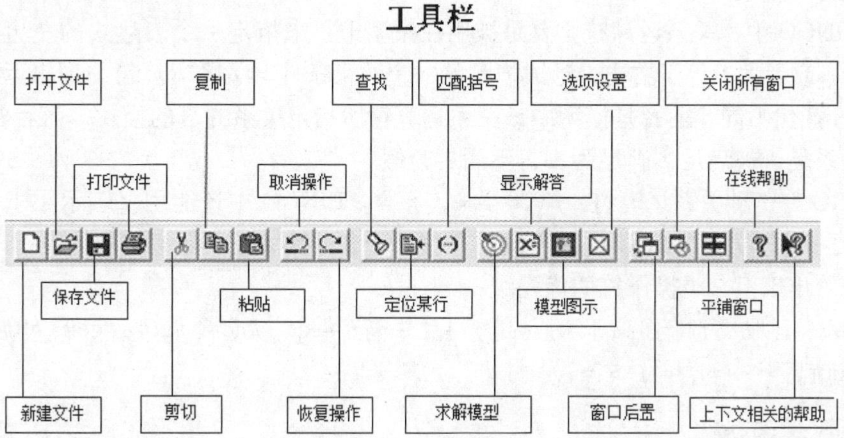

图 6.2 LINGO 工具栏

6.2 LINGO 函数

LINGO 有 8 种类型的函数。

6.2.1 基本运算符

1. 算术运算符

算术运算符是针对数值进行操作的。LINGO 提供了 5 种二元运算符，即^：乘方；*：乘；/：除；+：加；-：减，以及唯一的一元算术运算符 -（取反函数）。这些运算符的优先级由高到低为：-（取反）高于^高于 */高于 + -，并且运算符的运算次序为从左到右按优先级高低来执行。运算的次序可以用圆括号“()”来改变。

2. 逻辑运算符

在 LINGO 中，逻辑运算符主要用于集循环函数的条件表达式中，用来控制在函数中被包含、被排斥的集成员。LINGO 具有 9 种逻辑运算符：

#not#：否定该操作数的逻辑值，#not#是一个一元运算符；

#eq#：若两个运算数相等，则为 true；否则为 false；

#ne#：若两个运算符不相等，则为 true；否则为 false；

#gt#：若左边的运算符严格大于右边的运算符，则为 true；否则为 false；

#ge#：若左边的运算符大于或等于右边的运算符，则为 true；否则为 false；

#lt#：若左边的运算符严格小于右边的运算符，则为 true；否则为 false；

#le#：若左边的运算符小于或等于右边的运算符，则为 true；否则为 false；

#and#：仅当两个参数都为 true 时，结果为 true；否则为 false；

#or#：仅当两个参数都为 false 时，结果为 false；否则为 true；

这些运算符的优先级由高到低为

#not#高于#eq# #ne# #gt# #ge# #lt# #le#高于#and# #or#

例 6.1 对于“2 >4 并且 8 >3”，LINGO 语言为 2 #gt# 4 #and# 8 #gt# 3，其结果为 false(0)。

3. 关系运算符

在 LINGO 中，关系运算符主要是被用在模型中，来指定一个表达式的左边是否等于、小于等于、或者大于等于右边，形成模型的一个约束条件。关系运算符与逻辑运算符#eq#、#le#、#ge#截然不同，前者是模型中该关系运算符所指定关系为真的描述，而后者仅仅判断一个该关系是否被满足：满足为真，不满足为假。

LINGO 有三种关系运算符：=，<=，>=。LINGO 中还能用 < 表示小于等于关系，> 表示大于等于关系。LINGO 并不支持严格小于和严格大于关系运算符。

下面给出以上三类操作符的优先级：

#not#、-（取反）高于^高于 *、/高于 +、- 高于#eq#、#ne#、#gt#、#ge#、#lt#、#le#高于#and#、#or#高于 <=、=、>=。

6.2.2 数学函数

LINGO 提供了大量的标准数学函数：

@abs(x)：返回 x 的绝对值；

@sin(x)：返回 x 的正弦值，x 采用弧度制；

@cos(x)：返回 x 的余弦值；

@tan(x)：返回 x 的正切值；

@exp(x)：返回常数 e 的 x 次方；

@log(x)：返回 x 的自然对数；

@lgm(x)：返回 x 的 gamma 函数的自然对数；

@sign(x)：如果 $x<0$ 返回 -1；否则，返回 1；

@floor(x)：返回 x 的整数部分。当 $x>=0$ 时，返回不超过 x 的最大整数；当 $x<0$ 时，返回不低于 x 的最大整数；

@smax($x_1, x_2, \cdots, x_n$)：返回 $x_1, x_2, \cdots, x_n$ 中的最大值；

@smin($x_1, x_2, \cdots, x_n$)：返回 $x_1, x_2, \cdots, x_n$ 中的最小值。

6.2.3 金融函数

目前 LINGO 提供了两个金融函数。

1. @fpa(I,n)

表示当单位时段利率为 I，连续 n 个时段支付，每个时段支付的单位费用。净现值表示为了获得一定收益在该时期初所支付的实际费用，若每个时段支付 x 单位的费用，则净现值可用 x 乘以@fpa(I,n)算得，其中

$$@\mathrm{fpa}(I,n)=\sum_{k=1}^{n}\frac{1}{(1+I)^{k}}=\frac{1-(1+I)^{-n}}{I}$$

例 6.2 若贷款金额为 80000 元，贷款年利率为 4.58%，问:拟贷款 5 年，每年需偿还多少元?

LINGO 代码如下：

```
80000 = x * @fpa(.0458,5);
```

答案是 x = 18263.98 元。

2. @fpl(I,n)

表示当单位时段利率为 I，第 n 个时段支付单位费用。其中

$$@\mathrm{fpl}(I,n)=(1+I)^{-n}$$

这里

$$@\mathrm{fpa}(I,n)=\sum_{k=1}^{n}@\mathrm{fpl}(I,k)。$$

6.2.4 概率函数

1. @pbn(p,n,x)

表示二项分布的累积分布函数。当 n 和(或)x 不是整数时，可用线性插值法进行计算。

2. @pcx(n,x)

表示自由度为 n 的 χ^2 分布累积分布函数。

3. @peb(a,x)

表示当到达负荷为 a，服务系统有 x 个服务器且允许无穷排队时的 Erlang 繁忙概率。

4. @ pel(a , x)

表示当到达负荷为 a，服务系统有 x 个服务器且不允许排队时的 Erlang 繁忙概率。

5. @ pfd(n , d , x)

表示自由度为 n 和 d 的 F 分布的累积分布函数。

6. @ pfs(a , x , c)

表示当负荷上限为 a，顾客数为 c，平行服务器数量为 x 时，有限源的 Poisson 服务系统的等待或返修顾客数的期望值。a 是顾客数乘以平均服务时间，再除以平均返修时间。当 c 和（或）x 不是整数时，采用线性插值进行计算。

7. @ phg(pop , g , n , x)

表示超几何（Hypergeometric）分布的累积分布函数。pop 表示产品总数，g 是正品数。从所有产品中任意取出 $n(n \leqslant pop)$ 件。pop，g，n 和 x 都可以是非整数，这时采用线性插值进行计算。

8. @ ppl(a , x)

表示 Poisson 分布的线性损失函数，即返回 $\max(0,\ z-x)$ 的期望值，其中随机变量 z 服从均值为 a 的 Poisson 分布。

9. @ pps(a , x)

表示均值为 a 的 Poisson 分布的累积分布函数。当 x 不是整数时，采用线性插值进行计算。

10. @ psl(x)

表示单位正态线性损失函数，即返回 $\max(0,\ z-x)$ 的期望值，其中随机变量 z 服从标准正态分布。

11. @ psn(x)

表示标准正态分布的累积分布函数。

12. @ ptd(n , x)

表示自由度为 n 的 t 分布的累积分布函数。

13. @ qrand(seed)

表示产生服从（0，1）区间的拟随机数。@ qrand 只允许在模型的数据部分使用，它将用拟随机数填满集属性。通常，声明一个 $m \times n$ 的二维表，m 表示运行实验的次数，n 表示每次实验所需的随机数的个数。在行内，随机数是独立分布的；在行间，随机数是非常均匀的，这些随机数是用“分层取样”的方法产生的。

14. @ rand(seed)

返回 0 和 1 间的伪随机数，依赖于指定的种子。典型用法是 $U(I+1)$ = @ rand($U(I)$)。注意：如果 seed 不变，那么产生的随机数也不变。

6.2.5 变量界定函数

变量界定函数实现对变量取值范围的附加限制，共有 4 种：

@ bin(x)：限制 x 为 0 或 1；

@ bnd(L , x , U)：限制 $L \leqslant x \leqslant U$；

@ free(x)：取消对变量 x 的默认下界为 0 的限制，即 x 可以取任意实数；

@ gin(x)：限制 x 为整数。

在默认情况下，LINGO 规定变量是非负的，即下界为 0，上界为∞。@ free 取消了默认的下界为 0 的限制，使变量也可以取负值。@ bnd 用于设定一个变量的上下界，它也可以取消默认下界为 0 的约束。

例 6.3 @bnd(1, x, 2) 表示 $1 \leq x \leq 2$。

6.2.6 集操作函数

1. @ in(set_name,primitive_index_1 [, primitive_index_2, …])

用于帮助处理表示元素与指定集的关系，若元素在指定集中，返回 1；否则返回 0。

2. @ index([set_name,] primitive_set_element)

该函数返回在集 set_name 中原始集成员 primitive_set_element 的索引。如果 set_name 被忽略，那么 LINGO 将返回与 primitive_set_element 匹配的第一个原始集成员的索引。如果找不到，则产生一个错误。

3. @ wrap(index,limit)

该函数返回 j = index - k × limit，其中 k 是一个整数，取适当值保证 j 落在区间 [1, limit] 内。该函数相当于 index 模 limit 再加 1。该函数在循环、多阶段计划编制中经常使用。

4. @ size(set_name)

该函数返回集 set_name 的成员个数。在模型中明确给出集的大小时最好使用该函数。它的使用使模型更加数据中立，集的大小改变时也更易维护。

6.2.7 集循环函数

集循环函数可以对整个集进行操作。其语法为

@ function(setname[(set_index_list)[|conditional_qualifier]]:expression_list);

@ function 相应于下面罗列的四个集循环函数之一(@ for, @ sum, @ min 或@ max, @ prod)。

setname 是要访问的集。

set_index_list 是可选的，它用于创建索引列表。每个索引对应于形成集合名称指定集的父集、原始集之一。随着 LINGO 访问该集的成员，它将对应集合当前成员在 set_index_list 中设定值。

conditional_qualifier 也是可选的，是用来限制集循环函数的范围，当集循环函数访问集的每个成员时，LINGO 都要对 conditional_qualifier 进行评价，若结果为真，则对该成员执行@ function 操作，否则跳过，继续执行下一次循环。

expression_list 是被应用到每个集成员的表达式列表，当用的是@ for 函数时，expression_list 可以包含多个表达式，用逗号隔开。这些表达式将被作为约束加到模型中。当使用其余的三个集循环函数时，expression_list 只能有一个表达式。如果省略 set_index_list，那么在 expression_list 中引用的所有属性的类型都是 setname 集。

1. @ for

该函数用来产生对集成员的约束。基于建模语言的标量需要显式输入每个约束，不过@ for 函数允许只输入一个约束，然后 LINGO 自动产生每个集成员的约束。

例 6.4 产生序列{5, 9, 13, 17, 21, 25}。

```
model:
sets:
  number/1..6/:x;
endsets
  @for(number(n): x(n) =4*n+1);
end
```

2. @ sum

该函数返回访问指定集成员的一个表达式的和。

例 6.5 求向量 [1, 4, 6, 8, 2, 5, 3, 7] 前 6 个数的和。

```
model:
sets:
  number/1..8/:x;
endsets
data:
  x =1 4 6 8 2 5 3 7;
enddata
  s = @sum(number(n) | n #le# 6: x);
end
```

3. @ min 和@ max

返回指定集成员的一个表达式的最小值或最大值。

例 6.6 求向量 [1, 4, 6, 8, 2, 5, 3, 7] 前 4 个数的最小值，后 5 个数的最大值。

```
model:
sets:
  number/1..8/:x;
endsets
data:
  x =1 4 6 8 2 5 3 7;
enddata
  minv = @min(number(I) | I #le# 4: x);
  maxv = @max(number(I) | I #ge# 8 -5: x);
end
```

4. @ prod

集合属性的乘积函数，也就是说对里面的各个数据求积，返回集合上表达式的积。

例 6.7 求向量 [1, 4, 6, 8, 2, 5, 3, 7] 所有数的乘积。

```
model:
sets:
number/1..8/:x;
endsets
data:
x =1 4 6 8 2 5 3 7;
```

```
enddata
p = @ prod( number( n) : x( n));
end
```

6.2.8　辅助函数

1. @ if (logical_condition, true_result, false_result)

@ if 函数将评价一个逻辑表达式 logical_condition，如果为真，返回 true_ result，否则返回 false_result。

例 6.8　求解最优化问题：

$$\min\ a(x)+b(x)$$

$$\text{s. t.}\quad a(x)=\begin{cases}2x^2+4x & (x>0)\\ 4x & (x\leqslant 0)\end{cases},\quad b(x)=\begin{cases}6y+35 & (y>0)\\ 6y & (y\leqslant 0)\end{cases}$$

其 LINGO 代码如下：

```
model:
  min = ax + by;
  fx = @ if( x #gt# 0, 2 * x^2,0) +4 * x;
  fy = @ if( y #gt# 0,35,0) +6 * y;
end
```

2. @ warn('text', logical_condition)

如果逻辑条件 logical_condition 为真，则产生一个内容为“text”的信息框。

例 6.9

```
model:
  x = 1;
  @ warn( 'x 是正数', x #gt# 0);
end
```

6.3　线性规划问题

例如

$$\max Z = 2x_1 + 3x_2$$

$$\text{s. t.}\begin{cases}2x_1+2x_2 \leqslant 12\\ 4x_1 \leqslant 16\\ 5x_2 \leqslant 15\\ x_i \geqslant 0\ (i=1,2)\end{cases}$$

在模型窗口输入如图 6.3 所示代码：

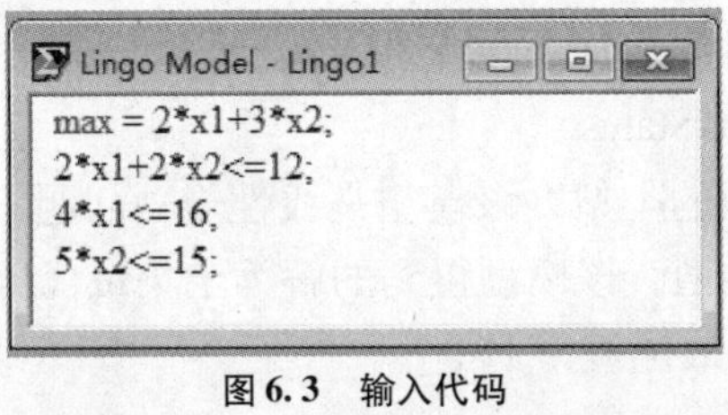

图 6.3　输入代码

注意：运算符号需要在英文状态下输入。然后用LINGO菜单下的solve或者点击工具栏上的按钮对该模型进行求解，在编译阶段如果没有语法错误，LINGO会通过调用内部的求解器为模型搜索最优解，如图6.4所示。

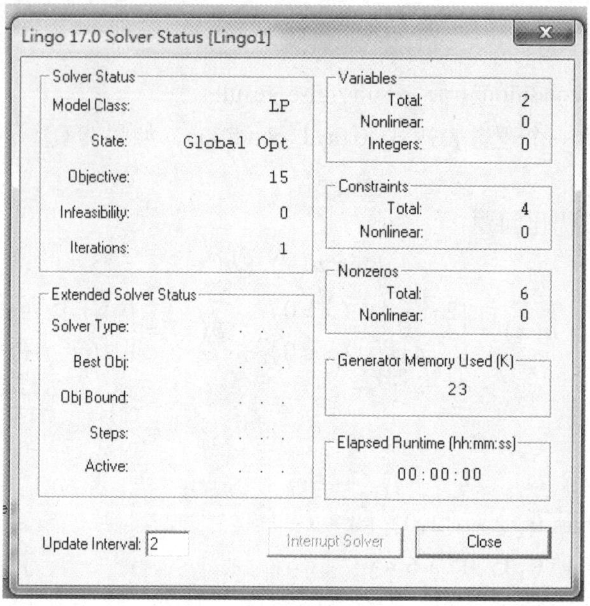

图6.4 求解状态窗口

求解状态窗口内各项：

(1) 变量框(Variables)。

Total：统计模型中的变量个数，这里变量为x1与x2，共2个；

Nonlinear：统计模型中所有变量均为线性关系的个数，这里非线性变量的个数为0；

Integer：统计模型中变量为整数的个数，这里个数为0。

(2)约束框(Constraints)。

Total：统计模型中所有的约束条件个数。LINGO默认变量非负，因此共有4个约束条件；

Nonlinear：统计模型中所有的非线性约束的个数为0。

(3)非零框(Nonzeros)。

统计模型中非零系数的总数和非线性变量的数目。

Total：模型中非零系数分别为2，3，2，2，4，5，共计6个；

Nonlinear：非线性变量个数为0。

(4) 内存框(Generator Memory Used)。

统计模型求解时使用的内存量。

(5) 运行时间框(Elapsed Runtime)。

统计模型求解时用的时间，这个会受电脑运行的其他程序的影响。

(6)状态窗口框(Solver Status)。

Model Class：说明模型的类型，该模型是线性规划问题(LP)；

State：说明模型解的类型，该模型得到的解为全集最优解(Global Optimum)；

Objective：目标函数的最优值为15；

Infeasibility：统计模型中约束条件冲突的个数，该模型没有冲突的约束条件；

Iterations：统计模型算法的次数，共计迭代 1 次。

最后会显示一个如图 6.5 所示的求解状态窗口：

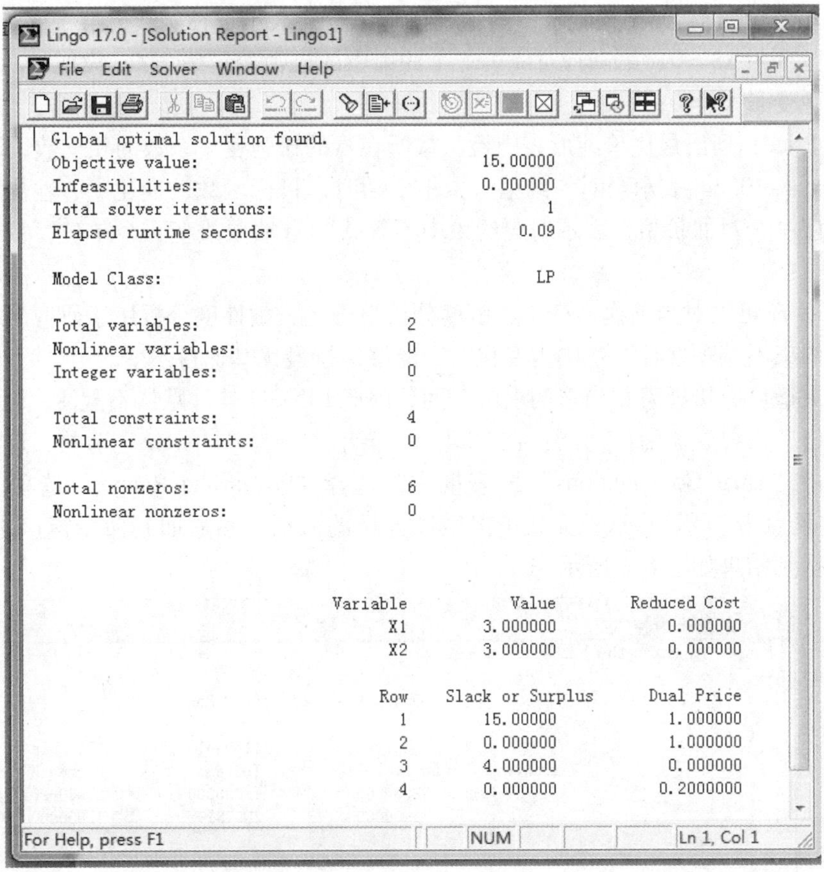

图 6.5　求解状态窗口

下面给出其结果的一般解释：

Global optimal solution found：得到全局最优解；

Objective value：目标函数值为 15；

Infeasibilities：约束条件冲突的个数为 0；

Total solver iterations：算法共迭代 1 次；

Elapsed runtime seconds：运行时间为 0.09 秒；

Model Class：为线性规划模型；

Total variables：共有 2 个变量；

Nonlinear variables：非线性变量个数为 0；

Integer variables：整数变量个数为 0；

Total constraints：约束条件个数为 4；

Nonlinear constraints：非线性约束个数为 0；

Total nonzeros：模型中非零系数个数为 6；

Nonlinear nonzeros：模型中非线性且非零系数的个数为 0；

Variable：最优解中变量的值 x1 =3，x2 =3；

Reduced Cost：列出最优单纯形表中判别数所在行的变量的系数，表示当变量有微小变动时，目标函数的变化率，其中基变量的 Reduced Cost 值应为 0；

Slack or Surplus：给出松弛变量的值。模型第一行表示目标函数，第二行对应第一个约束中的松弛变量 x3 =0；第三行对应第二个约束中的松弛变量 x4 =4；第四行对应第三个约束中的松弛变量 x5 =0；

Dual Price：列出最优单纯形表中检验数所在行的松弛变量系数的相反数，即 $\sigma_3=-1$，$\sigma_4=0$，$\sigma_5=-0.2$。表示当对应约束有微小变动时，目标函数的变化率，输出结果中每一个约束对应一个对偶价格，表示对应约束中不等式的右端项改变一个单位，目标函数将改变的数量。

LINGO 还可以对当前模型产生灵敏度分析报告。灵敏性度分析用于研究目标函数的费用系数和约束右端项在什么范围内变化时，能够保持最优基保持不变。

由于灵敏度分析耗费相当多的求解时间，因此 LINGO 软件默认不激活，因此若要运行灵敏度分析，需要先激活该功能：在“Solver”菜单中选择“Options”选项，选择“General Solver”，在“Dual Computations”列表框中，选择“Prices and Ranges”选项，然后点击“Save”并且点击“OK”，这就完成了灵敏度分析的激活。然后回到命令窗口，按 Ctrl + R 组合键，得到结果如图 6.6 所示。

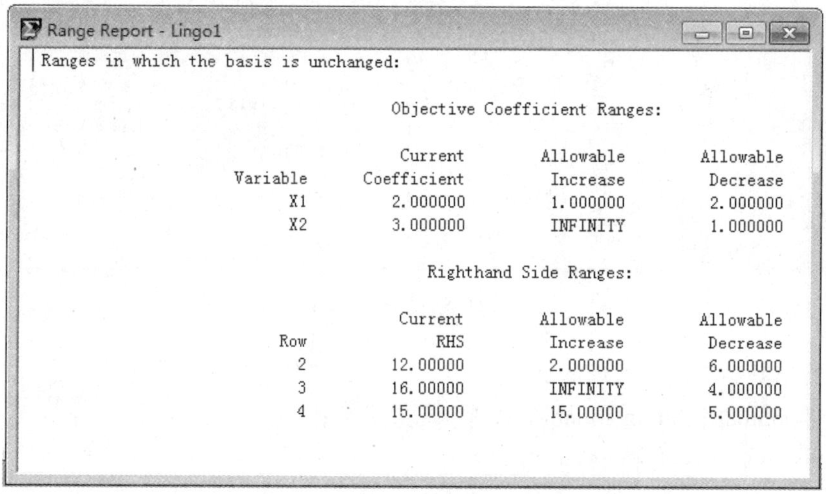
Range Report - Lingo1

Ranges in which the basis is unchanged:

Objective Coefficient Ranges:

Variable	Current Coefficient	Allowable Increase	Allowable Decrease
X1	2.000000	1.000000	2.000000
X2	3.000000	INFINITY	1.000000

Righthand Side Ranges:

Row	Current RHS	Allowable Increase	Allowable Decrease
2	12.00000	2.000000	6.000000
3	16.00000	INFINITY	4.000000
4	15.00000	15.00000	5.000000

图 6.6　运行结果

表示在现有的目标函数中 x_1 的价值系数为 2，在其他系数均不变的前提下，当 x_1 的价值系数增加 1 或减少 2 时，说明当 x_1 的价值系数在 [2 -2，2 +1] = [0，3] 范围内变化时，最优基不变；同样的，在现有的目标函数中 x^2 的价值系数为 3，当 x_2 的价值系数在 [3 -1，3 + ∞] = [2，∞] 范围内变化时，能保证最优基不变。

对于约束函数中的常数项，为了保证最优基不变，第一个常数项的变化范围为 [6，14]；第二个常数项的变化范围为 [12，∞]；第三个常数项的变化范围为 [10，30]。

例 6.10

$$\min Z=2x_1+3x_2$$

$$\text{s. t. }\begin{cases}4x_1+6x_2\geqslant 6\\4x_1+2x_2\geqslant 4\\x_i\geqslant 0,\ i=1,2\end{cases}$$

在模型窗口输入如下代码：

```
min =2 * x1 +3 * x2;
4 * x1 +6 * x2 > =6;
4 * x1 +2 * x2 > =4;
```

运行 LINGO，得到结果如图 6.7 所示。

```
Solution Report - Lingo1
 Global optimal solution found.
 Objective value:                              3.000000
 Infeasibilities:                              0.000000
 Total solver iterations:                             2
 Elapsed runtime seconds:                          0.80

 Model Class:                                        LP

 Total variables:                      2
 Nonlinear variables:                  0
 Integer variables:                    0

 Total constraints:                    3
 Nonlinear constraints:                0

 Total nonzeros:                       6
 Nonlinear nonzeros:                   0


                                Variable           Value        Reduced Cost
                                      X1       0.7500000            0.000000
                                      X2       0.5000000            0.000000

                                     Row    Slack or Surplus      Dual Price
                                       1        3.000000           -1.000000
                                       2        0.000000          -0.5000000
                                       3        0.000000            0.000000
```

图 6.7 运行结果

运行表明当 $x_1=0.75$，$x_2=0.5$ 时，该模型得到全局最优解(Global Optimum)，最优值为3。事实上，利用单纯形法或是图解法可知，该问题应具有无穷多最优解，虽然在结果中没有直接指明解的无穷多性，但在运行结果的最后，可以发现存在一个非基变量的 Dual Price 数为零，即检验数为 0，可以说明该问题具有无穷多最优解。

例 6.11

$$\max Z=3x_1+2x_2$$

$$\text{s. t. }\begin{cases}2x_1+x_2\leqslant 2\\3x_1+4x_2\geqslant 12\\x_i\geqslant 0\ (i=1,2)\end{cases}$$

在模型窗口输入如下代码：

```
max =3 * x1 +2 * x2;
```

```
2 * x1 + x2 < = 2;
3 * x1 + 4 * x2 > = 12;
```

运行 LINGO，得到结果如图 6.8 所示。

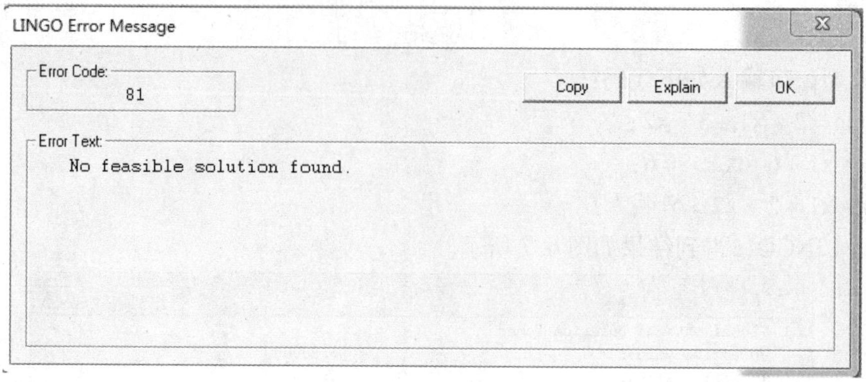

图 6.8 运行结果

说明得到的解为“No feasible solution found”，即为无可行解。

例 6.12

$$\max Z = 5x_1 + 6x_2$$

$$\text{s. t.} \begin{cases} 2x_1 - x_2 \geqslant 2 \\ -2x_1 + 3x_2 \leqslant 2 \\ x_i \geqslant 0 \ (i = 1, 2) \end{cases}$$

在模型窗口输入如下代码：

```
max = 5 * x1 + 6 * x2;
2 * x1 - x2 > = 2;
-2 * x1 + 3 * x2 < = 2;
```

点击 Solve，得到结果如图 6.9 所示。

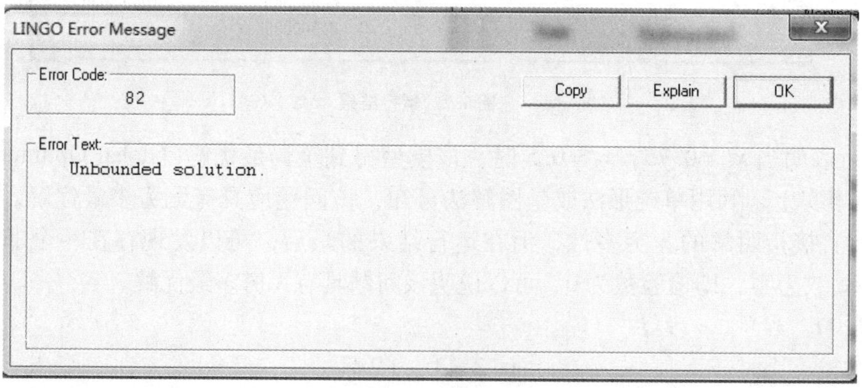

图 6.9 运行结果

说明得到的解为“Unbounded solution”，即为无界解。

习题二

1. 将下列线性规划问题化为标准型。

(1) $\min Z=2x_1+x_2+x_3$

$$\text{s.t.}\begin{cases}2x_1-x_2+x_3=2\\x_1+x_3=2\\x_i\geqslant 0\ (i=1,2)\end{cases};$$

(2) $\min Z=x_1+2x_2-3x_3$

$$\text{s.t.}\begin{cases}x_1+x_2+x_3\leqslant 9\\-x_1-2x_2+x_3\geqslant 2\\3x_1+x_2-3x_3=5\\x_1\leqslant 0,\ x_2\geqslant 0\end{cases};$$

(3) $\min Z=-2x_1+x_2+3x_3$

$$\text{s.t.}\begin{cases}5x_1+x_2+x_3\leqslant 7\\x_1-x_2-4x_3\geqslant 2\\-3x_1+x_2+2x_3=-5\\x_1,\ x_2\geqslant 0\end{cases}$$

2. 用单纯形法求解并判断解的类型。

(1) $\max Z=50x_1+30x_2$

$$\text{s.t.}\begin{cases}4x_1+3x_2\leqslant 120\\2x_1+x_2\leqslant 50\\x_1\geqslant 0,\ x_2\geqslant 0\end{cases};$$

(2) $\max Z=70x_1+120x_2$

$$\text{s.t.}\begin{cases}9x_1+4x_2\leqslant 360\\4x_1+5x_2\leqslant 200\\3x_1+10x_2\leqslant 300\\x_1,\ x_2\geqslant 0\end{cases};$$

(3) $\max Z=3x_1+2x_2$

$$\text{s.t.}\begin{cases}-2x_1+x_2\leqslant 2\\x_1-3x_2\leqslant 3\\x_1,\ x_2\geqslant 0\end{cases};$$

(4) $\max Z=2x_1-x_2+x_3$

$$\text{s.t.}\begin{cases}3x_1+x_2+x_3\leqslant 60\\x_1-x_2+2x_3\leqslant 10\\x_1+x_2-x_3\leqslant 20\\x_j\geqslant 0\ (j=1,2,3)\end{cases};$$

(5) $\max Z=3x_1+2x_2$

$$\text{s.t.}\begin{cases}2x_1-3x_2\leqslant 3\\-x_1+x_2\leqslant 5\\x_j\geqslant 0\end{cases}$$

3. 线性规划问题 $\max z=\boldsymbol{CX}$，$\boldsymbol{AX}=\boldsymbol{b}$（$\boldsymbol{X}\geqslant 0$），如果 $\boldsymbol{X}^*$ 是该问题的最优解，又 $\lambda>0$ 为某一常数，分别讨论下列情况时最优解的变化：

(1) 目标函数变为 $\max z=\lambda\boldsymbol{CX}$；

(2) 目标函数变为 $\max z=(\boldsymbol{C}+\lambda)\boldsymbol{X}$；

(3) 目标函数变为 $\max z=\dfrac{\boldsymbol{C}}{\lambda}\boldsymbol{X}$，约束条件变为 $\boldsymbol{AX}=\lambda\boldsymbol{b}$。

4. 用大 M 法或两阶段法解下列线性规划问题并指出问题的解属于哪一类。

(1) $\max z=6x_1+x_2-x_3+x_4$

$$\text{s. t.}\begin{cases}x_1+2x_2+x_3=15\\2x_1+5x_2=18\\2x_1+4x_2+x_3+x_4=10\\x_j\geqslant 0\end{cases};$$

(2) $\max z=4x_1+3x_2$

$$\text{s. t.}\begin{cases}3x_1+6x_2+3x_3-4x_4=12\\6x_1+3x_3=12\\3x_1-6x_2+4x_4=0\\x_j\geqslant 0\end{cases};$$

(3) $\max z=3x_1+2x_2+4x_3+8x_4$

$$\text{s. t.}\begin{cases}x_1+2x_2+5x_3+6x_4\geqslant 8\\-2x_1+5x_2+3x_3-5x_4\leqslant 3\\x_j\geqslant 0\end{cases};$$

(4) $\max z=4x_1+5x_2+x_3$

$$\text{s. t.}\begin{cases}3x_1+2x_2+x_3\geqslant 18\\2x_1+x_2\leqslant 4\\x_1+x_2-x_3=5\\x_j\geqslant 0\end{cases};$$

(5) $\max z=2x_1+x_2+x_3$

$$\text{s. t.}\begin{cases}4x_1+2x_2+2x_3\geqslant 4\\2x_1+4x_2\leqslant 20\\4x_1+8x_2+2x_3\leqslant 16\\x_j\geqslant 0\end{cases};$$

(6) $\max z=x_1+x_2$

$$\text{s. t.}\begin{cases}8x_1+6x_2\geqslant 24\\4x_1+6x_2\geqslant -12\\2x_2\geqslant 4\\x_j\geqslant 0\end{cases};$$

(7) $\max z=x_1+2x_2+3x_3-x_4$

$$\text{s. t.}\begin{cases}x_1+2x_2+3x_3=15\\2x_1+x_2+5x_3=20\\x_1+2x_2+x_3+x_4=10\\x_j\geqslant 0\end{cases};$$

(8) $\max z=2x_1+x_2$

$$\text{s. t.}\begin{cases}x_1+x_2\leqslant 2\\2x_1+2x_2\geqslant 6\\x_{1-2}\geqslant 0\end{cases};$$

(9) $\max z=2x_1-x_2+2x_3$

$$\text{s. t.}\begin{cases}x_1+x_2+x_3\geqslant 6\\-2x_1+x_3\geqslant 2\\2x_2-x_3\geqslant 0\\x_1,\ x_2,\ x_3\geqslant 0\end{cases};$$

(10) $\max z=3x_1-x_2-2x_3$

$$\text{s. t.}\begin{cases}3x_1+2x_2-3x_3=6\\x_1-2x_2+x_3=4\\x_1,\ x_2,\ x_3\geqslant 0\end{cases};$$

(11) $\max z=x_1+3x_2+4x_3$

$$\text{s. t.}\begin{cases}3x_1+2x_2\leqslant 13\\x_2+3x_2\leqslant 17\\2x_1+x_2+x_3=13\\x_j\geqslant 0\end{cases}$$

5. 表 1 为用单纯形法计算时某一步的表格。已知该线性规划的目标函数为 $\max z=5x_1+3x_2$，约束形式为≤，x_3 和 x_4 为松弛变量，表中解代入目标函数后得 $z=10$。

表 1

	x_1	x_2	x_3	x_4
x_3 2	c	0	1	1/5
x_1 a	d	e	0	1
c_j-z_j	b	−1	f	g

(1) 求 $a \sim g$ 的值。

(2) 表中给出的解是否为最优解?

6. 判断下列集合是否为凸集:

(1) $X=\{[x_1,x_2] \mid x_1,x_2 \geqslant 30, x_1 \geqslant 0, x_2 \geqslant 0\}$

(2) $X=\{[x_1,x_2] \mid x_2-3 \leqslant x_1^2,\ x_1 \geqslant 0, x_2 \geqslant 0\}$

(3) $X=\{[x_1,x_2] \mid x_1^2+x_2^2 \leqslant 1\}$

7. 建立下面问题的数学模型。

某公司有 30 万元可用于投资,投资方案有下列几种:

方案Ⅰ:年初投资 1 元,第二年年底可收回 1.2 元。5 年内都可以投资, 但投资额不能超过 15 万元。

方案Ⅱ:年初投资 1 元,第三年年底可收回 1.3 元。5 年内都可以投资。

方案Ⅲ:年初投资 1 元,第四年年底可收回 1.4 元。5 年内都可以投资。

方案Ⅳ:只在第二年年初有一次投资机会,每投资 1 元,四年后可收回 1.7 元。但最多投资额不能超过 10 万元。

方案Ⅴ:只在第四年年初有一次投资机会,每投资 1 元,年底可收回 1.4 元。但最多投资额不能超过 20 万元。

方案Ⅵ:存入银行,每年年初存入 1 元,年底可收回 1.02 元。

投资所得的收益及银行所得利息也可用于投资。求使公司在第五年底收回资金最多的投资方案。

8. 下述线性规划问题中,分别求目标函数值 z 的上界 $\bar{Z}^*$ 和下界 $\underline{Z}^*$:

(1)
$$\max z = c_1x_1 + c_2x_2$$
$$\text{s.t.}\begin{cases} a_{11}x_1 + a_{12}x_2 \leqslant b_1 \\ a_{21}x_1 + a_{22}x_2 \leqslant b_2 \\ x_1,\ x_2 > 0 \end{cases}$$
式中,$1 \leqslant c_1 \leqslant 3$, $4 \leqslant c_2 \leqslant 6$; $8 \leqslant b_1 \leqslant 12$, $10 \leqslant b_2 \leqslant 14$; $-1 \leqslant a_{11} \leqslant 3$, $2 \leqslant a_{12} \leqslant 5$; $2 \leqslant a_{21} \leqslant 4$, $4 \leqslant a_{22} \leqslant 6$;

(2)
$$\max z = c_1x_1 + c_2x_2$$
$$\text{s.t.}\begin{cases} a_{11}x_1 + a_{12}x_2 \leqslant b_1 \\ a_{21}x_1 - a_{22}x_2 \leqslant b_2 \\ x_1,\ x_2 > 0 \end{cases}$$
式中,$2 \leqslant c_1 \leqslant 3$, $4 \leqslant c_2 \leqslant 6$; $8 \leqslant b_1 \leqslant 12$, $10 \leqslant b_2 \leqslant 15$; $-1 \leqslant a_{11} \leqslant 1$, $2 \leqslant a_{12} \leqslant 4$; $2 \leqslant a_{21} \leqslant 5$, $4 \leqslant a_{22} \leqslant 6$

9. 某人有一笔 30 万元的资金,在今后三年内有以下投资项目:

(1) 三年内的每年年初均可投资,每年获利为投资额的 20%,其本利可一起用于下一年投资;

(2) 只允许第一年年初投入,第二年年底可收回,本利合计为投资额的 150%,但此类投资限额不超过 15 万元;

(3) 于三年内第二年初允许投资,可于第三年年底收回,本利合计为投资额的 160%,这类投资限额 20 万元;

(4) 于三年内的第三年初允许投资,一年回收,可获利 40%,投资限额为 10 万元。试为该人确定一个使第三年年底本利和为最大的投资计划。

10. 一个大的造纸公司下设 10 个造纸厂,供应 1000 个用户。这些造纸厂内应用 3 种可以互相代换的机器,4 种不同的原材料生产 5 种类型的纸张。公司要制订计划,确定每个工厂每台机器上生产各种类型纸张的数量,并确定每个工厂生产的哪一种类型纸张,供应哪些用户及供应的数量,使总的运输费用最少。已知:

D_{jk}——j 用户每月需要 k 型纸张数量；

r_{klm}——在 l 型设备上生产单位 k 型纸所需 m 类原材料数量；

R_{im}——第 i 纸厂每月可用的 m 类原材料数量；

c_{kl}——在 l 型设备上生产单位 k 型纸占用的设备台时数；

c_{il}——第 i 纸厂第 l 型设备每月可用的台时数；

P_{ikl}——第 i 纸厂在第 l 型设备上生产单位 k 型纸的费用；

T_{ijk}——从第 i 纸厂到第 j 用户运输单位 k 型纸的费用。

试建立这个问题的线性规划模型。

11. 表 2 中给出某求极大化问题的单纯形表，问表中 a_1，a_2，c_1，c_2，d 为何值时以及表中变量属哪一种类型时有：

（1）表中解为唯一最优解；

（2）表中解为无穷多最优解之一；

（3）表中解为退化的可行解；

（4）下一步迭代将以 x_1 替换基变量 x_5；

（5）该线性规划问题具有无界解；

（6）该线性规划问题无可行解。

表 2

	x_1	x_2	x_3	x_4	x_5
x_3　d	4	a_1	1	0	0
x_4　2	−1	−5	0	1	0
x_5　3	a_2	−3	0	0	1
$c_j - z_j$	c_1	c_2	0	0	0

12. 求解线性规划问题。当某一变量 x 的取值无约束时，通常用 $x_j = x_j' - x_j''$ 来替换，其中 $x_j' \geqslant 0, x_j'' \geqslant 0$。试说明：$x_j', x_j''$ 能否在基变量中同时出现？为什么？

13. 已知线性规划问题用单纯形法计算时得到的初始单纯形表及最终单纯形表如表 3 和表 4 所示，请在表中空白处填上数字。

表 3

	2	−1	1	0	0	0
	x_1	x_2	x_3	x_4	x_5	x_6
0　x_4　60	3	1	1	1	0	0
0　x_5　10	1	−1	2	0	1	0
0　x_6　20	1	1	−1	0	0	1
$c_j - z_j$	2	−1	1	0	0	0
⋮	⋮					
0　x_4				1	−1	−2
2　x_1				0	1/2	1/2
−1　x_2				0	−1/2	1/2
$c_j - z_j$						

表4

	-2	-3	-2	0	$-M$	0	$-M$
	x_1	x_2	x_3	x_4	x_5	x_6	x_7
$-M$ x_5 8	1	4	2	-1	1	0	0
$-M$ x_7 6	3	2	2	0	0	-1	1
$c_j - z_j$	$-2+4M$	$-3+6M$	$-2+4M$	$-M$	0	$-M$	0
⋮			⋮				
-3 x_2					0.3		-0.1
-2 x_1					-0.2		0.4
$c_j - z_j$					$-M+0.5$		$-M+0.5$

14. 线性规划问题 $\max z = \boldsymbol{CX}$, $\boldsymbol{AX} = \boldsymbol{b}$（$\boldsymbol{X} \geqslant 0$），设 $\boldsymbol{X}^{\circ}$ 为问题的最优解，若目标函数中用 $\boldsymbol{C}^*$ 代替 $\boldsymbol{C}$ 后，问题的最优解变为 $\boldsymbol{X}^*$。求证：$(\boldsymbol{C}^* - \boldsymbol{C})(\boldsymbol{X}^* - \boldsymbol{X}^{\circ}) \geqslant 0$。

15. 写出下列线性规划问题的对偶问题：

（1）
$$\min z = 3x_1 + 2x_2 - 3x_3 + 4x_4$$
$$\text{s.t.}\begin{cases} x_1 - 2x_2 + 3x_3 + 4x_4 \leqslant 3 \\ x_2 + 3x_3 + 4x_4 \geqslant -5 \\ 2x_1 - 3x_2 - 7x_3 - 4x_4 = 2 \\ x_1 \geqslant 0,\ x_4 \leqslant 0,\ \text{且 } x_2, x_3 \text{ 无约束} \end{cases};$$

（2）
$$\min z = -5x_1 - 6x_2 - 7x_3$$
$$\text{s.t.}\begin{cases} -x_1 + 5x_2 - 3x_3 \geqslant 15 \\ -5x_1 - 6x_2 + 10x_3 \leqslant 20 \\ x_1 - x_2 - x_3 = -5 \\ x_1 \leqslant 0,\ x_2 \geqslant 0,\ \text{且 } x_3 \text{ 无约束} \end{cases};$$

（3）
$$\min z = 2x_1 + 4x_2 + 3x_3$$
$$\text{s.t.}\begin{cases} 3x_1 + 4x_2 + 2x_3 \leqslant 60 \\ 2x_1 + x_2 + 2x_3 \leqslant 40 \\ x_1 + 3x_2 + 2x_3 \leqslant 80 \\ x_1,\ x_2,\ x_3 \geqslant 0 \end{cases}$$

16. 已知表5为求解某线性规划问题的最终单纯形表，表中 x_4 和 x_5 为松弛变量，问题的约束为≤形式。

表5

	x_1	x_2	x_3	x_4	x_5
x_3 5/2	0	1/2	1	1/2	0
x_1 5/2	1	$-1/2$	0	$-1/6$	1/3
$c_j - z_j$	0	-4	0	-4	-2

（1）写出原线性规划问题；

（2）直接由表写出对偶问题的最优解。

17. 已知线性规划问题：

$$\max z = x_1 + 2x_2 + 3x_3 + 4x_4$$

$$\text{s. t.} \begin{cases} x_1 + 2x_2 + 2x_3 + 3x_4 \leqslant 20 \\ 2x_1 + x_2 + 3x_3 + 2x_4 \leqslant 20 \\ x_j \geqslant 0 \end{cases}$$

其对偶问题最优解为 $y_1 = 1.2$，$y_2 = 0.2$。试根据对偶理论求出原问题的最优解。

18. 已知线性规划问题：

$$\max z = 8x_1 + 6x_2 + 3x_3 + 6x_4$$

$$\text{s. t.} \begin{cases} x_1 + 2x_2 + x_4 \geqslant 3 \\ 3x_1 + x_2 + x_3 + x_4 \geqslant 6 \\ x_3 + x_4 \geqslant 2 \\ x_1 + x_3 \geqslant 2 \\ x_j \geqslant 0 \end{cases}$$

（1）写出其对偶问题；

（2）已知原问题最优解为 $\boldsymbol{X}^* = (1,1,2,0)^{\mathrm{T}}$，试根据对偶理论，直接求出对偶问题的最优解。

19. 已知线性规划问题：

$$\max z = x_1 - x_2 + x_3$$

$$\text{s. t.} \begin{cases} x_1 - x_3 \geqslant 4 \\ x_1 - x_2 + 2x_3 \geqslant 3 \\ x_j \geqslant 0 \end{cases}$$

应用对偶理论证明上述线性规划问题无最优解。

20. 已知线性规划问题：

$$\max z = 3x_1 + 2x_2$$

$$\text{s. t.} \begin{cases} -x_1 + 2x_2 \leqslant 4 \\ 3x_1 + 2x_2 \leqslant 14 \\ x_1 - x_2 \leqslant 3 \\ x_j \geqslant 0 \end{cases}$$

要求：应用对偶理论证明原问题和对偶问题都存在最优解。

21. 已知线性规划问题：

$$\max z = 4x_1 + 7x_2 + 2x_3$$

$$\text{s. t.} \begin{cases} x_1 + 2x_2 + x_3 \leqslant 0 \\ 2x_1 + 3x_2 + 3x_3 \leqslant 10 \\ x_j \geqslant 0 \end{cases}$$

应用对偶理论证明该问题最优解的目标函数值不大于 25。

22. 已知线性规划问题：

$$\max z = x_1 + x_2$$

$$\text{s. t.} \begin{cases} -x_1 + x_2 + x_3 \leqslant 2 \\ -2x_1 + x_2 - x_3 \leqslant 1 \\ x_j \geqslant 0 \end{cases}$$

试应用对偶理论证明上述线性规划问题无最优解。

23. 用对偶单纯形法求解下列线性规划问题:

(1) $$\min z = 2x_1 + 3x_2 + 4x_3$$
$$\text{s. t.} \begin{cases} x_1 + 2x_2 + x_3 \geqslant 3 \\ 2x_1 - x_2 + 3x_3 \geqslant 4 \\ x_j \geqslant 0 \end{cases};$$

(2) $$\min z = 4x_1 + 12x_2 + 18x_3$$
$$\text{s. t.} \begin{cases} x_1 \quad + 3x_3 \geqslant 3 \\ 2x_2 + 2x_3 \geqslant 5 \\ x_j \geqslant 0 \end{cases};$$

(3) $$\min z = 3x_1 + 2x_2 + x_3$$
$$\text{s. t.} \begin{cases} x_1 + x_2 + x_3 \leqslant 6 \\ x_1 \quad - x_3 \geqslant 4 \\ x_2 - x_3 \geqslant 3 \\ x_j \geqslant 0 \end{cases}$$

24. 某出版单位有4500个空闲的印刷机时和4000个空闲的装订工时，拟用于下列4种图书的印刷和装订。已知各种书每册所需的印刷和装订工时如表6所示。

表6

工序	书种			
	1	2	3	4
印刷	0.1	0.3	0.8	0.4
装订	0.2	0.1	0.1	0.3
预期利润/(千元·千册$^{-1}$)	1	1	4	3

设 x_j 为第 j 种书的出版印数（单位：千册），据此建立如下线性规划模型：

$$\max z = x_1 + x_2 + 4x_3 + 3x_4$$

$$\text{s. t.} \begin{cases} x_1 + 3x_2 + 8x_3 + 4x_4 \leqslant 45 \\ 2x_1 + x_2 + x_3 + 3x_4 \leqslant 40 \\ x_j \geqslant 0 \end{cases}$$

用单纯形法求解得最终单纯形表见表7，试回答下列问题（各问题条件互相独立）：

表7

	x_1	x_2	x_3	x_4	x_5	x_6
x_1　5	1	−1	−4	0	−3/5	4/5
x_4　10	0	1	3	1	2/5	−1/5
$c_j - z_j$	0	−1	−1	0	−3/5	−1/5

（1）据市场调查第4种书最多只能销5000册，当销量多于5000册时，超量部分每册降价2元，据此找出新的最优解；

（2）经理对不出版第 2 种书提出意见，要求该种书必须出版 2000 册，求此条件下最优解；

（3）作为替代方案，第 2 种书仍须出版 2000 册，印刷由该厂承担，装订工序交别的厂承担，但装订每册的成本比该厂高 0.5 元，求新的最优解；

（4）出版第 2 种书的另一方案是提高售价，若第 2 种书的印刷加装订成本合计每册 6 元，则该书售价应为多高时，出版该书才有利？

25. 已知线性规划问题：

$$\max\ z = 3x_1 + x_2 + 4x_3$$

$$\text{s. t.} \begin{cases} x_1 + 3x_2 + 5x_3 \leqslant 25 \\ 3x_1 + 4x_2 + 5x_3 \geqslant 20 \\ x_j \geqslant 0 \end{cases}$$

用单纯形法求解时,其最优解的表见表 8。

表 8

	x_1	x_2	x_3	x_4	x_5
x_1 5/3	-1/3	0	1/3	-1/3	
x_3 3	0	1	1	-1/5	2/5
$c_j - z_j$	0	-2	0	-1/5	-3/5

（1）直接写出上述问题的对偶问题及其最优解。

（2）若问题中 x_2 列的系数变为 $(3,2,3)^{\mathrm{T}}$，表中的解是否仍为最优解？

（3）若增加一个新的变量 x_4，其相应系数为 $(3,2,3)^{\mathrm{T}}$，问增加新变量后表中的最优解是否发生变化？

26. 已知线性规划问题：

$$\max\ z = 10x_1 + 5x_2$$

$$\text{s. t.} \begin{cases} 3x_1 + 4x_2 \leqslant 9 \\ 5x_1 + 2x_2 \leqslant 8 \\ x_j \geqslant 0 \end{cases}$$

用单纯形法求得最终表见表 9。

表 9

	x_1	x_2	x_3	x_4
x_2 3/2	0	1	5/14	-3/14
x_1 1	0	-1/7	2/7	
$c_j - z_j$	0	0	-5/14	-25/14

试用灵敏度分析的方法分别判断：

（1）目标函数系数 c_1 或 c_2 分别在什么范围内变动，上述最优解不变；

（2）约束条件右端项，当一个保持不变时，另一个在什么范围内变化，上述最优基保持不变；

（3）问题的目标函数变为 $\max\ z = 12x_1 + 4x_2$ 时上述最优解的变化；

（4）约束条件右端项由 $\begin{pmatrix} 9 \\ 8 \end{pmatrix}$ 变为 $\begin{pmatrix} 11 \\ 19 \end{pmatrix}$ 时上述最优解的变化。

27. 已知线性规划问题：

$$\max z = 2x_1 - x_2 + x_3$$

$$\text{s. t.} \begin{cases} x_1 + x_2 + x_3 \leqslant 6 \\ -x_1 + 2x_2 \leqslant 4 \\ x_j \geqslant 0 \end{cases}$$

用单纯形法求解得最终单纯形表如表 10 所示。

表 10

	x_1	x_2	x_3	x_4	x_5
x_1 6	1	1	1	1	0
x_5 10	0	3	1	1	1
$c_j - z_j$	0	-3	-1	-2	0

试说明分别发生下列变化时，新的最优解是什么。

(1) 目标函数变为 $\max z = 2x_1 + 3x_2 + x_3$；

(2) 约束条件右端项由 $\begin{pmatrix} 6 \\ 4 \end{pmatrix}$ 变为 $\begin{pmatrix} 3 \\ 4 \end{pmatrix}$；

(3) 增添一个新的约束 $-x_1 + 2x_3 \geqslant 2$。

28. 已知线性规划问题：

$$\max z = (c_1 + t_1)x_1 + c_2x_2 + c_3x_3 + 0x_4 + 0x_5$$

$$\text{s. t.} \begin{cases} a_{11}x_1 + a_{12}x_2 + a_{13}x_3 + x_4 = b_1 + 3t_2 \\ a_{21}x_1 + a_{22}x_2 + a_{23}x_3 + x_5 = b_2 + t_2 \\ x_j \geqslant 0 \ (j = 1, 2, \cdots 5) \end{cases}$$

当 $t_1 = t_2$ 时求解得最终单纯形表见表 11。

表 11

	x_1	x_2	x_3	x_4	x_5
x_3 5/2	0	1/2	1	1/2	0
x_1 5/2	1	-1/2	0	-1/6	1/3
$c_j - z_j$	0	-4	0	-4	-2

(1) 确定 c_1, c_2, c_3, a_{11}, a_{12}, a_{13}, a_{21}, a_{22}, a_{23}和 b_1, b_2 的值。

(2) 当 $t_2 = 0$ 时，t_1 在什么范围内变化上述最优解不变？

(3) 当 $t_1 = 0$ 时，t_2 在什么范围内变化上述最优基不变？

29. 已知线性规划问题：

$$\max z = 5x_1 + 3x_2 + 6x_3$$

$$\text{s. t.} \begin{cases} x_1 + 2x_2 + x_3 \leqslant 18 \\ 2x_1 + x_2 + 3x_3 = 16 \\ x_1 + x_2 + x_3 = 10 \\ x_1, x_2 \geqslant 0, x_3 \text{ 无约束} \end{cases}$$

(1) 写出其对偶问题；

(2) 已知原问题用两阶段法求解时得到的最终单纯形表如表 12 所示。

表 12

	5	3	6	−6	0
	x_1	x_2	x_3'	x_3''	x_4
0 x_4	0	1	0	0	1
5 x_1 14	1	2	0	0	0
−6 x_5'' 4	0	1	−1	1	0
c_j-z_j	0	−1	0	0	0

试写出其对偶问题的最优解。

30. 已知线性规划问题：

$$\max z=15x_1+33x_2$$

$$\text{s. t.}\begin{cases}3x_1+2x_2-x_3=6\\6x_1+x_2-x_4=16\\x_2-x_5=1\\x_j\geqslant 0\ (j=1,2,\cdots 5)\end{cases}$$

已知原问题用两阶段法求解时得到的最终单纯形表如表 13 所示。

表 13

	−15	−33	0	0	0
	x_1	x_2	x_3	x_4	x_5
0 x_4 3	0	0	−2	1	3
−15 x_1 4/3	1	0	−1/3	0	2/3
−33 x_2 1	0	1	0	0	−1
c_j-z_j	0	0	−5	0	−23

试写出其对偶问题的最优解。

31. 下述线性规划问题：

$$\max z(\lambda_1,\lambda_2)=2x_1-(1+\lambda_1)x_2+2x_3$$

$$\text{s. t.}\begin{cases}-x_1+x_2+x_3=4\\-x_1+x_2-kx_3\leqslant 6+\lambda_2\\x_1\leqslant 0,\ x_2\geqslant 0,\ x_3\ \text{无约束}\end{cases}$$

当 $\lambda_1=\lambda_2$ 时，求得其最优解为 $x_1=-5$，$x_2=0$，$x_3=-1$。要求：

（1）确定 k 的值；

（2）写出其对偶问题最优解；

（3）当 $\lambda_2=0$ 时，分析 $\lambda_1\geqslant 0$ 时 $z(\lambda_1)$ 的变化；

（d）当 $\lambda_1=0$ 时，分析 $\lambda_2\geqslant 0$ 时 $z(\lambda_2)$ 的变化。

探究题

1. 某工厂要安排生产甲和乙两种产品。已知生产单位产品所需的设备台数以及 A 和 B 两种原材料的消耗见表 1。

表 1

	产品甲	产品乙	
设备	资源限量 1	2	8 台
原材料 A	4	0	16 千克
原材料 B	0	4	12 千克

该工厂生产一单位产品甲可获利 2 元，生产一单位产品乙可获利 3 元。问：应如何安排生产，使其获利最多?

2. 泰康食品公司生产两种点心甲和乙，采用原料 A 和 B。已知生产每盒产品甲和乙时消耗的原料数、月供应量及两种点心的批发价（单位：千元/千盒）见表 2。

表 2

原料	产品		月供应量	单价
	甲	乙		
A	1	2	6	9.9
B	2	1	8	6.6
批发价	30	20		

据对市场的估计，产品乙月销量不超过 2 千盒，产品乙销量不会超过产品甲 1 千盒以上。

(1) 要求计算使销售收入最大的计划安排；

(2) 据一项新的调查，这两种点心的销售最近期内总数可增长 25%，相应原料的供应有保障。围绕如何重新安排计划存在两种意见：

意见之一是按 (1) 中计算出来的产量，相应于甲、乙产品各增长 25%；

意见之二是由一名学过线性规划的经理人员提出的。他首先计算得到原料 A 和 B 的影子价格(对批发价的单位贡献)分别为 3.33 千元/吨和 13.33 千元/吨，平均为 8.33 千元/吨。如按(1)中计算的总批发收入增加 25% 即 31.667 千元计，提出原料 A 和 B 各增加 3.8 吨，并据此安排增产计划。

试对上述两种意见发表你自己的看法，并提供依据。

3. 某陶瓷公司是一家手工艺制造公司，生产陶制的碗和杯子，使用两大主要资源是黏土和有技艺的劳动力，数据见表 3。公司想知道每天生产多少数量的碗和杯子可以最大化利润。

表 3

产品	资源需求		利润/美元
	劳动力/小时	黏土/千克	
碗	1	4	40
杯子	2	3	50
资源限制	40	120	

4. 某糖果厂用原料 A，B，C 加工成三种不同牌号的糖果甲、乙、丙。已知各种牌号糖果中 A，B，C 含量，原料成本，各种原料的每月限制用量，三种牌号糖果的单位加工费及售价如表4所示，问该厂每月生产这三种牌号糖果各多少千克，使该厂获利最大？试建立这个问题的线性规划的数学模型。

表4

	甲	乙	丙	原料成本	每月限制用量
A	≥60%	≥30%		2.00	2000
B				1.50	2500
C	≤20%	≤50%	≤60%	1.00	1200
加工费	0.50	0.40	0.30		
售价	3.40	2.85	2.25		

5. 某厂生产Ⅰ，Ⅱ，Ⅲ三种产品，都分别经过 A，B 两道工序加工。设 A 工序可分别在设备 A1 或 A2 上完成，有 B1，B2，B3 三种设备可用于完成 B 工序。已知产品Ⅰ可在 A，B 任何一种设备上加工；产品Ⅱ可在任何规格的 A 设备上加工，但完成 B 工序时，只能在 B1 设备上加工；产品Ⅱ只能在 A2 和 B2 设备上加工；加工单位产品所需的工序时间及其他各项数据见表 5。试安排最优生成计划，使该厂获利最大。

表5

设备	产品			设备有效台时	设备加工费 /(元·时$^{-1}$)
	Ⅰ	Ⅱ	Ⅲ		
A1	5	10		6000	0.05
A2	7	9	12	10000	0.03
B1	6	8	4000	0.06	
B2	4		11	7000	0.11
B3	7			4000	0.05
原料费/(元·件$^{-1}$)	0.25	0.35	0.50		

6. 某公司生产三种产品 A1，A2，A3，它们在 B1 和 B2 两种设备上加工，并耗用 C1 和 C2 两种原材料。已知生产单位产品耗用的工时和原材料以及设备的最多可使用量如表 6 所示。

表6

资源	产品			每天最多可使用量
	A1	A2	A3	
设备 B1	1	2	1	430
设备 B2	3	0	2	460
原料 C1	1	4	0	420
原料 C2	1	1	1	300
每件利润/元	30	20	50	

已知对产品 A2 的需求每天不低于 70 件，A3 不超过 240 件。经理会议讨论如何增加公司收

入，提出方案：

产品 A3 提价，使每件利润增至 60 元，但是市场销量将下降为每天不超过 210 件。判断此方案是否可行。

7. 已知有三个产地给四个销地供应某种产品，产销地之间的供需量和单位运价如表 7。

表 7

产地/销地	B1	B2	B3	B4	产量
A1	5	2	6	7	300
A2	3	5	4	6	200
A3	4	5	2	3	400
销量	200	100	450	250	900/1000

问：应如何安排使得运费最少？

8. 重庆三家电子厂分别是新普、隆宇和恒华，生产的笔记本电脑将要运向北京、天津、广东、上海四个城市销售，其产量和销量见表 8。

表 8

	北京	天津	广东	上海	产量
新普	6	2	6	7	30
隆宇	4	9	5	3	25
恒华	8	8	1	5	21
销量	15	17	22	12	

问：哪种销售方案的运输费用最少？ 费用为多少？

9. 根据某市的黄瓜种植情况，分别在村口（A）、路边（B）和老王家的后花园（C）设三个收购点，每天早晨送至各家，再由各家分送到该市的 8 个黄瓜市场。按常年情况，A，B，C 三个收购点每天采购量分别为 100，200，300，各黄瓜市场的每天需求量及发生供应短缺时带来的损失如表 9 所示。设从采购点至各黄瓜市场调运费用为 2 元/(100 千克·100 米）。

表 9

黄瓜市场	每天需求 /100 千克	短缺损失 /(元·100 千克$^{-1}$)
①	60	6
②	70	6
③	100	8
④	150	12
⑤	80	7
⑥	60	5
⑦	95	5
⑧	75	9

（1）为该市设计一个从各采购点至各黄瓜市场的运输方案，使用于黄瓜调运及预期的短缺损失为最小；

（2）如果每天各黄瓜市场短缺量不可以超过需求量的 20%，那么该如何采购黄瓜呢，请列出你的方案计划；

(c3)为满足城市居民的黄瓜供应，该市的领导规划增加黄瓜种植面积，试问增产的黄瓜每天应分别向 A，B，C 三个采购点各供应多少最合适。

10. **装配线平衡模型** 一条装配线含有一系列的工作站，在最终产品的加工过程中，每个工作站执行一种或几种特定的任务。装配线周期是指所有工作站完成分配给它们各自的任务所花费时间中的最大值。平衡装配线的目标是为每个工作站分配加工任务，尽可能使每个工作站执行相同数量的任务，其最终标准是装配线周期最短。不适当的平衡装配线将会产生瓶颈——有较少任务的工作站将被迫等待其前面分配了较多任务的工作站。问题会因为众多任务间存在优先关系而变得更复杂，任务的分配必须服从这种优先关系。这个模型的目标是最小化装配线周期。有两类约束：

（1）要保证每件任务只能也必须分配至一个工作站来加工；

（2）要保证满足任务间的所有优先关系。

这里有 11 件任务（A—K）分配到 4 个工作站（1—4），任务的优先次序如图 1 所示，每件任务所花费的时间见表 10。

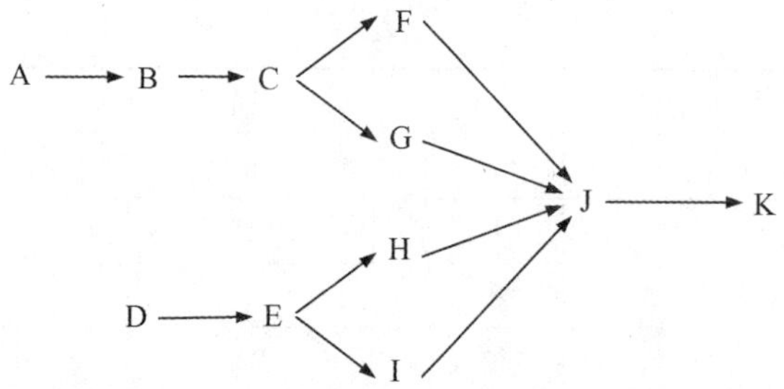

图 1

表 10

任务	A	B	C	D	E	F	G	H	I	J	K
时间	45	11	9	50	15	12	12	12	12	8	9

11. 某电子公司生产录音机和收音机两种产品，它们均需经过两个工厂加工，每一台录音机在第一个工厂加工 2 小时，然后送到第二个工厂装配试验 2.5 小时才变为成品；每一台收音机需在第一个工厂加工 4 小时，在第二个工厂装配试验 1.5 小时才变为成品。每台录音机与收音机在厂内的每月存储成本分别为 8 元和 15 元。第一个工厂有 12 部制造机器，每部每天工作 8 小时，每月正常工作天数为 25 天；第二个工厂有 7 部装配试验设备，每部每天工作 16 小时，每月正常工作天数仍为 25 天。每台机器每小时的运转成本是：第一个工厂为 18 元，第二个工厂为 15 元。每台录音机的销售利润为 20 元，每台收音机为 23 元。依市场预测，下月录音机与收音机的销售量估计分别为 1500 台和 1000 台。

P1：厂内的存储成本不超过 23000 元；

P2：录音机销售量必须完成 1500 台；

P3：第一个、第二个工厂的生产设备应全力运转，避免有空闲时间。两厂运转成本当作它们间的权系数；

P4：第一个工厂的超时作业时间全月份不宜超过 30 小时；

P5：收音机销售量必须完成 1000 台；

P6：两个工厂的超时工作时间总量应予限制，其限制的比率与各厂运转时间成比例。

12. 一家工艺品厂商手工生产某两种工艺品A和B，已知生产一件产品A需要耗费人力2工时，生产一件产品B需要耗费人力3工时。A和B产品的单位利润分别为250元和125元。为了最大效率地利用人力资源，确定生产的首要任务是保证人员高负荷生产，要求每周总耗费人力资源不能低于600工时，但也不能超过680工时的极限；次要任务是要求每周的利润超过70000元；在前两个任务的前提下，为了保证库存需要，要求每周产品A和B的产量分别不低于200件和120件，因为B产品比A产品更重要，不妨假设B完成最低产量120件的重要性是A完成200件的重要性的2倍。试问：如何安排生产？

13. 某公司出售A和B两种牌子的人行道除雪器。这个公司每年订货一次，并且必须在寒冷的冬季卖光存货。A牌除雪器每台可获利54元，每台库存空间为0.8立方米。B牌除雪器每台可获利36元，每台库存空间为0.6立方米。该公司可利用库存为1000平方米。要求做出订货计划，并满足以下目标：

P1：利润至少达到72000元；

P2：销售A牌除雪器600台，B牌除雪器1000台，而且B牌除雪器偏离销售指标的耗费比A牌除雪器耗费高一倍；

P3：库存空间不能超过1000平方米。

试建立此问题的目标规划模型。

14. 彩虹集团是一家生产与外贸于一体的大型公司，它在沪市与深市均设有自己的生产与营销机构，拟在下一年度招聘三个专业的职工170名，具体招聘计划见表11。

表11

	生产管理		营销管理		财务管理	
招聘人数	20	25	30	20	40	35
工作城市	沪市	深市	沪市	深市	沪市	深市

应聘并经审查合格的人员共180人，按适合从事专业，本人志向从事专业及希望工作的城市，可分成6类，具体情况见表12。

表12

类别	人数	适合从事的专业	本人志向从事的专业	希望工作的城市
1	25	生产、营销	生产	沪市
2	35	营销、财务	营销	沪市
3	20	生产、财务	生产	深市
4	40	生产、财务	财务	深市
5	34	营销、财务	财务	沪市
6	26	财务	财务	深市

集团确定人员录用与分配的优先级为：

P1：集团按计划录用能在各城市适合从事该专业的职员；

P2：80%以上录用人员能从事本人志向从事的专业；

P3：80%以上录用人员能去本人希望工作的城市。

试据此建立目标规划模型，并为该集团提供尽可能满意的决策建议方案。

【习题二答案】

1. 将下列线性规划问题化为标准型

（1）
$$\max Z' = -2x_1 - x_2 - x_3$$
$$\text{s.t.}\begin{cases} 2x_1 - x_2 + x_3 = 2 \\ x_1 \quad + x_3 = 2 \\ x_i \geqslant 0 \ (i=1,2) \end{cases};$$

（2）
$$\max Z' = x_1' - 2x_2 + 3(x_3' - x_3'') + 0x_4 + 0x_5$$
$$\text{s.t.}\begin{cases} -x_1' + x_2 + (x_3' - x_3'') + x_4 = 9 \\ x_1' - 2x_2 + (x_3' - x_3'') - x_5 = 2 \\ -3x_1' + x_2 - 3(x_3' - x_3'') = 5 \\ x_1' \geqslant 0,\ x_2 \geqslant 0,\ x_3' \geqslant 0,\ x_3'' \geqslant 0,\ x_4 \geqslant 0,\ x_5 \geqslant 0 \end{cases};$$

$$\max Z = 2x_1 - x_2 - 3(x_4 - x_5) + 0x_6 + 0x_7$$

（3）
$$\begin{cases} 5x_1 + x_2 + (x_4 - x_5) + x_6 = 7 \\ x_1 - x_2 - (x_4 - x_5) - x_7 = 2 \\ 5x_1 - x_2 - 2(x_4 - x_5) = 5 \\ x_1,\ x_2,\ x_4,\ x_5,\ x_6,\ x_7 \geqslant 0 \end{cases}$$

2. （1）$\boldsymbol{X}^* = (15, 20, 0, 0)$，$Z^* = 1350$；

（2）最优解：$\boldsymbol{X}^* = (20,\ 24,\ 84,\ 0,\ 0)^{\mathrm{T}}$，$Z^* = 4280$；

（3）无界解；

（4）无穷多解

（5）$\boldsymbol{X}^* = (15, 5, 0, 10)$

3. （1）$\boldsymbol{X}^*$ 仍为最优解，$\max z = \lambda \boldsymbol{CX}$；

（2）除 $\boldsymbol{C}$ 为常数向量外，一般 $\boldsymbol{X}^*$ 不再是问题的最优解；

（3）最优解变为 $\lambda \boldsymbol{X}^*$，目标函数值不变

4. （1）无可行解；

（2）$z^* = 0$，$x_1 = 0$，$x_2 = 0$，$x_3 = 4$，$x_4 = 0$；

（3）$z^* = 7.08$，$x_1 = 0$，$x_2 = 0$，$x_3 = 1.35$，$x_4 = 0.21$；

（4）无可行解；

（5）有无穷多最优解，例如 $\boldsymbol{X}^1 = (4, 0, 0)$，$\boldsymbol{X}^2 = (0, 0, 8)$；

（6）有可行解，最优解无界；

（7）唯一最优解 $\boldsymbol{X}^* = (5/2,\ 5/2,\ 5/2,\ 0)$。

（8）$\boldsymbol{X}^* = (2, 0, 0, 0, 5)^{\mathrm{T}}$

（9）有可行解，最优解无界；

（10）$\boldsymbol{X}^* = (3, 0, 1, 0, 0)^{\mathrm{T}}$，$Z^* = 7$‘

（11）$\boldsymbol{x}^* = (3 \quad 2 \quad 5)^{\mathrm{T}}$，$z^* = 29$

5. （1）$a = 2$，$b = 0$，$c = 0$，$d = 1$，$e = 4$，$f = 0$，$g = -5$；（2）表中给出的解为最优解

6. （1）（3）是凸集，（2）不是

7. 设 x_{ij} 为第 i 种投资方案在第 j 年的投资额（$j = 1, 2, \cdots, 6$；$j = 1, 2, \cdots, 5$），则有：

$$\max z = 1.2x_{14} + 1.3x_{23} + 1.7x_{42} + 1.02x_{65}$$

$$\text{s.t.}\begin{cases} x_{12} + x_{21} + x_{31} + x_{61} = 3000 \\ x_{12} + x_{22} + x_{32} + x_{42} + x_{62} = 1.02x_{61} \\ x_{42} \leqslant 100000 \\ x_{13} + x_{23} + x_{63} + 1.21x_{12} + 1.3x_{21} + 1.02x_{64} \\ x_{1j} \leqslant 15000 \ (j = 1,2,3,4) \\ x_{54} \leqslant 200000 \\ x_{ij} \geqslant 0 \end{cases}$$

8. (1)解出下界$\underline{Z}^* = 32/5$,由L''解出上界$\overline{Z}^* = 21$;

(2)下界$\underline{Z}^* = 4$,上界$\overline{Z}^* = 22.5$

9. 设x_{ij}为第i年初投放到项目j的资金数，其数学模型为：

$$\max z = 1.2x_{31} + 1.6x_{23} + 1.4x_{34}$$

$$\text{s.t.}\begin{cases} x_{11} + x_{12} = 300000 \\ x_{21} + x_{23} = 1.2x_{11} \\ x_{31} + x_{34} = 1.2x_{21} + 1.5x_{12} \\ x_{12} \leqslant 150000 \\ x_{23} \leqslant 200000 \\ x_{24} \leqslant 100000 \\ x_{ij} \geqslant 0 \end{cases}$$

解得$x_{11} = 166666.7$，$x_{12} = 133333.3$，$x_{21} = 0$，$x_{23} = 200000$，$x_{31} = 100000$，$x_{34} = 100000$，第三年年底本利总和为580000元。

10. 用x_{ijkl}代表第i造纸厂供应第j用户，用第l种类型机器生产的k型纸张的数量。则问题的模型为

$$\min z = \sum_i \sum_k \sum_l p_{ikl}\left(\sum_j x_{ijkl}\right) + \sum_i \sum_j \sum_k T_{ijk}\left(\sum_l x_{ijkl}\right)$$

$$\text{s.t.}\begin{cases} \sum_i \sum_l x_{ijkl} \geqslant D_{jk}(j = 1,2,\cdots,1000;\ k = 1,2,\cdots,5) \\ \sum_k \sum_l \left[r_{klm}\left(\sum_j x_{ijkl}\right)\right] \leqslant R_{im}(j = 1,2,\cdots,10;\ k = 1,2,\cdots,4) \\ \sum_k c_{kl}\left(\sum_j x_{ijkl}\right) \leqslant c_{il}(i = 1,2,\cdots,10;\ l = 1,2,3) \\ x_{ijkl} \geqslant 0 \end{cases}$$

11. (1) $d \geqslant 0$，$c_1 < 0$，$c_2 < 0$；

(2) $d \geqslant 0$，$c_1 \leqslant 0$，$c_2 \leqslant 0$，但c_1和c_2中至少一个为零；

(3) $d = 0$或$d > 0$，而$c_1 < 0$且$d/4 = 3/a_2$；

(4) $c_1 > 0$，$3/a_2 < d/4$；

(5) $c_2 > 0$，$a_1 \leqslant 0$；

(6) x_5为人工变量，且$c \leqslant 0$，$c_2 \leqslant 0$

12. 不可能。因$p_j'' = -p_j''$，故$p_j' + p_j'' = 0$

13. 填表3：

	x_1	x_2	x_3	x_4	x_5	x_6
0 x_4 10	0	0	1			
2 x_1 15	1	0	1/2			
−1 x_2 5	0	1	−3/2			
$c_j - z_j$	0	0	−3/2	0	−3/2	−1/2

填表4：

	x_1	x_2	x_3	x_4	x_5	x_6	x_7
−3 x_2 1.8	0	1	0.4	−0.3		0.1	
−2 x_1 0.8	1	0	0.4	0.2		−0.4	
$c_j - z_j$	0	0	0	−0.5		−0.5	

15. (1) $$\max\ \omega = 3y_1 - 5y_2 + 2y_3$$
$$\text{s.t.}\begin{cases} y_1 + 2y_2 \leqslant 3 \\ -2y_1 + y_2 - 3y_3 = 2 \\ 3y_1 + 3y_2 - 7y_3 = -3 \\ 4y_1 + 4y_2 - 4y_3 \geqslant 4 \\ y_1 \leqslant 0,\ y_2 \geqslant 0 \end{cases}$$；

(2) $$\max\ \omega = 15y_1 + 20y_2 - 5y_3$$
$$\text{s.t.}\begin{cases} -y_1 - 5y_2 + y_3 \geqslant -5 \\ 5y_1 - 6y_2 - y_3 \leqslant -6 \\ -3y_1 + 10y_2 - y_3 = -7 \\ y_1 \geqslant 0,\ y_2 \leqslant 0 \end{cases}$$；

(3) $$\min\ z = 60y_1 + 40y_2 + 80y_3$$
$$\text{s.t.}\begin{cases} 3y_1 + 2y_2 + y_3 \geqslant 2 \\ 4y_1 + y_2 + 3y_3 \geqslant 4 \\ 2y_1 + 2y_2 + 2y_3 \geqslant 3 \\ y_1,\ y_2,\ y_3 \geqslant 0 \end{cases}$$

16. (1) 原线性规划问题为 $$\max\ z = 6x_1 - 2x_2 + 10x_3$$
$$\text{s.t.}\begin{cases} x_2 + 2x_3 \leqslant 5 \\ 3x_1 - x_2 + x_3 \leqslant 10 \\ x_i \geqslant 0 \end{cases}$$；

(2) 对偶问题最优解为 $\boldsymbol{Y}^* = (4,\ 2)$

17. 根据互补松弛性质可求得原问题最优解为 $\boldsymbol{X}^* = (0,0,4,4)$

18. 对偶问题最优解为 $\boldsymbol{Y}^* = (2,2,1,0)$

19. 该问题存在可行解，如 $\boldsymbol{X}^* = (4,\ 0,\ 0)$，写出其对偶问题，容易判断无可行解，由此原问题无最优解

20. 容易看出原问题和其对偶问题均存在可行解，据对偶理论，两者均存在最优解

21. 写出其对偶问题，容易看出 $\boldsymbol{Y}^* = (1,\ 1,\ 5)$ 是一个可行解，代入目标函数得 $\omega = 5$。因有 $\max\ z \leqslant \omega$，故原问题最优解不超过 25

22. 该问题存在可行解，如 $\boldsymbol{X}^* = (0,0,0)$；上述问题的对偶问题为：

$\min\ \omega = 2y_1 + y_2$

$$\text{s. t.}\begin{cases} -y_1 - 2y_2 \geqslant 1 \\ y_1 + y_2 \geqslant 1 \\ y_1 - y_2 \geqslant 0 \\ y_j \geqslant 0 \end{cases}$$

由第一个约束条件知对偶问题无可行解，由此可知其原问题无最优解。

23. 用对偶单纯形法求得的最终单纯形表分别见表（a),(b),(c)。

表(a)

	x_1	x_2	x_3	x_4	x_5
-3 x_2 $2/5$	0	1	$-1/5$	$-2/5$	$1/5$
-2 x_1 $11/5$	1	0	$7/5$	$-1/5$	$-2/5$
$c_j - z_j$	0	0	$-9/5$	$-8/5$	$-1/5$

表（b）

	x_1	x_2	x_3	x_4	x_5
-18 x_3 1	$1/3$	0	1	$-1/3$	0
-12 x_2 $3/2$	$-1/3$	1	0	$1/3$	$-1/2$
$c_j - z_j$	-2	0	0	-2	-6

表（c）

	x_1	x_2	x_3	x_4	x_5	x_6
0 x_4 -1	0	0	1	1	1	1
-3 x_1 4	1	0	-1	0	-1	0
-2 x_2 3	0	1	-1	0	0	-1
$c_j - z_j$	0	0	-6	0	-3	-2

由于变量 x_4 行的 a_{ij} 值全为非负，故问题无可行解。

24.（1）将5000册第4种书所需工时扣除，并将其利润降为1，重新求解得

$x_2 = 35/3$，$x_4 = 5$，$z^* = 31\frac{1}{2}$（单位为千元）；

（2）$x_1 = 7$，$x_2 = 2$，$x_4 = 8$，$z^* = 33$；

（3）$x_1 = 43/5$，$x_2 = 2$，$x_4 = 38/5$，$z^* = 32\frac{2}{5}$；

（4）书的售价应高于8元

25.（1）其对偶问题为

$$\min\ \omega = 25y_1 + 20y_2$$

$$\text{s. t.}\begin{cases} 6y_1 + 3y_2 \geqslant 3 \\ 3y_1 + 4y_2 \geqslant 1 \\ 5y_1 + 5y_2 \geqslant 4 \\ y_j \geqslant 0 \end{cases}$$

，其最优解为 $y_1^* = \frac{1}{5}$，$y_2^* = \frac{3}{5}$；

（2）x_2 系数变化后，对偶问题第（2）个约束将相应为 $2y_1 + 3y_2 \geqslant 3$，将 y_1^*，y_2^* 代入不满足，

故原问题最优解将发生变化；

（3）相应于新变量 x_4，原问题最优解将发生变化。

26.（1）$15/4 \leqslant c_1 \leqslant 50$，$4/5 \leqslant c_2 \leqslant 40/3$；

（2）$24/5 \leqslant b_1 \leqslant 16$，$9/2 \leqslant b_2 \leqslant 15$；

（3）$\boldsymbol{X}^* = (8/5, 0, 21/5, 0)$；

（4）$\boldsymbol{X}^* = (11/3, 0, 0, 2/3)$

27.（1）$\boldsymbol{X}^* = (8/3, 10/3, 0, 0, 0)$；

（2）$\boldsymbol{X}^* = (3, 0, 0, 0, 7)$；

（3）$\boldsymbol{X}^* = (10/3, 0, 8/3, 0, 22/3)$

28.（1）$c_1 = 6$，$c_2 = -2$，$c_3 = 10$，$a_{11} = 0$，$a_{12} = 1$，$a_{13} = 2$，$a_{21} = 3$，$a_{22} = -1$，$a_{23} = 1$，$b_1 = 5$，$b_2 = 10$；（2）$-6 \leqslant t_1 \leqslant 8$；（3）$-5/3 \leqslant t_2 \leqslant 15$

29.（1）其对偶问题为

$$\min \omega = 18y_1 + 16y_2 + 10y_3$$

$$\text{s. t.} \begin{cases} y_1 + 2y_2 + y_3 \geqslant 5 \\ 2y_1 + y_2 + y_3 \geqslant 3 \\ y_1 + 3y_2 + y_3 = 6 \\ y_1 \geqslant 0,\ y_2,\ y_3 \text{ 无约束} \end{cases}$$

；（2）$(y_1, y_2, y_3) = (0, 1, 3)$

30. 由互补松弛性质得对偶问题最优解为 $\boldsymbol{Y}^* = (5, 0, 23)$

31.（1）$k = 1$；

（2）对偶问题最优解为 $y_1^* = 0$，$y_2^* = -2$；

（3）当 $0 \leqslant \lambda_1 \leqslant 1$ 时，$z(\lambda_1) = -12$；，当 $\lambda_1 \geqslant 1$ 时，$z(\lambda_1) = -7 - 5\lambda_1$；

（4）当 $\lambda_2 \geqslant 0$ 时，$z(\lambda_2) = -12 - 2\lambda_2$

第三篇 数理统计

数理统计是以概率论为理论基础的具有广泛应用的一个数学分支，是一门分析带有随机影响数据的学科。它研究如何有效地收集数据，并利用一定的统计模型对这些数据进行分析，提取数据中的有用信息，形成统计结论，为决策提供依据。

7 数理统计的基本概念

在这一章中，介绍一些数理统计的基本概念，包括总体、样本与统计量等，并介绍几个常用统计量及抽样分布。

7.1 总体、样本与统计量

7.1.1 总体与样本

在统计学中，将研究问题所涉及的对象的全体称为总体，而把总体中的每个成员称为个体。例如研究一家工厂的某种产品的废品率，这种产品的全体就是总体，而每件产品则是个体。为了评价产品质量的好坏，通常的做法是从它的全部产品中随机地抽取一些样品，在统计学上称为样本。实际上，人们真正关心的并不是总体或个体的本身，而是它们的某项数量指标。因此，应该把总体理解为那些研究对象的某项数量指标的全体，而把样本理解为样品的数量指标。因此，当说到总体和样本时，既指研究对象，又指它们的某项数量指标。

例 7.1 研究某地区 N 个家庭的年收入。在这里，总体既指这 N 个家庭，又指他们的年收入的 N 个数字。如果我们从这 N 个家庭中随机地抽取出 n 个家庭作为调查对象，那么，这 n 个家庭及他们的年收入的 n 个数字就是样本。

例 7.1 中的总体是很直观的，但是许多情况并不总是这样。

例 7.2 用一把尺子测量一个物体的长度。假定 n 次测量值为 $X_1, X_2, \cdots, X_n$。

在这个问题中，可以把测量值 $X_1, X_2, \cdots, X_n$ 看成样本，但是，总体是什么呢？事实上，这里没有一个现实存在的个体集合可以作为总体。可以这样考虑，既然 n 个测量值 $X_1, X_2, \cdots, X_n$ 是样本，那么，总体就应该理解为一切所有可能的测量值的全体。

对于一个总体，如果用 X 表示它的数量指标，那么 X 的值对不同的个体取不同的值。

因此，如果随机地抽取个体，则 X 的值也就随着抽取的个体的不同而不同。所以，X 是一个随机变量。既然总体是随机变量，X 就有概率分布。人们把 X 的分布称为总体的分布。总体的特性是由总体分布来刻画的。因此，通常把总体和总体分布视为同义语。

例 7.3 检验自生产线出来的零件是次品还是正品，以 0 表示产品是正品，以 1 表示产品为次品，设出现次品的概率为 p（常数），那么总体是由一些"1"和一些"0"所组成，这一总体对应一个具有参数为 p 的 0－1 分布的随机变量 X：

$$P\{X=x\}=p^x(1-p)^{1-x} \quad (x=0,1)$$

就将它说成 0－1 分布总体。

例 7.4 在例 7.2 中，假定物体的真正长度为 μ。一般来说，测量值 X 也就是总体，取 μ 附近值的概率要大一些，而离 μ 愈远的值的取值概率就愈小。如果测量过程没有系统性误差，那么 X 取大于 μ 和小于 μ 的值的概率也会相等。在这样的情况下，人们往往认为 X 服从均值为 μ 的正态分布。假定其方差为 σ^2，则 σ^2 反映测量的精度。于是总体 X 的分布为 $N(\mu,\sigma^2)$，记为 $X\sim N(\mu,\sigma^2)$。

样本的一个重要性质是它的二重性。假设 $X_1,X_2,\cdots,X_n$ 是从总体 X 中抽取的样本，在一次具体的观测或试验中，它们是一批测量值，是一些已知的数，这就是说，样本具有数的属性。这一点比较容易理解。但是，另一方面，由于在具体的试验或观测中，受到各种随机因素的影响，在不同的观测中样本取值可能不同。因此，当脱离特定的具体试验或观测时，人们并不知道样本 $X_1,X_2,\cdots,X_n$ 的具体取值到底是多少，因此可以把它们看成随机变量。这时，样本就具有随机变量的属性。这就是所谓样本的二重性。特别要强调的是，以后凡是离开具体的观测或试验数据来谈及样本 $X_1,X_2,\cdots,X_n$ 时，它们总是被看成随机变量，关于样本的这个基本认识对理解后面的内容十分重要。为了表示和研究的方便，在本书中通常将观测中获得的样本值记为 $x_1,x_2,\cdots,x_n$，称为样本的观察值。

既然样本 $X_1,X_2,\cdots,X_n$ 被看作随机变量，那么它们的分布是什么呢？在前面的例 7.2 中，如果是在完全相同的条件下，独立地测量了 n 次，把这 n 次测量结果即样本记为 X_1，$X_2,\cdots,X_n$，那么人们完全有理由认为，这些样本相互独立且有相同的分布，其分布与总体分布 $N(\mu,\sigma^2)$ 相同。

推广到一般情况，如果人们在相同的条件下对总体 X 进行 n 次重复的独立观测，那么都可以认为所得的样本 $X_1,X_2,\cdots,X_n$ 是独立同分布的随机变量，这样的样本称为随机样本，简称为样本。通常把 n 称为样本容量，或样本大小，或样本数，而把 $X_1,X_2,\cdots,X_n$ 称为一组样本或 n 个样本，若是把 $X_1,X_2,\cdots,X_n$ 看成一个整体，有时也称 $X_1,X_2,\cdots,X_n$ 为总体的一个样本。

假设总体 X 的分布是连续的，并且具有概率密度函数 $f(x)$，则由于样本 $X_1,X_2,\cdots,X_n$ 是相互独立且与 X 同分布，于是它们的联合概率密度为

$$f_n(x_1,x_2,\cdots,x_n)=\prod_{i=1}^{n}f(x_i)$$

续例 7.4 总体 X 服从正态分布 $N(\mu,\sigma^2)$，其概率密度函数为

$$f(x)=\frac{1}{\sqrt{2\pi}\sigma}e^{-\frac{(x-\mu)^2}{2\sigma^2}} \quad (-\infty<x<+\infty)$$

现独立地测量 n 次，记为 $X_1,X_2,\cdots,X_n$，这里 $X_1,X_2,\cdots,X_n$ 就是从总体 $N(\mu,\sigma^2)$ 中抽取

的随机样本，它们是相互独立的，且与总体 $N(\mu, \sigma^2)$ 有相同的分布，即 $X_i \sim N(\mu, \sigma^2)$ $(i=1, 2, \cdots, n)$。所以，$X_1, X_2, \cdots, X_n$的联合概率密度函数为

$$f_n(x_1, x_2, \cdots, x_n) = \frac{1}{(2\pi)^{n/2}\sigma^n} e^{-\frac{\sum_{i=1}^{n}(x_i-\mu)^2}{2\sigma^2}}$$

联合概率密度函数$f_n(x_1, x_2, \cdots, x_n)$ 概括了样本 $X_1, X_2, \cdots, X_n$中所包含的μ 和 σ^2的全部信息，它是做进一步统计推断的基础和出发点。

7.1.2 统计量

定义 7.1 设$X_1, X_2, \cdots, X_n$是来自总体X的一个样本，$g(X_1, X_2, \cdots, X_n)$是$X_1, X_2, \cdots, X_n$的函数，若g中不含未知参数，则称$g(X_1, X_2, \cdots, X_n)$是一统计量。

因为$X_1, X_2, \cdots, X_n$都是随机变量，而统计量$g(X_1, X_2, \cdots, X_n)$是随机变量的函数，因此统计量是一个随机变量。设$x_1, x_2, \cdots, x_n$是相应于样本$X_1, X_2, \cdots, X_n$的样本值，则称$g(x_1, x_2, \cdots, x_n)$是$g(X_1, X_2, \cdots, X_n)$的观察值。

下面是几个常用的统计量。设$X_1, X_2, \cdots, X_n$是来自总体X的一个样本，$x_1, x_2, \cdots, x_n$是这一样本的观察值。定义

样本均值

$$\overline{X} = \frac{1}{n}\sum_{i=1}^{n} X_i$$

样本方差

$$S^2 = \frac{1}{n-1}\sum_{i=1}^{n}(X_i - \overline{X})^2 = \frac{1}{n-1}\left(\sum_{i=1}^{n} X_i^2 - n\overline{X}^2\right)$$

样本标准差

$$S = \sqrt{S^2} = \sqrt{\frac{1}{n-1}\sum_{i=1}^{n}(X_i - \overline{X})^2}$$

样本k阶(原点)矩

$$A_k = \frac{1}{n}\sum_{i=1}^{n} X_i^k \quad (k = 1, 2, \cdots)$$

样本k阶中心矩

$$B_k = \frac{1}{n}\sum_{i=1}^{n}(X_i - \overline{X})^k \quad (k = 2, 3, \cdots)$$

它们的观察值分别为

$$\overline{x} = \frac{1}{n}\sum_{i=1}^{n} x_i$$

$$s^2 = \frac{1}{n-1}\sum_{i=1}^{n}(x_i - \overline{x})^2 = \frac{1}{n-1}\left(\sum_{i=1}^{n} x_i^2 - n\overline{x}^2\right)$$

$$s = \sqrt{s^2} = \sqrt{\frac{1}{n-1}\sum_{i=1}^{n}(x_i - \overline{x})^2}$$

$$a_k = \frac{1}{n}\sum_{i=1}^{n} x_i^k \quad (k = 1, 2, \cdots)$$

$$b_k = \frac{1}{n}\sum_{i=1}^{n}(x_i - \bar{x})^k \quad (k = 2, 3, \cdots)$$

这些观察值仍分别称为样本均值、样本方差、样本标准差、样本 k 阶(原点)矩及样本 k 阶中心矩。

这些统计量与其对应的总体的数字特征有什么关系呢？若总体 X 的 k 阶矩记为 μ_k 存在，则当 $n \longrightarrow \infty$ 时，$A_k \xrightarrow{p} \mu_k (k=1, 2, \cdots)$。这是因为 $X_1, X_2, \cdots, X_n$ 独立与 X 同分布，所以 $X_1^k, X_2^k, \cdots, X_n^k$ 独立且与 X_n^k 同分布，它们的总体 k 阶矩均为 μ_k。故由辛钦大数定理知

$$A_k = \frac{1}{n}\sum_{i=1}^{n} X_i^k \xrightarrow{p} \mu_k \quad (k = 1, 2, \cdots)$$

进一步由依概率收敛的序列的性质知

$$g(A_1, A_2, \cdots, A_n) \xrightarrow{p} g(\mu_1, \mu_2, \cdots, \mu_k)$$

其中 g 为连续函数。上面的常用统计量都是样本矩的连续函数，所以它们依概率收敛到对应的总体数字特征。

7.2 抽样分布

统计量的分布称为抽样分布。在使用统计量进行统计推断时常需要知道它们的分布。本节介绍来自正态总体的几个常用统计量的分布。首先介绍三个重要的分布。

7.2.1 三个重要分布

7.2.1.1 χ^2分布

定义 7.2 设 $X_1, X_2, \cdots, X_n$ 是来自总体 $N(0, 1)$ 的样本，则称统计量

$$\chi^2 = X_1^2 + X_2^2 + \cdots + X_n^2 \tag{7.1}$$

服从自由度为 n 的 χ^2 分布，记为 $\chi^2 \sim \chi^2(n)$。此处，自由度指式(7.1)右端包含的独立变量的个数。

$\chi^2(n)$ 分布的概率密度为

$$f(y) = \begin{cases} \dfrac{1}{2^{n/2}\Gamma(n/2)} y^{n/2-1} \mathrm{e}^{-y/2} & (y>0) \\ 0 & (\text{其他}) \end{cases}$$

$f(y)$ 的图形如图 7.1 所示。

χ^2分布的可加性 设 $\chi_1^2 \sim \chi^2(n_1)$，$\chi_2^2 \sim \chi^2(n_2)$，并且 χ_1^2，χ_2^2 相互独立，则有

$$\chi_1^2 + \chi_2^2 \sim \chi^2(n_1 + n_2)$$

χ^2分布的数学期望和方差 若 $\chi^2 \sim \chi^2(n)$，则有

$$E(\chi^2) = n, \ D(\chi^2) = 2n$$

令 $X_i \sim N(0, 1)$ $(i=1, 2, \cdots, n)$，有

$$E(X_i^2) = 1,$$
$$D(X_i^2) = E(X_i^4) - [E(X_i^2)]^2 = 3 - 1 = 2$$

于是

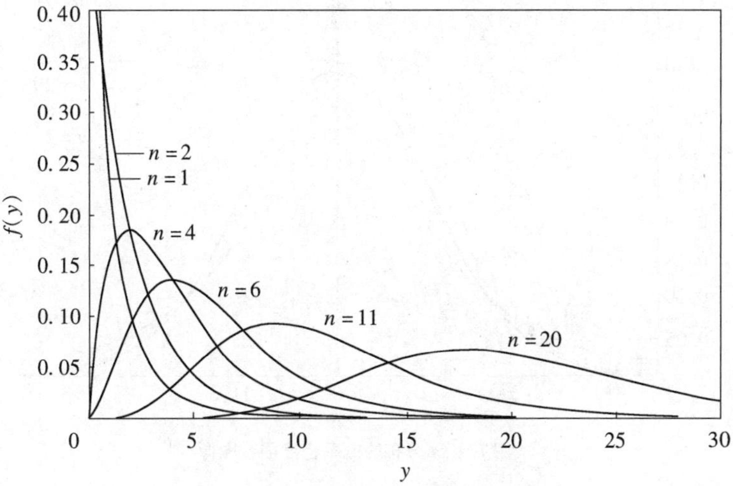

图 7.1 χ^2分布的概率密度函数图像

$$E(\chi^2) = E\left(\sum_{i=1}^{n} X_i^2\right) = \sum_{i=1}^{n} E(X_i^2) = n$$

$$D(\chi^2) = D\left(\sum_{i=1}^{n} X_i^2\right) = \sum_{i=1}^{n} D(X_i^2) = 2n$$

χ^2 分布的分位点 对于给定的正数α，$0 < \alpha < 1$，称满足条件

$$P\{\chi^2 > \chi_\alpha^2(n)\} = \int_{\chi_\alpha^2(n)}^{+\infty} f(y)\,\mathrm{d}y = \alpha$$

的点$\chi_\alpha^2(n)$为$\chi^2(n)$分布的上α分位点，如图 7.2 所示。

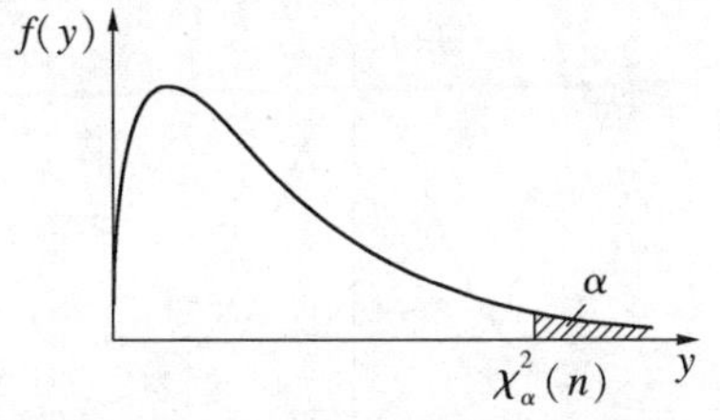

图 7.2 χ^2分布的上α分位点

对于不同的α和n，上α分位点的值已制成表格，可以查表得到。当$n>40$时，无法查表得到，可用正态近似。

7.2.1.2 t 分布

定义 7.3 设$X\sim N(0,1)$，$Y\sim\chi^2(n)$，且X，Y相互独立，则称随机变量

$$t = \frac{X}{\sqrt{Y/n}}$$

服从自由度为n的t分布，记为$t\sim t(n)$。

t分布又称学生氏(Student)分布，$t(n)$分布的概率密度函数为

$$h(t) = \frac{\Gamma[(n+1)/2]}{\sqrt{\pi n}\,\Gamma(n/2)}\left(1+\frac{t^2}{n}\right)^{-(n+1)/2} \qquad (-\infty < t < +\infty)$$

图 7.3 绘出了$h(t)$的图形。

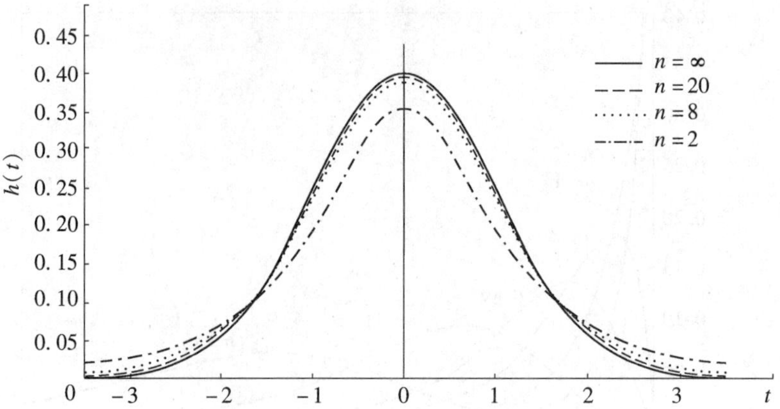

图 7.3　t 分布的概率密度函数图像

$h(t)$的图形关于$t=0$对称，当n充分大时，其图形近似于标准正态变量的概率密度的图形。实际上，有

$$\lim_{n\to\infty} h(t) = \frac{1}{\sqrt{2\pi}} e^{-t^2/2}$$

故当n足够大时，t分布近似于标准正态分布。但当n较小时，t分布与正态分布还是有较大差别的。

t分布的分位点　对于给定的α（$0<\alpha<1$），称满足条件

$$P\{t > t_\alpha(n)\} = \int_{t_\alpha(n)}^{\infty} h(t)\mathrm{d}t = \alpha$$

的点$t_\alpha(n)$为$t(n)$分布的上α分位点。如图 7.4 所示。

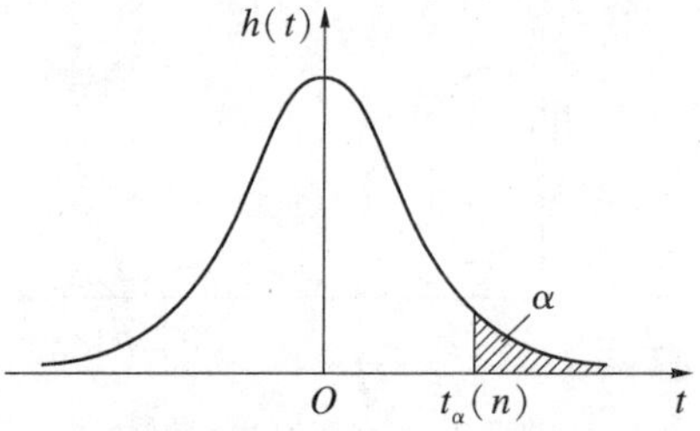

图 7.4　t 分布的上 α 分位点

由t分布的上α分位点的定义及$h(t)$图形的对称性知

$$t_{1-\alpha}(n) = -t_\alpha(n)$$

对于不同的α和n，t分布的上α分位点的值也已制成表格，其值可以通过查表得到。当$n>45$时，对于常用的α的值，就用正态分布近似。

7.2.1.3　F分布

定义 7.4　设$U\sim\chi^2(n_1)$，$V\sim\chi^2(n_2)$，且U，V相互独立，则称随机变量

$$F = \frac{U/n_1}{V/n_2}$$

服从自由度为(n_1, n_2)的F分布，记为$F\sim F(n_1, n_2)$。

$F(n_1, n_2)$分布的概率密度为

$$\psi(y)=\begin{cases}\dfrac{\Gamma[(n_1+n_2)/2](n_1/n_2)^{n_1/2}y^{(n_1/2)-1}}{\Gamma(n_1/2)(\Gamma(n_2/2)[1+(n_1y/n_2)]^{(n_1+n_2)/2}} & (y>0);\\ 0 & (其他)\end{cases}$$

$\psi(y)$的图形如图 7.5 所示。

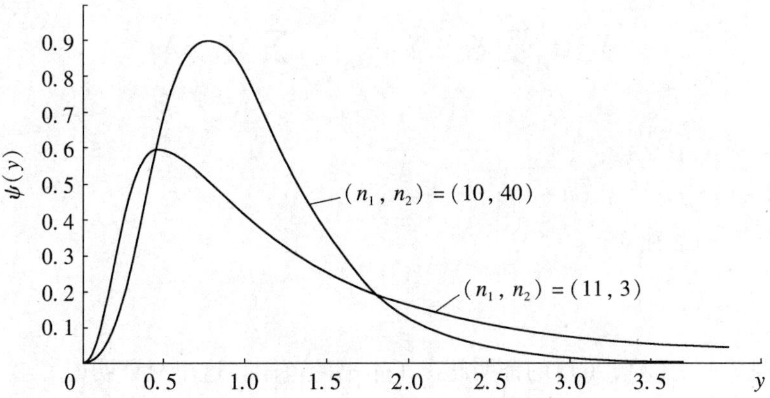

图 7.5 *F* 分布的概率密度函数图像

由定义知，若 $F\sim F(n_1, n_2)$，则

$$\frac{1}{F}\sim F(n_2, n_1)$$

F 分布的分位点 对于给定的 α，$0<\alpha<1$，称满足条件

$$P\left\{F > F_\alpha(n_1, n_2)\right\} = \int_{F_\alpha(n_1, n_2)}^{\infty}\psi(y)\mathrm{d}y = \alpha$$

的点 $F_\alpha(n_1, n_2)$为 $F(n_1, n_2)$分布的上 α 分位点 (图 7.6)。F 分布的上 α 分位点可以通过查表得到。

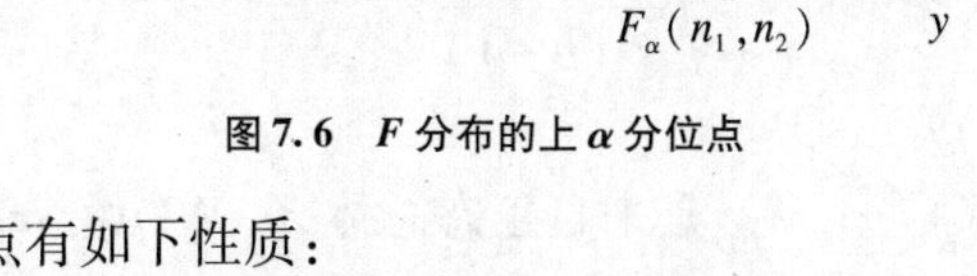

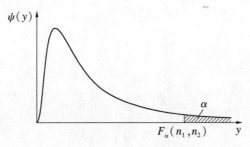

图 7.6 *F* 分布的上 α 分位点

F 分布的上 α 分位点有如下性质:

$$F_{1-\alpha}(n_1, n_2)=\frac{1}{F_\alpha(n_2, n_1)}$$

上式常用来求 F 分布表中未列出的常用的上 α 分位点。例如

$$F_{0.95}(12, 9)=\frac{1}{F_{0.05}(9, 12)}=\frac{1}{2.80}\approx 0.357$$

7.2.2 正态总体的样本均值与样本方差的分布

设总体 $X \sim N(\mu, \sigma^2)$，$X_1, X_2, \cdots, X_n$ 是来自 X 的一个样本，则有下面的重要定理。

定理 7.1 设 $X_1, X_2, \cdots, X_n$ 是来自正态总体 $X \sim N(\mu, \sigma^2)$ 的样本，$\overline{X}$ 和 S^2 分别是样本均值和样本方差，

$$\overline{X} = \frac{1}{n}\sum_{i=1}^{n} X_i, \quad S^2 = \frac{1}{n-1}\sum_{i=1}^{n}(X_i - \overline{X})^2$$

则有：

(1) $\overline{X} \sim N(\mu, \sigma^2/n)$；

(2) $(n-1)S^2/\sigma^2 \sim \chi^2(n-1)$；

(3) $\overline{X}$ 与 S^2 相互独立；

(4) $\dfrac{\overline{X}-\mu}{S/\sqrt{n}} \sim t(n-1)$。

证 定理 7.1 中(2)，(3)的证明超出了本书的范围，这里只证明(1)与(4)。

(1) 由正态分布的性质可知，当 $X_1, X_2, \cdots, X_n$ 是来自正态总体的一个样本时，$\overline{X}$ 仍服从正态分布。又因为

$$E(\overline{X}) = \mu, \quad D(\overline{X}) = \sigma^2/n$$

所以

$$\overline{X} \sim N(\mu, \sigma^2/n)$$

(4) 由(1)知

$$\frac{\overline{X}-\mu}{\sigma/\sqrt{n}} \sim N(0, 1)$$

由(2)知

$$\frac{(n-1)S^2}{\sigma^2} \sim \chi^2(n-1)$$

由(3)知两者独立。由 t 分布的定义知

$$\frac{\dfrac{\overline{X}-\mu}{\sigma/\sqrt{n}}}{\sqrt{\dfrac{(n-1)S^2}{\sigma^2(n-1)}}} \sim t(n-1)$$

化简上式左边，即得(4)。

定理 7.2 设 $X_1, X_2, \cdots, X_{n_1}$ 是来自正态总体 $X \sim N(\mu_1, \sigma_1^2)$ 的样本，$Y_1, Y_2, \cdots, Y_{n_2}$ 是来自正态总体 $Y \sim N(\mu_2, \sigma_2^2)$ 的样本，$\overline{X} = \dfrac{1}{n_1}\sum\limits_{i=1}^{n_1} X_i$ 和 $\overline{Y} = \dfrac{1}{n_2}\sum\limits_{i=1}^{n_2} Y_i$ 分别是这两个样本的样本均值；$S_1^2 = \dfrac{1}{n_1-1}\sum\limits_{i=1}^{n_1}(X_i - \overline{X})^2$ 和 $S_2^2 = \dfrac{1}{n_2-1}\sum\limits_{i=1}^{n_2}(Y_i - \overline{Y})^2$ 分别是这两个样本的样本方差，则有

(1) $\dfrac{S_1^2/S_2^2}{\sigma_1^2/\sigma_2^2} \sim F(n_1-1, n_2-1)$；

（2）当 $\sigma_1^2=\sigma_2^2=\sigma^2$ 时，

$$\frac{(\overline{X}-\overline{Y})-(\mu_1-\mu_2)}{S_\omega\sqrt{\frac{1}{n_1}+\frac{1}{n_2}}}\sim t(n_1+n_2-2)$$

其中，$S_\omega^2=\frac{(n_1-1)S_1^2+(n_2-1)S_2^2}{n_1+n_2-2}$，$S_\omega=\sqrt{S_\omega^2}$。

证 （1）由定理 7.1 中（2）可得

$$(n_1-1)S_1^2/\sigma_1^2\sim\chi^2(n_1-1),\quad (n_2-1)S_2^2/\sigma_2^2\sim\chi^2(n_2-1)$$

由假设 S_1^2，S_2^2 相互独立，则由 F 分布的定义知

$$\frac{(n_1-1)S_1^2}{(n_1-1)\sigma_1^2}\bigg/\frac{(n_2-1)S_2^2}{(n_2-1)\sigma_2^2}\sim F(n_1-1,n_2-1)$$

即

$$\frac{S_1^2}{S_2^2}\bigg/\frac{\sigma_1^2}{\sigma_2^2}\sim F(n_1-1,n_2-1)$$

（2）因为 $\overline{X}-\overline{Y}\sim N\left(\mu_1-\mu_2,\frac{\sigma_1^2}{n_1}+\frac{\sigma_2^2}{n_2}\right)$，所以有

$$U=\frac{(\overline{X}-\overline{Y})-(\mu_1-\mu_2)}{\sigma\sqrt{\frac{1}{n_1}+\frac{1}{n_2}}}\sim N(0,1)$$

又因为

$$(n_1-1)S_1^2/\sigma^2\sim\chi^2(n_1-1),\quad (n_2-1)S_2^2/\sigma^2\sim\chi^2(n_2-1)$$

且它们相互独立，故由 χ^2 分布的可加性知

$$V=\frac{(n_1-1)S_1^2}{\sigma^2}+\frac{(n_2-1)S_2^2}{\sigma^2}\sim\chi^2(n_1+n_2-2)$$

由定理 7.1 知 U 与 V 相互独立，从而由 t 分布的定义知

$$\frac{U}{\sqrt{\frac{V}{(n_1+n_2-2)}}}=\frac{(\overline{X}-\overline{Y})-(\mu_1-\mu_2)}{S_\omega\sqrt{\frac{1}{n_1}+\frac{1}{n_2}}}\sim t(n_1+n_2-2)$$

例 7.5 在天平上重复称量一重量为 μ 的物品，假设各次称量结果相互独立且同服从正态分布 $N(\mu,0.2^2)$。若以 $\overline{X}_n$ 表示 n 次称量结果的算术平均值，为使

$$P\{|\overline{X}_n-\mu|<0.1\}\geqslant 0.95$$

则称量的次数 n 至少应取多少？

解 由 $\overline{X}_n\sim N\left(\mu,\frac{0.2^2}{n}\right)$，得 $\frac{\overline{X}_n-\mu}{0.2/\sqrt{n}}\sim N(0,1)$。则

$$P\{|\overline{X}_n-\mu|<0.1\}=P\left\{\left|\frac{\overline{X}_n-\mu}{0.2/\sqrt{n}}\right|<\frac{0.1}{0.2/\sqrt{n}}\right\}$$

$$=P\left\{\frac{\sqrt{n}}{2}<\frac{\overline{X}_n-\mu}{0.2/\sqrt{n}}<\frac{\sqrt{n}}{2}\right\}$$

$$=2\Phi\left(\frac{\sqrt{n}}{2}\right)-1\geqslant 0.95$$

即 $\Phi\left(\frac{\sqrt{n}}{2}\right)\geqslant 0.975$，查表得 $\frac{\sqrt{n}}{2}\geqslant 1.96$，求得 $n\geqslant(2\times 1.96)^2\approx 15.37$。所以，最少的称量应为 16 次。

例 7.6 设总体 X 服从参数为 λ 的指数分布，即有密度函数

$$f(x)=\begin{cases}\lambda e^{-\lambda x} & (x>0)\\ 0 & (\text{其他})\end{cases}$$

其中 $\lambda>0$ 为参数，$X_1, X_2, \cdots, X_n$ 是总体 X 的样本，$\bar{X}$ 为样本均值。求证：

(1) $2\lambda X\sim\chi^2(2)$；

(2) $2\lambda\bar{X}\sim\chi^2(2n)$。

证 (1) 令 $Y=2\lambda X$，对应于函数 $y=2\lambda x$，其反函数为 $x=\frac{y}{2\lambda}$，则随机变量 Y 的密度函数为

$$f_Y(y)=f\left(\frac{y}{2\lambda}\right)\cdot\left|\frac{d\left(\frac{y}{2\lambda}\right)}{dy}\right|=\begin{cases}\frac{1}{2}e^{-\frac{y}{2}} & (y>0)\\ 0 & (\text{其他})\end{cases}$$

而自由度为 2 的 χ^2 分布的密度函数为

$$f_{\chi^2(2)}(y)=\begin{cases}\frac{1}{2^{\frac{2}{2}}\Gamma\left(\frac{2}{2}\right)}y^{\frac{2}{2}-1}e^{-\frac{y}{2}} & (y>0)\\ 0 & (y\leqslant 0)\end{cases}=\begin{cases}\frac{1}{2}e^{-\frac{y}{2}} & (y>0)\\ 0 & (\text{其他})\end{cases}$$

所以 $2\lambda X\sim\chi^2(2)$。

(2) 由于 $X_1, X_2, \cdots, X_n$ 相互独立，则 $2\lambda X_1, 2\lambda X_2, \cdots, 2\lambda X_n$ 相互独立，且与 $2\lambda X$ 同分布，再由 $2\lambda\bar{X}=\sum_{i=1}^{n}2\lambda X_i$ 及 χ^2 分布的独立可加性知，$2\lambda\bar{X}\sim\chi^2(2n)$。

8 参数估计

统计推断的基本问题可以分为两大类：估计与假设检验。估计分为点估计与区间估计两种。本章主要介绍求点估计量的方法、估计量优劣的评判标准和总体均值与方差的区间估计。

8.1 点估计

定义 8.1（点估计） 设$(X_1, X_2, \cdots, X_n)$是总体 X 的样本，为总体的未知参数，人们构造统计量 $T(X_1, X_2,\cdots, X_n)$。对于样本观测值$(x_1, x_2,\cdots, x_n)$，若将统计量的观测值$T(x_1, x_2, \cdots, x_n)$作为未知参数的值，则称 $T(x_1, x_2, \cdots, x_n)$为 θ 的估计值。而统计量$T(X_1, X_2, \cdots, X_n)$称为 θ 的估计量。θ 的估计量和估计值常记为 $\hat{\theta}$（读作 θ 尖）且统称为 θ 的估计。这种对未知参数进行的定值估计称为参数的点估计。

若总体 X 的分布函数 $F(x, \theta_1, \theta_2, \cdots, \theta_l)$或概率函数$f(x, \theta_1, \theta_2, \cdots, \theta_l)$有 l 个不同的未知参数，则要由样本建立 l 个不带任何未知参数的统计量

$$T_i(X_1, X_2, \cdots, X_n) \quad (i=1, 2, \cdots, l)$$

把它们分别作为这 l 个未知参数的估计量

$$\hat{\theta}_i = T_i(X_1, X_2, \cdots, X_n) \quad (i=1, 2, \cdots, l)$$

8.1.1 矩估计法的基本思想

矩估计法是一种古老的估计方法，它由英国统计学家皮尔逊(K. Pearson)于 1894 年首次提出，现在仍频繁使用。矩是刻画随机变量的最简单的数字特征。由于样本来自总体，从第 7 章可以看到，样本矩在一定程度上也反映了总体矩的特征，且在样本容量 n 增大的条件下，样本的 k 阶（原点）矩 $A_k = \dfrac{1}{n}\sum_{i=1}^{n} X_i^{\,k}$ 依概率收敛到总体 X 的 k 阶（原点）矩 $m_k = E(X^k)$，因而自然想到用样本矩作为总体矩的估计。

8.1.2 矩估计法的基本过程

假设 $\boldsymbol{\theta} = (\theta_1, \theta_2, \cdots, \theta_k)$为总体 X 的待估参数$(\boldsymbol{\theta} \in \Theta)$，$X_1, X_2, \cdots, X_n$是来自总体 X 的一个样本，令

$$\begin{cases} m_1 = A_1 \\ m_2 = A_2 \\ \cdots\cdots\cdots\cdots \\ m_k = A_k \end{cases} \tag{8.1}$$

这里

$$m_l = E(X^l),\ A_l = \frac{1}{n}\sum_{i=1}^{n} X_i^l \quad (l = 1, 2, \cdots, k)$$

方程组(8.1)包含 k 个待估参数 $\theta_1, \theta_2, \cdots, \theta_k$，从中解出 $\boldsymbol{\theta} = (\theta_1, \theta_2, \cdots, \theta_k)$ 的一组解 $\hat{\boldsymbol{\theta}} = (\hat{\theta}_1, \hat{\theta}_2, \cdots, \hat{\theta}_k)$，然后用这个解中的 $\hat{\theta}_1, \hat{\theta}_2, \cdots, \hat{\theta}_k$ 分别作为参数 $\theta_1, \theta_2, \cdots, \theta_k$ 的估计量，这种估计量称为**矩估计量**，矩估计量的观察值称为**矩估计值**。

该方法称为**矩估计法**。一般只需掌握 $l=1, 2$ 的情形。

例 8.1 设总体 X 的均值 μ 及方差 σ^2 都存在，但均未知，且有 $\sigma > 0$，又设 $X_1, X_2, \cdots, X_n$ 是来自总体 X 的一个样本，$x_1, x_2, \cdots, x_n$ 为一组相应的样本值。试分别求出 μ 和 σ^2 的矩估计量与矩估计值。

解 这里是 2 个待估参数，所以先建立二元方程组

$$\begin{cases} m_1 = A_1 \\ m_2 = A_2 \end{cases}$$

这里，样本的一阶矩与二阶矩表达式是确定的：

$$A_1 = \frac{1}{n}\sum_{i=1}^{n} X_i = \overline{X},\ A_2 = \frac{1}{n}\sum_{i=1}^{n} X_i^2$$

然后求出总体 X 的一阶矩和二阶矩

$$m_1 = E(X) = \mu,\ m_2 = E(X^2) = D(X) + [E(X)]^2 = \sigma^2 + \mu^2$$

将其代入所建立的二元方程组，得

$$\begin{cases} \mu = A_1 \\ \sigma^2 + \mu^2 = A_2 \end{cases}$$

解得

$$\begin{cases} \mu = A_1 \\ \sigma^2 = A_2 - A_1^2 \end{cases}$$

故所求的矩估计量分别为

$$\begin{cases} \hat{\mu} = \overline{X} \\ \hat{\sigma}^2 = \dfrac{1}{n}\sum_{i=1}^{n} X_i^2 - \overline{X}^2 = \dfrac{1}{n}\sum_{i=1}^{n} (X_i - \overline{X})^2 \end{cases}$$

故所求的矩估计值分别为

$$\begin{cases} \hat{\mu} = \overline{x} \\ \hat{\sigma}^2 = \dfrac{1}{n}\sum_{i=1}^{n} (x_i - \overline{x})^2 \end{cases}$$

上述结果表明：总体均值 μ 的矩估计量是样本均值 $\overline{X}$；而总体方差 σ^2（即总体的二阶中心矩）的矩估计量是样本的二阶中心矩 $\frac{1}{n}\sum_{i=1}^{n}(X_i - \overline{X})^2 = B_2$，这个结果与总体分布的形式无关。也就是说，总体均值与方差的矩估计量不会因总体的分布不同而改变。

同时，注意到，总体方差 σ^2 的矩估计量并不是样本方差 $S^2 = \frac{1}{n-1}\sum_{i=1}^{n}(X_i - \overline{X})^2$。那么，能否用 S^2 来估计 σ^2 呢？能的话，S^2 与 B_2 哪个更好？这涉及评价估计量的优劣，将在下一节做详细讨论。

这样看来，虽然矩估计法计算简单，不管总体服从什么分布，都能求出总体矩的估计量，但它仍然存在着一定的缺陷：对于一个参数，可能会有多种估计量。比如下面的例子。

例 8.2 设 $X \sim P(\lambda)$，λ 未知，$X_1, X_2, \cdots, X_n$是来自总体 X 的一个样本，求 λ 的矩估计量 $\hat{\lambda}$。

解 $E(X)=\lambda$，$D(X)=\lambda$，所以

$$\begin{cases}\hat{\lambda} = \overline{X} \\ \hat{\lambda} = \dfrac{1}{n}\sum\limits_{i=1}^{n}(X_i-\overline{X})^2\end{cases}$$

由以上结果可以看出，一个参数 λ 同时存在两个不同的矩估计量 $\overline{X}$ 与 $\dfrac{1}{n}\sum\limits_{i=1}^{n}(X_i-\overline{X})^2$。这就会给应用带来不便。为此，美国统计学家费舍尔(R. A. Fisher)提出了改进方法——最大似然估计法，这将在下一节学习。

8.2 最大似然估计法

下面通过例子说明最大似然估计法确定未知参数的估计量的直观想法。

例 8.3 小王、小李是两名篮球爱好者，他们一次投篮的命中率分别为 0.9 和 0.2。如果现在知道他们中的某人连续 3 次投篮都投中了，你估计这个投篮人是谁?

一般情况下，我们会认为投篮人是小王，因为投篮人的命中率 p 要么是 0.9，要么是 0.2。当 $p=0.9$ 时，3 次投篮都命中的概率为 $0.9^3=0.729$，而当 $p=0.2$ 时，3 次都命中的概率为 $0.2^3=0.008$。所以估计 $p=0.9$，投篮人估计是小王。小王是最可能连续 3 次投篮都投中的人，这种估计思想称为最大似然。

由例 8.3 可以解释最大似然估计的基本思想：未知参数的最大似然估计值为参数空间(未知参数的取值范围)中抽样试验结果出现的概率达到最大的值。

定义 8.2 设 $\theta=(\theta_1, \theta_2, \cdots, \theta_k)$ $(\theta \in \Theta)$为待估参数。

(1) 若 $X_1, X_2, \cdots, X_n$是来自离散总体 X 的一个样本，总体 X 的分布律为 $P(X=x)=p(x, \theta)$，易知：样本 $X_1, X_2, \cdots, X_n$取到观测值 $x_1, x_2, \cdots, x_n$的概率为

$$p = P\{X_1 = x_1, X_2 = x_2, \cdots, X_n = x_n\} = \prod_{i=1}^{n} p(x_i, \theta)$$

则概率 p 随 θ 的取值变化而变化，它是 θ 的函数 (注意：这里的 $x_1, x_2, \cdots, x_n$是已知的样本值，它们都是常数)，记

$$L(\theta) = L(x_1, x_2, \cdots, x_n; \theta) = \prod_{i=1}^{n} p(x_i, \theta) \tag{8.2}$$

称为样本的**似然函数**。

(2) 设 $X_1, X_2, \cdots, X_n$是来自连续总体 X 的一个样本，X 的概率密度函数为 $f(x,\theta)$，则样本$(X_1, X_2, \cdots, X_n)$的联合概率密度函数为

$$f(x_1, \theta)f(x_2, \theta)\cdots f(x_n, \theta) = \prod_{i=1}^{n} f(x_i, \theta)$$

它是 θ 的函数，记

$$L(\theta) = L(x_1, x_2, \cdots, x_n, \theta) = \prod_{i=1}^{n} f(x_i, \theta) \tag{8.3}$$

称为样本的**似然函数**。

如果已知当 $\theta = \theta_0 \in \Theta$ 时使 $L(\theta)$ 取最大值，人们自然认为 θ_0 作为未知参数 θ 的估计值较为合理。**最大似然估计法**就是固定样本观测值 x_1，x_2，…，x_n，在 θ 取值的可能范围 Θ 内，挑选使似然函数 $L(x_1, x_2, \cdots, x_n;\ \theta)$ 达到最大（从而使概率 p 达到最大）的参数值 $\hat{\theta}$ 作为参数 θ 的估计值，即

$$L(x_1, x_2, \cdots, x_n, \hat{\theta}) = \max_{\theta \in \Theta} L(x_1, x_2, \cdots, x_n, \theta) \tag{8.4}$$

这样得到的 $\hat{\theta}$ 与样本值 $x_1, x_2, \cdots, x_n$ 有关，常记为 $\hat{\theta}(x_1, x_2, \cdots, x_n)$，称为参数 θ 的**最大似然估计值**，而相应的统计量 $\hat{\theta}(X_1, X_2, \cdots, X_n)$ 称为参数 θ 的**最大似然估计量**。

通过公式(8.4)，可将原来求参数 θ 的最大似然估计值问题，转化为求似然函数 $L(\theta)$ 的最大值问题。下面是最大似然估计的求解步骤。

（1）在一般情况下，分布律 $p(x, \theta)$ 或概率密度 $f(x, \theta)$ 关于 θ 可微，因此根据似然函数的特点，常把它变为如下形式

$$\ln L(\theta) = \begin{cases} \sum\limits_{i=1}^{n} \ln f(x_i, \theta) & （连续总体） \\ \sum\limits_{i=1}^{n} \ln p(x_i, \theta) & （离散总体） \end{cases} \tag{8.5}$$

式(8.5)称为**对数似然函数**。由高等数学可知：$L(\theta)$ 与 $\ln L(\theta)$ 的最大值点相同，令

$$\frac{\partial \ln L(\theta)}{\partial \theta_i} = 0 \quad (i = 1, 2, \cdots, k)$$

求解得

$$\theta_i = \theta_i(x_1, x_2, \cdots, x_n) \quad (i = 1, 2, \cdots, k)$$

从而可得参数 θ_i 的极大似然估计量为

$$\hat{\theta}_i = \theta_i(X_1, X_2, \cdots, X_n) \quad (i = 1, 2, \cdots, k)$$

（2）若 $p(x, \theta)$ 和 $f(x, \theta)$ 关于 θ 不可微，需另寻方法。

例 8.4 总体 $X \sim B(1, p)$，p 为未知参数，X_1，X_2，…，X_n 为 X 的一个样本，x_1，x_2，…，x_n 是一组样本值，求参数 p 的极大似然估计。

解 因为总体 X 的分布律为

$$P\{X = x\} = p^x (1-p)^{1-x} \quad (x = 0, 1)$$

故似然函数为

$$L(p) = \prod_{i=1}^{n} p^{x_i}(1-p)^{1-x_i} = p^{\sum\limits_{i=1}^{n} x_i}(1-p)^{n - \sum\limits_{i=1}^{n} x_i}$$

这里 $x_i = 0, 1$ $(i = 1, 2, \cdots, n)$。

所以，对数似然函数为

$$\ln L(p) = \left(\sum_{i=1}^{n} x_i\right)\ln p + \left(n - \sum_{i=1}^{n} x_i\right)\ln(1-p)$$

令

$$[\ln L(p)]' = \frac{\sum_{i=1}^{n} x_i}{p} + \frac{n - \sum_{i=1}^{n} x_i}{p-1} = 0$$

解得 p 的最大似然估计值为

$$\hat{p} = \frac{1}{n}\sum_{i=1}^{n} x_i = \bar{x}$$

所以 p 的最大似然估计量为

$$\hat{p} = \frac{1}{n}\sum_{i=1}^{n} X_i = \bar{X}$$

例 8.5 设 $X \sim N(\mu, \sigma^2)$，μ，σ^2 未知，$X_1, X_2, \cdots, X_n$ 为 X 的一个样本，$x_1, x_2, \cdots, x_n$ 是一组样本值，分别求出 μ 和 σ^2 的极大似然估计量。

解 总体 X 的概率密度为

$$f(x, \mu, \sigma) = \frac{1}{\sqrt{2\pi}\sigma} e^{-\frac{(x-\mu)^2}{2\sigma^2}} \quad (x \in \mathbf{R})$$

所以似然函数为

$$L(\mu, \sigma^2) = \prod_{i=1}^{n} \frac{1}{\sqrt{2\pi}\sigma} e^{-\frac{(x_i-\mu)^2}{2\sigma^2}} = (2\pi\sigma^2)^{-\frac{n}{2}} e^{-\frac{1}{2\sigma^2}\sum_{i=1}^{n}(x_i-\mu)^2} \quad (i = 1, 2, \cdots, n)$$

对数似然函数为

$$\ln L(\mu, \sigma^2) = -\frac{n}{2}(\ln 2\pi + \ln\sigma^2) - \frac{1}{2\sigma^2}\sum_{i=1}^{n}(x_i - \mu)^2$$

上式分别对 μ 和 σ^2 求偏导数，并分别令其为 0，即

$$\begin{cases} \dfrac{\partial \ln L(\mu, \sigma^2)}{\partial \mu} = \dfrac{1}{\sigma^2}\sum_{i=1}^{n}(x_i - \mu) = 0 & (1) \\ \dfrac{\partial \ln L(\mu, \sigma^2)}{\partial \sigma^2} = -\dfrac{n}{2\sigma^2} + \dfrac{1}{2\sigma^4}\sum_{i=1}^{n}(x_i - \mu)^2 = 0 & (2) \end{cases}$$

由方程(1) 求出

$$\mu = \frac{1}{n}\sum_{i=1}^{n} x_i = \bar{x}$$

将其代入方程(2)，解出

$$\sigma^2 = \frac{1}{n}\sum_{i=1}^{n}(x_i - \mu)^2 = \frac{1}{n}\sum_{i=1}^{n}(x_i - \bar{x})^2$$

所以，μ 和 σ^2 的极大似然估计值分别为

$$\hat{\mu} = \frac{1}{n}\sum_{i=1}^{n} x_i = \bar{x}$$

$$\hat{\sigma}^2 = \frac{1}{n}\sum_{i=1}^{n}(x_i - \bar{x})^2$$

μ，σ^2 的极大似然估计量分别为

$$\hat{\mu} = \frac{1}{n}\sum_{i=1}^{n} X_i = \bar{X}$$

$$\hat{\sigma}^2 = \frac{1}{n}\sum_{i=1}^{n}(X_i - \overline{X})^2 = B_2$$

例 8.6 设 $X \sim U[a, b]$，其中 a, b 均未知，X_1, X_2, …, X_n为 X 的一个样本，x_1, x_2, …, x_n是一组样本值，求 a, b 的极大似然估计。

解 由于总体的概率密度为

$$f(x,a,b) = \begin{cases} \dfrac{1}{b-a} & (a \leqslant x \leqslant b) \\ 0 & (\text{其他}) \end{cases}$$

则似然函数为

$$L(a,b) = \begin{cases} \dfrac{1}{(b-a)^n} & (a \leqslant x_1, x_2, \cdots, x_n \leqslant b) \\ 0 & (\text{其他}) \end{cases}$$

通过分析可知，用解似然方程极大值的方法求极大似然估计很难求解(因为无极值点)，所以采用直接观察法。

记 $x_{(1)} = \min\limits_{1 \leqslant i \leqslant n} x_i$, $x_{(n)} = \max\limits_{1 \leqslant i \leqslant n} x_i$，下面两个事件等价，即

$$\{a \leqslant x_1, x_2, \cdots, x_n \leqslant b\} \Leftrightarrow \{a \leqslant x_{(1)}\} \cap \{x_{(n)} \leqslant b\}$$

对于满足条件 $a \leqslant x_{(1)}$ 并且 $x_{(n)} \leqslant b$ 的任意 a, b 有

$$L(a,b) = \frac{1}{(b-a)^n} \leqslant \frac{1}{(x_{(n)} - x_{(1)})^n}$$

即 $L(a,b)$ 在 $a = x_{(1)}$, $b = x_{(n)}$ 时取得最大值

$$L_{\max}(a,b) = \frac{1}{(x_{(n)} - x_{(1)})^n}$$

故 a 与 b 的极大似然估计值分别为

$$\hat{a} = x_{(1)} = \min_{1 \leqslant i \leqslant n}\{x_i\}, \quad \hat{b} = x_{(n)} = \max_{1 \leqslant i \leqslant n}\{x_i\}$$

故 a 与 b 的极大似然估计量分别为

$$\hat{a} = X_{(1)} = \min_{1 \leqslant i \leqslant n}\{X_i\}, \quad \hat{b} = X_{(n)} = \max_{1 \leqslant i \leqslant n}\{X_i\}$$

最大似然估计量的性质（不变性） 设总体 X 分布已知，$\hat{\theta}$ 是参数 θ 的极大似然估计量，若函数 f 具有反函数，则 $f(\hat{\theta})$ 是参数 $f(\theta)$ 的极大似然估计量。

例如，例 8.5 得到方差 σ^2 的极大似然估计量为

$$\hat{\sigma}^2 = \frac{1}{n}\sum_{i=1}^{n}(X_i - \overline{X})^2$$

则标准差 σ 的极大似然估计量为

$$\hat{\sigma} = \sqrt{\hat{\sigma}^2} = \sqrt{\frac{1}{n}\sum_{i=1}^{n}(X_i - \overline{X})^2}$$

例 8.7 设总体 $X \sim N(\mu, \sigma^2)$，参数 μ, σ^2 未知。X_1, X_2, …, X_n 为 X 的样本，求使 $P\{X > A\} = 0.05$ 的点 A 的最大似然估计。

解 由 $\dfrac{X-\mu}{\sigma} \sim N(0,1)$，则

$$0.05 = P\{X > A\} = P\left\{\frac{X-\mu}{\sigma} > \frac{A-\mu}{\sigma}\right\}$$

$$=1-\Phi\left(\frac{A-\mu}{\sigma}\right)$$

得 $\Phi\left(\frac{A-\mu}{\sigma}\right)=0.95$，查表得$\frac{A-\mu}{\sigma}=1.65$，即 $A=1.65\sigma+\mu$。再由最大似然估计的不变性得

$$\hat{A}=1.65\hat{\sigma}+\hat{\mu}$$

其中 $\hat{\mu}=\bar{X}$，$\hat{\sigma}=\sqrt{\frac{1}{n}\sum_{i=1}^{n}(X_i-\bar{X})^2}$。

8.3 估计量的评选标准

对于同一参数，用不同的估计方法求出的估计量可能不相同，用相同的方法也可能得到不同的估计量，也就是说，同一参数可能具有多种估计量，而且，原则上讲，其中任何统计量都可以作为未知参数的估计量，那么采用哪一个估计量为好呢？这就涉及估计量的评价问题，而判断估计量好坏的标准是：有无系统偏差；波动性的大小；伴随样本容量的增大是否越来越精确，这就是估计的无偏性、有效性和一致性（相合性）。

8.3.1 无偏性

设 $\hat{\theta}$ 是未知参数 θ 的估计量，则 $\hat{\theta}$ 仍是一个随机变量，对于不同的样本值就会得到不同的估计值，我们总希望估计值在 θ 的真实值附近，这就涉及无偏性这个标准。

定义 8.3 设 $\hat{\theta}$ 是未知参数 θ 的估计量，若 $E(\hat{\theta})$ 存在，且对 $\forall\theta\in\Theta$ 有

$$E(\hat{\theta})=\theta \tag{8.6}$$

则称 $\hat{\theta}$ 是 θ 的**无偏估计量**，也称估计量 $\hat{\theta}$ 具有**无偏性**。

在科学技术中，以 $\hat{\theta}$ 作为 θ 的估计量，$E(\hat{\theta})-\theta$ 叫作系统误差。无偏估计的实际意义就是无系统误差。

例 8.8 设总体 X 的 k 阶中心矩 $m_k=E(X^k)$（$k\geqslant 1$）存在，$X_1,X_2,\cdots,X_n$是 X 的一个样本，证明：无论 X 服从什么分布，$A_k=\frac{1}{n}\sum_{i=1}^{n}X_i{}^k$ 是 m_k 的无偏估计。

证 $X_1,X_2,\cdots,X_n$ 与 X 同分布

$$E(X_i{}^k)=E(X^k)=m_k \quad (i=1,2,\cdots,n)$$

$$E(A_k)=\frac{1}{n}\sum_{i=1}^{n}E(X_i{}^k)=m_k$$

所以，无论 X 服从何种分布，$A_k=\frac{1}{n}\sum_{i=1}^{n}X_i{}^k$ 是 m_k的无偏估计。

事实上，只要 $E(X)$ 存在，$\bar{X}$总是 $E(X)$ 的无偏估计。同时，样本 $X_1,X_2,\cdots,X_n$中的每一个 X_i均是 $E(X)$ 的无偏估计。

例 8.9 设总体 X 的 $E(X)=\mu$，$D(X)=\sigma^2$都存在，且 $\sigma^2>0$，若 μ，σ^2均为未知，则 σ^2的估计量 $\hat{\sigma}^2=\frac{1}{n}\sum_{i=1}^{n}(X_i-\bar{X})^2$ 是有偏的。

证 因为

$$\hat{\sigma}^2 = \frac{1}{n}\sum_{i=1}^{n}(X_i - \overline{X})^2 = \frac{1}{n}\sum_{i=1}^{n}X_i^2 - \overline{X}^2$$

$$E(\hat{\sigma}^2) = \frac{1}{n}\sum_{i=1}^{n}E(X_i^2) - E(\overline{X}^2) = \frac{1}{n}\sum_{i=1}^{n}E(X^2) - (D\overline{X} + (E\overline{X})^2)$$

$$= (\sigma^2 + \mu^2) - \left(\frac{\sigma^2}{n} + \mu^2\right) = \frac{n-1}{n}\sigma^2$$

σ^2 的估计量 $\hat{\sigma}^2 = \frac{1}{n}\sum_{i=1}^{n}(X_i - \overline{X})^2$ 是有偏的。

若在 $\hat{\sigma}^2$ 的两边同乘以$\frac{n}{n-1}$，则所得到的估计量就是无偏的，即

$$E\left(\frac{n}{n-1}\hat{\sigma}^2\right) = \frac{n}{n-1}E(\hat{\sigma}^2) = \sigma^2$$

而$\frac{n}{n-1}\hat{\sigma}^2$ 恰恰就是样本方差 $S^2 = \frac{1}{n-1}\sum_{i=1}^{n}(X_i - \overline{X})^2$ 。

可见，S^2可以作为 σ^2的估计，而且是无偏估计。因此，常用 S^2作为方差 σ^2的估计量。从无偏的角度考虑，S^2比 B_2更好。

在实际应用中，对整个系统(整个实验)而言无系统偏差；就一次实验来讲，$\hat{\theta}$ 可能偏大也可能偏小，实质上并说明不了什么问题，只是平均来说它没有偏差。所以，无偏性只有在大量的重复实验中才能体现出来；另外，我们注意到，无偏估计只涉及一阶矩(均值)，虽然计算简便，但是往往会出现一个参数的无偏估计有多个，因而无法确定哪个估计量更好的情况。

例 8.10 设总体 X 服从参数为 λ 的指数分布，密度为

$$f(x) = \begin{cases} \lambda e^{-\lambda x} & (x>0) \\ 0 & (\text{其他}) \end{cases}$$

其中，$\lambda>0$ 为未知，X_1, X_2, …, X_n是来自总体 X 的一个样本，记 $\theta = \frac{1}{\lambda}$。证明：对参数 θ 而言，统计量 $\overline{X}$与 $nZ = n[\min\{X_1, X_2, \cdots, X_n\}]$都是 θ 的无偏估计。

证 显然

$$E(\overline{X}) = E(X) = \frac{1}{\lambda} = \theta$$

所以$\overline{X}$是 θ 的无偏估计。

再由若干个独立同分布于指数分布的随机变量的最小值仍服从指数分布，所以

$$Z = \min\{X_1, X_2, \cdots, X_n\}$$

仍服从指数分布，参数变为 $n\lambda$，故

$$E(Z) = \frac{1}{n\lambda} = \frac{\theta}{n}$$

所以

$$E(nZ) = \theta$$

即 nZ 是 θ 的无偏估计。

那么，以上这两个无偏估计量，究竟哪个估计更好、更合理呢？这就要看哪个估计量

的观察值更接近真实值，即估计量的观察值更密集地分布在真实值的附近。人们知道，方差是反映随机变量取值的分散程度的量。所以，无偏估计应以方差较小者为好。为此引入了估计量的有效性概念。

8.3.2 有效性

定义 8.4 设 $\hat{\theta}_1$ 与 $\hat{\theta}_2$ 都是 θ 的无偏估计量，若有

$$D(\hat{\theta}_1) < D(\hat{\theta}_2) \tag{8.7}$$

则称 $\hat{\theta}_1$ 比 $\hat{\theta}_2$ 有效。

若存在 θ 的无偏估计 $\hat{\theta}_0$，使得对 θ 的任意无偏估计 $\hat{\theta}$，都有

$$D(\hat{\theta}_0) \leqslant D(\hat{\theta}) \tag{8.8}$$

则称 $\hat{\theta}_0$ 为 θ 的最小方差无偏估计。

例 8.11 在例 8.10 中，由于

$$D(X) = \frac{1}{\lambda^2} = \theta^2$$

所以

$$D(\overline{X}) = \frac{\theta^2}{n}$$

又

$$D(Z) = \frac{1}{n^2\lambda^2} = \frac{\theta^2}{n^2}$$

所以

$$D(nZ) = \theta^2$$

当 $n>1$ 时，显然有

$$D(\overline{X}) < D(nZ)$$

故 $\overline{X}$ 比 nZ 有效。

8.3.3 一致性（相合性）

关于无偏性和有效性是在样本容量固定的条件下提出的。但是，我们不仅希望一个估计量是无偏的、有效的，而且希望伴随样本容量的增大，估计值能稳定于待估参数的真值，为此引入一致性概念。

定义 8.5 设 $\hat{\theta}$ 是 θ 的估计量，若对于任意的 $\varepsilon>0$，有

$$\lim_{n\to\infty} P\{|\hat{\theta}-\theta| < \varepsilon\} = 1 \tag{8.9}$$

则称 $\hat{\theta}$ 是 θ 的一致性估计量。

例如，设总体 X 的 $E(X)=\mu$，$D(X)=\sigma^2$ 都存在，无论总体服从何种分布，样本均值 $\overline{X}$ 是总体均值 μ 的一致估计；而样本方差 S^2 与样本二阶中心矩 B_2 都是总体方差 σ^2 的一致估计。

满足一致性是估计量要具备的最基本的性质。如果一个估计量不满足一致性，那么根本不予考虑。一致性的验证相对困难，所以一般不去验证。人们往往在一致性已经满足的基础上，更多地考虑无偏性与有效性。

8.4 区间估计

8.4.1 置信区间

区间估计是指由两个取值于 Θ 的统计量 $\hat{\theta}_1$ 和 $\hat{\theta}_2$ 组成一个区间，对于一个具体问题得到样本值之后，便给出了一个具体的区间 $[\hat{\theta}_1, \hat{\theta}_2]$，使参数 θ 尽可能地落在该区间内。

事实上，由于 $\hat{\theta}_1$ 和 $\hat{\theta}_2$ 是两个统计量，所以，$[\hat{\theta}_1, \hat{\theta}_2]$ 实际上是一个随机区间，它覆盖 θ（即 $\theta \in [\hat{\theta}_1, \hat{\theta}_2]$）就是一个随机事件，而 $P\{\theta \in [\hat{\theta}_1, \hat{\theta}_2]\}$ 就反映了这个区间估计的可信程度；另外，区间长度 $\hat{\theta}_2 - \hat{\theta}_1$ 也是一个随机变量，$E(\hat{\theta}_1 - \hat{\theta}_2)$ 反映了区间估计的精确程度。人们自然希望反映可信程度越大越好，反映精确程度的区间长度越小越好。但在实际问题中，二者常常不能兼顾。为此，这里引入置信区间的概念，并给出在一定可信程度的前提下求置信区间的方法，使区间的平均长度最短。

定义 8.6 设总体 X 的分布函数 $F(x, \theta)$ 含有一个未知参数 θ，对于给定的 $\alpha(0 < \alpha < 1)$，若由样本 $(X_1, X_2, \cdots, X_n)$ 确定的两个统计量 $\hat{\theta}_1(X_1, X_2, \cdots, X_n)$ 和 $\hat{\theta}_2(X_1, X_2, \cdots, X_n)$ 满足

$$P\{\hat{\theta}_1 \leqslant \theta \leqslant \hat{\theta}_2\} = 1 - \alpha \tag{8.10}$$

则称 $[\hat{\theta}_1, \hat{\theta}_2]$ 为 θ 的置信度为 $1-\alpha$ 的**置信区间**，$1-\alpha$ 称为**置信度**或**置信水平**，$\hat{\theta}_1$ 称为双侧置信区间的**置信下限**，$\hat{\theta}_2$ 称为**置信上限**。

当 X 是连续型随机变量时，对于给定的 α，人们总是按要求 $P\{\hat{\theta}_1 \leqslant \theta \leqslant \hat{\theta}_2\} = 1-\alpha$ 求出置信区间；而当 X 是离散型随机变量时，对于给定的 α，人们常常找不到区间 $[\hat{\theta}_1, \hat{\theta}_2]$ 使得 $P\{\hat{\theta}_1 \leqslant \theta \leqslant \hat{\theta}_2\}$ 恰为 $1-\alpha$，此时选取长度至少为 $1-\alpha$ 且尽可能接近 $1-\alpha$ 的区间即可。

例 8.12 设总体 $X \sim N(\mu, \sigma^2)$，σ^2 已知，μ 未知，$(X_1, X_2, \cdots, X_n)$ 是来自 X 的一个样本，求 μ 的置信度为 $1-\alpha$ 的置信区间。

解 已知 $\overline{X}$ 是 μ 的无偏估计，且有

$$Z = \frac{\overline{X} - \mu}{\sigma/\sqrt{n}} \sim N(0, 1)$$

根据标准正态分布的上 α 分位点的定义有

$$p\{|Z| \leqslant z_{\alpha/2}\} = 1 - \alpha$$

即

$$p\left\{\overline{X} - \frac{\sigma}{\sqrt{n}} z_{\alpha/2} \leqslant \mu \leqslant \overline{X} + \frac{\sigma}{\sqrt{n}} z_{\alpha/2}\right\} = 1 - \alpha$$

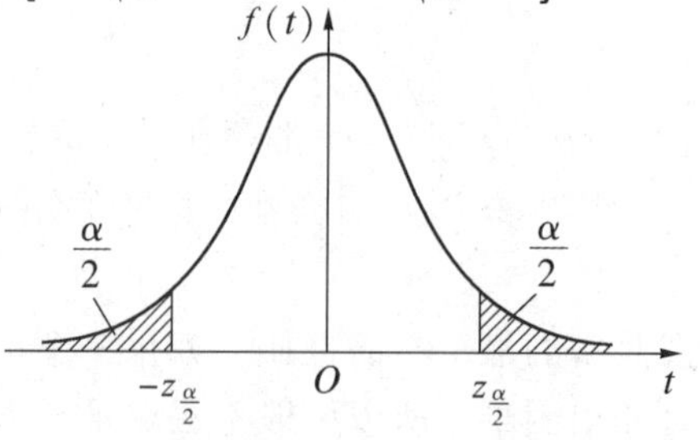

图 8.1 标准正态分布置信区间示意图

所以，μ 的置信度为 $1-\alpha$ 的置信区间为

$$\left[\overline{X}-\frac{\sigma}{\sqrt{n}}z_{\alpha/2},\ \overline{X}+\frac{\sigma}{\sqrt{n}}z_{\alpha/2}\right]$$

简写成

$$\left[\overline{X}\pm\frac{\sigma}{\sqrt{n}}z_{\alpha/2}\right]$$

比如，$\alpha=0.05$ 时，$1-\alpha=0.95$，查表得：$z_{\alpha/2}=1.96$。

又若 $\sigma=1$，$n=16$，$\bar{x}=5.4$，则得到一个置信度为 0.95 的置信区间为

$$\left[5.4\pm\frac{1}{\sqrt{16}}\times 1.96\right]=[4.91,\ 5.89]$$

注：此时，该区间已不再是随机区间了，但可称它为**置信度为 0.95 的置信区间，其含义是指"该区间包含 μ"这一陈述的可信程度为 95%**。若写成 $P\{4.91\leqslant\mu\leqslant 5.89\}=0.95$ 是错误的，因为此时该区间要么包含 μ，要么不包含 μ。

置信度为 $1-\alpha$ 的置信区间并不是唯一的。以例 8.12 来说，当 $\alpha=0.05$ 时，还有

$$p\left\{z_{0.04}\leqslant\frac{\overline{X}-\mu}{\sigma/\sqrt{n}}\leqslant z_{0.01}\right\}=0.95$$

即

$$\left[\overline{X}-\frac{\sigma}{\sqrt{n}}z_{0.01},\ \overline{X}+\frac{\sigma}{\sqrt{n}}z_{0.04}\right]$$

也是 μ 的置信度为 0.95 的置信区间。

若记 L 为置信区间的长度，则 $L=\frac{2\sigma}{\sqrt{n}}z_{\alpha/2}$，置信区间越短表示估计的精度越高。通过比较可知，两个置信区间中后者精度较前者低。我们自然想选择置信度一定下的最短的置信区间。**一般来讲，在分布的概率密度函数的图形是单峰的且对称的情况下，对称的置信区间的长度是最短的**

通过上述例子，可以得到寻求未知参数 θ 的置信区间的一般步骤。

（1）寻求一个样本 $X_1, X_2, \cdots, X_n$ 的函数 $W(X_1, X_2, \cdots, X_n, \theta)$；它包含待估参数 θ，而不包含其他未知参数，并且 W 的分布已知，且不依赖于任何未知参数。这一步通常是根据 θ 的点估计及抽样分布得到。

（2）对于给定的置信度 $1-\alpha$，定出两个常数 a，b，使 $P\{a\leqslant W\leqslant b\}=1-\alpha$。这一步通常由抽样分布的分位点定义得到。

（3）从 $a\leqslant W\leqslant b$ 中得到等价不等式 $\hat{\theta}_1\leqslant\theta\leqslant\hat{\theta}_2$，其中

$$\hat{\theta}_1=\hat{\theta}_1(X_1, X_2, \cdots, X_n),\quad \hat{\theta}_2=\hat{\theta}_2(X_1, X_2, \cdots, X_n)$$

都是统计量，则 $[\hat{\theta}_1, \hat{\theta}_2]$ 就是 θ 的一个置信度为 $1-\alpha$ 的置信区间。

8.4.2 单个正态总体的均值与方差的置信区间

设总体 $X\sim N(\mu, \sigma^2)$，$X_1, X_2, \cdots, X_n$ 为来自 X 的一个样本，已给定置信度(水平)为 $1-\alpha$，求 μ 和 σ^2 的置信区间。

8.4.2.1 均值的置信区间

（1）当 σ^2 已知时，由例 8.12 可得：μ 的置信水平为 $1-\alpha$ 的置信区间为

$$\left[\overline{X} \pm \frac{\sigma}{\sqrt{n}} z_{\alpha/2}\right] \tag{8.11}$$

事实上，无论X服从何种分布，只要$E(X)=\mu$，$D(X)=\sigma^2$，当样本容量足够大时，根据中心极限定理，就可以得到的置信水平为$1-\alpha$的置信区间，即式(8.11)。

更进一步地，无论X服从何分布，只要样本容量充分大，即使总体方差σ^2未知，也可以用S^2来代替，此时，式(8.11)仍然可以作为的近似置信区间，一般地，当$n \geqslant 50$时，就满足要求。

(2) 当σ^2未知时，不能使用式(8.11)给出的置信区间。考虑到S^2是σ^2的无偏估计，当用$S=\sqrt{S^2}$来代替σ，则根据抽样分布定理，有

$$t=\frac{\overline{X}-\mu}{S/\sqrt{n}} \sim t(n-1)$$

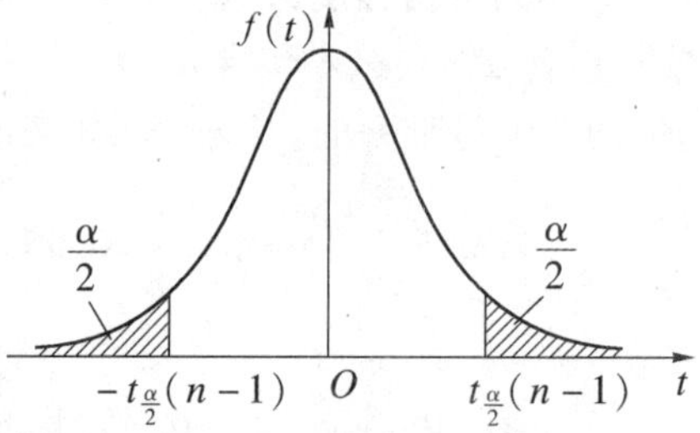

图8.2　t分布置信区间示意图

由自由度为$n-1$的t分布的上α分位点的定义有

$$P\left\{\left|\frac{\overline{X}-\mu}{S/\sqrt{n}}\right| \leqslant t_{\alpha/2}(n-1)\right\}=1-\alpha$$

即

$$P\left\{\overline{X}-\frac{S}{\sqrt{n}}t_{\alpha/2}(n-1) \leqslant \mu \leqslant \overline{X}+\frac{S}{\sqrt{n}}t_{\alpha/2}(n-1)\right\}=1-\alpha$$

所以，μ的置信度为$1-\alpha$的置信区间为

$$\left[\overline{X} \pm \frac{S}{\sqrt{n}} t_{\alpha/2}(n-1)\right] \tag{8.12}$$

注：这里虽然得出了μ的置信区间，但由于σ^2未知，用S^2近似σ^2，因而估计的效果要差些。但在实际问题中，总体方差σ^2未知的情况居多，故区间(8.12)比区间(8.11)有更大的应用价值。

例8.13　有一大批糖果，现从中随机地取16袋，称得重量（单位：克）如下：

506	508	499	503	504	510	497	512
514	505	493	496	506	502	509	496

设袋装糖果的重量近似地服从正态分布，试求总体均值μ的置信水平为0.95的置信区间。

解　这里方差未知，根据式(8.12)，所求置信区间为

$$\left[\overline{X} \pm \frac{S}{\sqrt{n}} t_{\alpha/2}(n-1)\right]$$

因为$1-\alpha=0.95$，所以$\alpha=0.05$，$n-1=15$，查表得$t_{0.025}(15)=2.1315$；计算出样本

均值$\bar{x}=503.75$，样本标准差 $s=6.2022$，所以代入以上数据，得到μ 的置信水平为0.95 的置信区间为

$$\left[503.75 \pm \frac{6.2022}{\sqrt{16}} \times 2.1315\right] = [500.4, 507.1]$$

8.4.2.2 方差σ^2的置信区间

（1）当μ 已知时，由抽样分布知

$$\chi^2 = \sum_{i=1}^{n} \frac{(X_i-\mu)^2}{\sigma^2} \sim \chi^2(n)$$

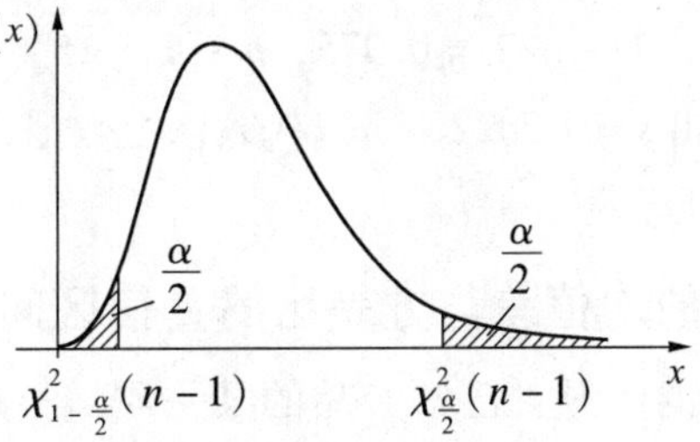

图 8.3 χ^2分布置信区间示意图

根据$\chi^2(n)$分布分位数的定义，有

$$P\{\chi^2 > \chi^2_{\alpha/2}(n)\} = \frac{\alpha}{2};\ P\{\chi^2 < \chi^2_{1-\alpha/2}(n)\} = \frac{\alpha}{2}$$

所以

$$P\{\chi^2_{\alpha/2}(n) < \chi^2 \leqslant \chi^2_{1-\alpha/2}(n)\} = 1-\alpha$$

从而

$$P\left\{\frac{\sum_{i-1}^{n}(X_i-\mu)^2}{\chi^2_{1-\alpha/2}(n)} \leqslant \sigma^2 \leqslant \frac{\sum_{i=1}^{n}(X_i-\mu)^2}{\chi^2_{\alpha/2}(n)}\right\} = 1-\alpha$$

故 σ^2 的置信度为$1-\alpha$ 的置信区间为

$$\left[\frac{\sum_{i=1}^{n}(X_i-\mu)^2}{\chi^2_{1-\alpha/2}(n)}, \frac{\sum_{i=1}^{n}(X_i-\mu)^2}{\chi^2_{\alpha/2}(n)}\right] \tag{8.13}$$

在实际中，一般σ^2未知时，μ 往往都是未知的，所以式(8.13) 仅具理论价值。

（2）当μ 未知时，由于$\bar{X}$既是μ 的无偏估计，又是有效估计，所以用$\bar{X}$代替μ，根据抽样分布有

$$\chi^2 = \frac{(n-1)S^2}{\sigma^2} \sim \chi^2(n-1)$$

采用与(1)同样的方法，可以得到σ^2的一个置信度为$1-\alpha$ 的置信区间为

$$\left[\frac{(n-1)S^2}{\chi^2_{\alpha/2}(n-1)}, \frac{(n-1)S^2}{\chi^2_{1-\alpha/2}(n-1)}\right] \tag{8.14}$$

进一步还可以得到σ 的置信度为$1-\alpha$ 的置信区间为

$$\left[\frac{\sqrt{n-1}S}{\sqrt{\chi^2_{\alpha/2}(n-1)}}, \frac{\sqrt{n-1}S}{\sqrt{\chi^2_{1-\alpha/2}(n-1)}}\right] \tag{8.15}$$

当分布不对称时，如χ^2分布和F分布，习惯上仍然取其对称的分位点来确定置信区间，虽然所得区间不是最短的，但对于实际应用而言，其精度已经足够用了。

例 8.14 求例 8.12 中总体标准差σ的置信度为 0.95 的置信区间。

解 所求置信区间为

$$\left[\frac{\sqrt{n-1}S}{\sqrt{\chi^2_{\alpha/2}(n-1)}}, \frac{\sqrt{n-1}S}{\sqrt{\chi^2_{1-\alpha/2}(n-1)}}\right]$$

现在$\alpha/2=0.025$时，$1-\alpha/2=0.975$，$n-1=15$，查表得：$\chi^2_{0.025}(15)=27.488$，$\chi^2_{0.975}(15)=6.262$；计算出$s=6.2022$，所以代入以上数据，得到标准差$\sigma$的置信度为 0.95 的置信区间为$[4.58, 9.60]$。

8.4.3 两个正态总体的均值差与方差比的置信区间

在实际中常遇到下面的问题：已知产品的某一质量指标服从正态分布，但由于原料、设备条件、操作人员不同，或工艺过程的改变等因素，引起总体均值、总体方差有所改变，要想知道这些变化有多大，就需要考虑两个正态总体均值差或方差比的区间估计问题。

设总体$X\sim N(\mu_1, \alpha_1^2)$，$Y\sim N(\mu_2, \sigma_2^2)$，且$X$与$Y$相互独立，$(X_1, X_2, \cdots, X_m)$来自总体$X$的一个样本，$(Y_1, Y_2, \cdots, Y_n)$为来自总体$Y$的一个样本，对给定置信水平为$1-\alpha$，且假设$\overline{X}$, $\overline{Y}$, S_1^2, S_2^2分别为总体X与Y的样本均值与样本方差。

8.4.3.1 均值差$\mu_1-\mu_2$的置信区间

（1）当σ_1^2, σ_2^2已知时，由抽样分布可知

$$Z=\frac{(\overline{X}-\overline{Y})-(\mu_1-\mu_2)}{\sqrt{\dfrac{\sigma_1^2}{m}+\dfrac{\sigma_2^2}{n}}}\sim N(0, 1)$$

所以，可以得到$\mu_1-\mu_2$的置信水平为$1-\alpha$的置信区间为

$$\left[(\overline{X}-\overline{Y})\pm z_{\alpha/2}\cdot\sqrt{\frac{\sigma_1^2}{m}+\frac{\sigma_2^2}{n}}\right] \tag{8.16}$$

（2）当σ_1^2, σ_2^2未知时，但m, n均较大时，可用S_1^2和S_2^2分别代替式(8.16)中σ_1^2, σ_2^2，则可得$(\mu_1-\mu_2)$的置信水平为$1-\alpha$的近似置信区间为

$$\left[(\overline{X}-\overline{Y})\pm z_{\alpha/2}\cdot\sqrt{\frac{S_1^2}{m}+\frac{S_2^2}{n}}\right] \tag{8.17}$$

（3）当$\sigma_1^2=\sigma_2^2=\sigma^2$，且$\sigma^2$未知时，由抽样分布可知，若令

$$S_\omega^2=\frac{(m-1)S_1^2+(n-1)S_2^2}{m+n-2}$$

则

$$T=\frac{(\overline{X}-\overline{Y})-(\mu_1-\mu_2)}{\sqrt{\dfrac{1}{m}+\dfrac{1}{n}}\cdot S_\omega}\sim t(m+n-2)$$

由 t 分布分位数的定义有

$$P\{|T| \leqslant t_{\alpha/2}(m+n-2)\} = 1-\alpha$$

从而可得 $\mu_1-\mu_2$ 的置信度为 $1-\alpha$ 的置信区间为

$$\left[(\overline{X}-\overline{Y}) \pm t_{\alpha/2}(m+n-2) \cdot S_\omega \cdot \sqrt{\frac{1}{m}+\frac{1}{n}}\right] \tag{8.18}$$

在实际应用中，往往选择式(8.18)，而不是式(8.17)。也就是说，当 σ_1^2，σ_2^2 未知时，往往可以假定 $\sigma_1^2=\sigma_2^2=\sigma^2$（称为两样本方差齐性）。我们将在下一章中讨论为什么可以这样做。

例 8.15 为了比较Ⅰ，Ⅱ两种型号步枪子弹的枪口速度，随机地取Ⅰ型子弹 10 发，得到枪口平均速度 $\bar{x}_1=500$ m/s，标准差 $s_1=1.10$ m/s，取Ⅱ型子弹 20 发，得到枪口平均速度 $\bar{x}_2=496$ m/s，标准差 $s_2=1.20$ m/s，假设两总体都近似地服从正态分布，且由生产过程可认为它们的方差相等，求两总体均值差 $\mu_1-\mu_2$ 的置信度为 0.95 的置信区间。

解 由题设，两总体的方差相等，却未知，所以可用式(8.18)，由

$$1-\alpha=0.95,\ \alpha/2=0.025,\ m=10,\ n=20,\ m+n-2=28,\ t_{0.025}(28)=2.0484$$

计算出

$$S_\omega^2=\frac{9\times 1.1^2+19\times 1.2^2}{28}$$

得到 $S_\omega=1.1688$，故所求置信区间为

$$\left[(\bar{x}_1-\bar{x}_2) \pm t_{0.025}(28) \cdot S_\omega \cdot \sqrt{\frac{1}{10}+\frac{1}{20}}\right]=[4\pm 0.93]=[3.07,4.93]$$

在该题中所得置信区间下限大于 0，在实际中，人们认为 μ_1 比 μ_2 大。相反，如果得到置信区间下限小于 0，在实际中，则认为 μ_1 与 μ_2 没有显著的差别。

8.4.3.2 方差比 σ_1^2/σ_2^2 的置信区间（μ_1，μ_2 均未知）

据抽样分布知，$F=\dfrac{S_1^2/\sigma_1^2}{S_2^2/\sigma_2^2}\sim F(m-1,n-1)$，由 F 分布的分位数定义及其特点，有

$$P\left\{F_{1-\alpha/2}(m-1,n-1)<F<F_{\alpha/2}(m-1,n-1)\right\}=1-\alpha$$

可得 σ_1^2/σ_2^2 的置信水平为 $1-\alpha$ 的置信区间为

$$\left[\frac{S_1^2}{S_2^2}\frac{1}{F_{\alpha/2}(m-1,n-1)},\ \frac{S_1^2}{S_2^2}\frac{1}{F_{1-\alpha/2}(m-1,n-1)}\right] \tag{8.19}$$

例 8.16 某钢铁公司的管理人员为了比较新旧两个电炉的温度情况，抽取了新电炉的 31 个数据和旧电炉的 25 个数据，计算得样本方差依次为 $s_1^2=75$，$s_2^2=100$。设电炉温度服从正态分布，求两总体方差比 σ_1^2/σ_2^2 的置信度为 0.95 的置信区间。

解 因为 $m=31$，$n=25$，$1-\alpha=0.95$，$\alpha/2=0.025$，$1-\alpha/2=0.975$，查表得 $F_{\alpha/2}(m-1,n-1)=F_{0.025}(30,24)=2.21$。故

$$F_{1-\alpha/2}(m-1,n-1)=F_{0.975}(30,24)=\frac{1}{F_{0.025}(24,30)}=\frac{1}{2.14}$$

可用公式(8.19)，故所求置信区间为

$$\left[\frac{S_1^2}{S_2^2}\frac{1}{F_{\alpha/2}(m-1,n-1)},\ \frac{S_1^2}{S_2^2}\frac{1}{F_{1-\alpha/2}(m-1,n-1)}\right]$$

$$=\left[\frac{75}{100}\times\frac{1}{2.21},\quad \frac{75}{100}\times 2.14\right]=[0.34,1.61]$$

在该题中，所得置信区间包含 1，而在实际中，通常认为 σ_1^2 与 σ_2^2 没有显著的差别。

表 8.1　常用的置信区间

	待估参数	统计量分布	置信区间
单个正态总体	μ	$Z=\frac{\overline{X}-\mu}{\sigma\sqrt{n}}\sim N(0,1)$ （σ^2 已知）	$\left[\overline{X}\pm\frac{\sigma}{\sqrt{n}}z_{\alpha/2}\right]$
		$T=\frac{\overline{X}-\mu}{S/\sqrt{n}}\sim t(n-1)$ （σ^2 未知）	$\left[\overline{X}\pm\frac{S}{\sqrt{n}}t_{\alpha/2}(n-1)\right]$
	σ^2	$\chi^2=\frac{(n-1)S^2}{\sigma^2}\sim\chi^2(n-1)$ （μ 未知）	$\left[\frac{(n-1)S^2}{\chi^2_{\alpha/2}(n-1)},\ \frac{(n-1)S^2}{\chi^2_{1-\alpha/2}(n-1)}\right]$
两个正态总体	$\mu_1-\mu_2$	$Z=\frac{(\overline{X}-\overline{Y})-(\mu_1-\mu_2)}{\sqrt{\frac{\sigma_1^2}{m}+\frac{\sigma_2^2}{n}}}\sim N(0,1)$ （σ_1^2，σ_2^2 已知）	$\left[(\overline{X}-\overline{Y})\pm z_{\alpha/2}\cdot\sqrt{\frac{\sigma_1^2}{m}+\frac{\sigma_2^2}{n}}\right]$
	$\mu_1-\mu_2$	$T=\frac{(\overline{X}-\overline{Y})-(\mu_1-\mu_2)}{\sqrt{\frac{1}{m}+\frac{1}{n}}\cdot S_\omega}\sim t(m+n-2)$ （$\sigma_1^2=\sigma_2^2=\sigma^2$）未知	$\left[(\overline{X}-\overline{Y})\pm t_{\alpha/2}(m+n-2)\cdot S_\omega\cdot\sqrt{\frac{1}{m}+\frac{1}{n}}\right]$
	σ_1^2/σ_2^2	$F=\frac{S_1^2/\sigma_1^2}{S_2^2/\sigma_2^2}\sim F(m-1,n-1)$ （μ_1，μ_2 未知）	$\left[\frac{S_1^2}{S_2^2}\frac{1}{F_{\alpha/2}(m-1,n-1)},\ \frac{S_1^2}{S_2^2}\frac{1}{F_{1-\alpha/2}(m-1\ n-1)}\right]$

9 假设检验

假设检验是统计推断的另一类问题。本章首先引进假设检验的统计思想，介绍原假设与备择假设、显著性水平和两类错误等概念，然后详细讨论单个正态总体均值和方差的假设检验，最后讨论两个正态总体的均值差和方差比的假设检验。

9.1 假设检验的基本思想

引例 咖啡的标签上标明其容量为3磅(1磅≈0.4536千克)。如果生产线比较精确地将3磅咖啡装入每个咖啡听中，或大概率地保证每听至少为3磅，则消费者的权益将得到保障。检验上述问题就要用到假设检验的统计推断方法。

设μ表示填充物重量的总体均值，首先要提出一个假设，称之为原假设，记为H_0：

$$H_0: \mu \geqslant 3$$

这是因为，原假设就是学术猜测，是进一步研究的起点，所以也称为零假设。在没有其他可以利用的资料的情况下，人们只能先假设标签的说法正确（填充物重量的总体均值为每听至少3磅）。

一般来说，原假设是变量之间没有明确的关系的陈述，所以带有等号，通常有三种表达，例如：

$$H_0: \mu = 3 \quad 或者 \quad H_0: \mu \geqslant 3 \quad 或者 \quad H_0: \mu \leqslant 3$$

为了做出判断，是否拒绝原假设，需要对总体进行抽样。如何抽样不在本书的讨论范围内。人们总是在已经给定的样本值的基础上，讨论如何做出判断。比如，从某一天生产的咖啡中抽检了16听咖啡。这16听咖啡的填充物重量就是一组样本值，可以计算出样本均值，样本方差等有效数据以供使用。

那么，如何利用样本值对一个具体的假设进行检验呢？首先从H_0出发，即认为H_0是真的，在此基础上进行推理分析，看看是否有不合理的现象出现。所谓不合理的现象来自前面概率论部分学过的实际推断原理——**一个小概率事件在一次试验中不应该发生**。也就是说，如果进行一次检验，有小概率事件发生，人们认为这不合理，因为该实验结果给出了不利于原假设成立的显著性论据，所以有充分的理由拒绝原假设H_0。此时，为了将统计决策转换为实际情境下的行为决策，可以提出一个与原假设完全相反的假设，称为**备择假设**，记为H_1。拒绝原假设H_0则意味着接受备择假设H_1。相反，若没有小概率事件发生，就不能拒绝原假设H_0。

如引例中可以提出备择假设为

$$H_1: \mu < 3 \text{（重量的总体均值每听不足3磅）}$$

一般来说，备择假设是变量之间有明确的关系的陈述。对应原假设，备择假设通常有三种表达，例如：

$$H_1: \mu \neq 3 \quad 或者 \quad H_1: \mu < 3 \quad 或者 \quad H_1: \mu > 3$$

这样，可以得到由一个由原假设 H_0 与备择假设 H_1 构成的假设。本章以后所说的假设都是在此意义之下的。

9.1.1 假设检验的一般过程

（1）提出原假设 H_0 与备择假设 H_1。

（2）从原假设 H_0 出发，利用适当的统计量去构造一个小概率事件。

（3）根据样本值去验证小概率事件是否发生。若发生，则不合理，有充分的理由拒绝原假设 H_0，从而接受备择假设 H_1；如不发生，则没有充分的理由拒绝 H_0。

下面结合引例来说明假设检验的具体做法。

听装咖啡填充物重量的总体设为 X，由实际经验可知，X 服从正态分布，设 $X \sim N(\mu, \sigma^2)$，生产线无法精确地将 3 磅咖啡放入每个听中，但是生产线的精度可以保证每听的误差不超过 0.08 磅，即 $\sigma^2 = 0.08^2$ 已知。抽检的 16 听咖啡重量是来自该总体的一个样本（$X_1, X_2, \cdots, X_{16}$）的样本值。总体均值 μ 未知，下面来检验

$$H_0: \mu \geqslant 3; \ H_1: \mu < 3$$

从原假设 H_0 出发：若 H_0 为真，则 $\mu \geqslant 3$；但实际上并不知道总体均值 μ 为何值，不过知道的是，样本给定，则样本均值 $\overline{X}$ 是总体均值 μ 的无偏估计，所以，当 H_0 为真时，样本均值 $\overline{X}$ 的观察值 $\bar{x}$ 应该大于等于 3，若存在某个常数 k_0，使得 $\overline{X} - 3 \leqslant k_0$，则不合理。如前所述，此时 $P\{\overline{X} - 3 \leqslant k_0\}$ 应该是一个小概率事件，不妨设这个事件发生的概率为 α，即 $P\{\overline{X} - 3 \leqslant k_0\} = \alpha$。恒等变形有 $P\left(\dfrac{\overline{X} - 3}{0.08/\sqrt{16}} \leqslant \dfrac{k_0}{0.08/\sqrt{16}}\right) = \alpha$，这里记 $\dfrac{k_0}{0.08/\sqrt{16}} = k_1$ 仍是常数，则有 $P\left\{\dfrac{\overline{X} - 3}{0.08/\sqrt{16}} \leqslant k_1\right\} = \alpha$，即 $\left\{\dfrac{\overline{X} - 3}{0.08/\sqrt{16}} \leqslant k_1\right\}$ 是概率为 α 的小概率事件。

此时 α 应该是一个比较小的数。现在的问题是，k_1 取何值时能够使得 $\left\{\dfrac{\overline{X} - 3}{0.08/\sqrt{16}} \leqslant k_1\right\}$ 是小概率事件呢？

要回答这个问题，首先要回答的是，你认为概率为多小才算是小概率呢？如果你认为 0.01 是小概率，则 $\alpha = 0.01$；如果你认为 0.001 是小概率，则 $\alpha = 0.001$。对于这个问题每个人的回答不尽相同，要视具体情况而定。一般在统计上，通常认为概率小于 0.05 的事件为小概率事件。所以，作为小概率的数 α 要事先给定才行。称 α 为**显著性水平**。通常取 $\alpha = 0.05$，$\alpha = 0.01$，$\alpha = 0.001$ 等。

现在给定 $\alpha = 0.05$，上面的问题变成：k_1 取何值时能够使得 $\left\{\dfrac{\overline{X} - 3}{0.08/\sqrt{10}} \leqslant k_1\right\} = \alpha$ 呢？在 H_0 为真时，统计量

$$Z = \frac{\overline{X} - \mu_0}{\sigma/\sqrt{n}} \sim N(0, 1)$$

然后画出标准正态分布的概率密度函数，由上 α 分位点的定义（图 9.1）易得

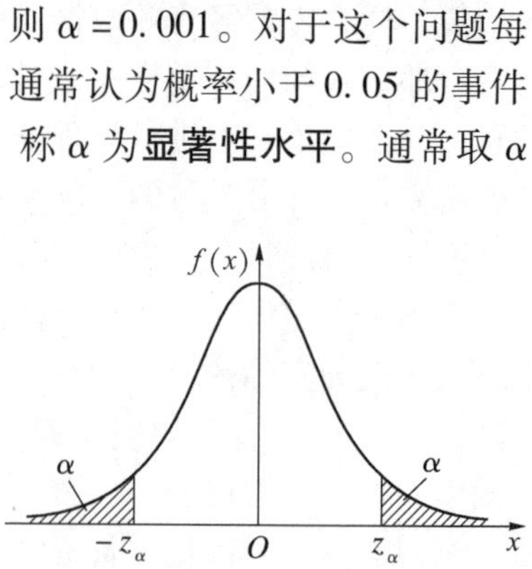

图 9.1 标准正态分布的上 α 分位点

$$P\{Z \leqslant z_{1-\alpha}\} = \alpha$$

所以，当给定 $\alpha=0.05$ 时，$\left\{\dfrac{\overline{X}-3}{0.08/\sqrt{16}}\leqslant z_{0.95}\right\}=0.05$ 是概率为 0.05 的小概率事件。称这个用于检验的并且分布为已知的统计量 $Z=\dfrac{\overline{X}-\mu_0}{\sigma/\sqrt{n}}$ 为本检验的**检验统计量**。

最后，将样本值计算出样本均值 $\bar{x}$，代入检验统计量 Z，得到检验统计值 z。因为 $z_{0.95}=-z_{0.05}=-1.645$，看是否有 $z=\dfrac{\bar{x}-3}{0.08/\sqrt{16}}\leqslant-1.645$。若有，则小概率事件发生了，从而拒绝原假设 H_0，接受备择假设 H_1；若没有，则不能拒绝原假设 H_0。故称 $\left\{\dfrac{\bar{x}-\mu_0}{\sigma/\sqrt{n}}\leqslant z_{1-\alpha}\right\}$ 是此假设检验的**拒绝域**，只有当检验统计值 z 落在拒绝域中才能拒绝原假设。

引例中，如果检测的 16 听咖啡重量的均值超过 3 磅，当然不能拒绝原假设。但是，如果测得均值小于 3 磅，是不是就一定拒绝原假设呢？

如果检测的 16 听咖啡重量的均值是 2.97 磅。那么 $\bar{x}=2.97$，检验统计值 $z=\dfrac{2.97-3}{0.08/\sqrt{16}}=-1.5>-1.645$，由于 z 没有落入拒绝域中，所以不能拒绝原假设，我们认为咖啡重量的总体均值每听至少为 3 磅，即标签标明容量是对的。

如果检测的 16 听咖啡重量的均值是 2.95 磅，那么 $\bar{x}=2.95$，检验统计值 $z=\dfrac{2.95-3}{0.08/\sqrt{16}}=-2.5<-1.645$，由于 z 落入拒绝域中，所以拒绝原假设，接受备择假设，可以认为咖啡重量的总体均值每听不足 3 磅，即标签标明容量是假的。

如果改变显著性水平，比如 $\alpha=0.005$，那么上述两个检验结论又是什么呢？

此时，$z_{0.995}=-z_{0.005}=-2.576$，所以当 $\bar{x}=2.97$ 与 $\bar{x}=2.95$ 时，检验统计值分别为 -1.5 与 -2.5，均大于 -2.576，所以都没有落在拒绝域中，结论都是不拒绝原假设。

从这个例子中能看出，显著性水平选取不同，同样的样本值可能会导致不同的判断。

9.1.2 假设检验的基本步骤

(1) 提出原假设 H_0 与备选假设 H_1；

(2) 选取检验统计量；

(3) 确定显著性水平 α（一般 $\alpha=0.05$，0.01，0.001）；

(4) 得到检验统计量的拒绝域；

(5) 由样本值计算检验统计值，看是否落入拒绝域，判断是否拒绝 H_0；

(6) 将统计决策转为实际情况下的行为决策。

9.1.3 两类错误

需要指出的是，无论我们是否拒绝原假设 H_0 都有可能犯错，因为我们是基于一个给定的样本做出的判断。从假设检验思想可以发现，当我们拒绝 H_0 并接受 H_1 时，理由充分，这是因为只有当小概率事件发生了我们才拒绝 H_0；但是小概率事件是有可能发生的（发生概率是 α），当 H_0 为真时，一旦小概率事件发生我们就会拒绝 H_0，即判断它为假，这就犯了“以真为假”的错误，称为**第一类错误**，也称拒真错误。显然，犯这种错误的概率就是显著性水平 α，记为

$$P(\text{拒绝 } H_0 \mid H_0 \text{为真})=\alpha$$

而不拒绝 H_0 也会犯错。之所以不拒绝 H_0 是因为检验过程中没有小概率事件发生，因而没有理由拒绝 H_0。犯这种错误意味着把一个假的原假设判断成了真的，这种“以假为真”的错误称为**第二类错误**，也称受伪错误，犯这种错误的概率记为 β，即

$$P(\text{不拒绝 } H_0 \mid H_0 \text{为假}) = \beta$$

注意：这里 $\alpha+\beta\neq 1$。人们自然希望什么错误都不犯，但实际上这是不可能的。当样本容量 n 给定后，犯这两类错误的概率不可能同时减小，若减小其中的一个，另一个往往就会增大。要使它们同时减小，只有增大样本容量 n，而这在实际中往往不易做到，甚至不可能做到。因此通常总是按照**奈曼－皮尔逊（Neyman－Pearson）**提出的一个原则，通常称之为 **N－P 准则**，先控制犯第一类错误的概率 α，然后使犯第二类错误 β 尽可能地小。不过按照这个原则去寻求最优的检验办法一般来讲比较困难，有时根本找不到（即不存在奈曼－皮尔逊意义下的最优检验）。所以降低要求，只考虑控制犯第一类错误的概率 α，而不考虑犯第二类错误的概率 β，这种检验方法称为**显著性检验**。这也是 α 称为显著性水平的原因。本章采用直观分析的方法去确定拒绝域的形式，再根据给定的显著性水平 α，把拒绝域完全确定下来。本章这样求得的很多检验统计量也是奈曼－皮尔逊意义下的最优检验。

9.2 单个正态总体均值与方差的假设检验

由于在实际问题中碰到的许多随机变量是服从或近似地服从正态分布，故本书仅介绍总体 X 的分布为正态分布时的几种显著性检验的方法。正态分布 $N(\mu, \sigma^2)$ 含有两个参数 μ 和 σ^2，因此，关于单个正态总体的假设检验就是对这两个参数进行假设检验。

9.2.1 单个正态总体均值 μ 的检验

定义 9.1 单边（侧/尾）检验与双边（侧/尾）检验

根据备择假设的不同，假设检验可以划分为三种类型，以均值 μ 的检验为例，如表 9.1 所示。

表 9.1 单边检验与双边检验

H_0	H_1	检验类型	方向性
$\mu\geqslant\mu_0$	$\mu<\mu_0$	单边检验（左边）	有方向
$\mu\leqslant\mu_0$	$\mu>\mu_0$	单边检验（右边）	有方向
$\mu=\mu_0$	$\mu>\mu_0$	双边检验	无方向

9.2.1.1 σ^2 已知关于 μ 的检验（Z-检验）

（1）单边检验：设 $X_1, X_2, \cdots, X_n$ 是来自总体 $X\sim N(\mu, \sigma^2)$ 的样本，其中 σ^2 已知，μ 未知，在显著性水平 α 下检验假设

$$H_0: \mu\geqslant\mu_0; \quad H_1: \mu<\mu_0$$

这是一个 σ^2 已知时关于 μ 的**左边检验**，上一节引例分析已知构造检验统计量为

$$Z=\frac{\overline{X}-\mu_0}{\sigma/\sqrt{n}}\sim N(0, 1)$$

给定显著性水平 α，该检验的拒绝域应为

$$Z=\frac{\overline{X}-\mu_0}{\sigma/\sqrt{n}}\leqslant -z_\alpha \tag{9.1}$$

这种检验统计量为 Z 的检验方法统称为 **Z-检验**。

有时，我们只关心正态总体的均值 μ 是否增大，如产品的质量、材料的强度、元件的使用寿命等是否随着工艺改革而比以前高，此时需进行**右边检验**

$$H_0:\ \mu\leqslant\mu_0;\quad H_1:\ \mu>\mu_0$$

当 σ^2 为已知时，仍用 Z-检验，检验统计量

$$Z=\frac{\overline{X}-\mu_0}{\sigma/\sqrt{n}}\sim N(0,1)$$

分析：当 H_0 为真时，$\overline{X}-\mu_0$ 不能太大，当然 $\dfrac{\overline{X}-\mu_0}{\sigma/\sqrt{n}}$ 也不能太大，那么 $\dfrac{\overline{X}-\mu_0}{\sigma/\sqrt{n}}$ 大于等于某个常数则不合理；构造小概率事件 $\dfrac{\overline{X}-\mu_0}{\sigma/\sqrt{n}}\geqslant k$，使 $P\left\{\dfrac{\overline{X}-\mu_0}{\sigma/\sqrt{n}}\geqslant k\right\}=\alpha$，当 H_0 为真时，根据标准正态分布的上 α 分位点定义得 $k=z_\alpha$。

给定显著性水平 α，该检验的拒绝域应取为

$$Z=\frac{\overline{X}-\mu_0}{\sigma/\sqrt{n}}\geqslant z_\alpha \tag{9.2}$$

例 9.1 某厂生产的一种钢索的强度 $X\sim N(\mu,40^2)$（单位：千克/厘米^2）。现从一批这种钢索中抽取容量为 9 的样本，测得强度的样本均值为 $\overline{X}$，与以往正常生产的均值 μ_0 相比，有 $\overline{X}-\mu_0=20$。设总体方差不变。问：在 $\alpha=0.01$ 下，能否认为这批钢索质量有显著提高？

解 由题意可知，要检验假设

$$H_0:\ \mu\leqslant\mu_0;\ H_1:\ \mu>\mu_0$$

采用检验统计量

$$Z=\frac{\overline{X}-\mu_0}{\sigma/\sqrt{n}}\overset{\mu=\mu_0}{\sim}N(0,1)$$

检验的拒绝域为

$$Z=\frac{\overline{X}-\mu_0}{\sigma/\sqrt{n}}\geqslant z_\alpha;$$

查表知 $z_{0.01}=2.33$，计算 $Z=\dfrac{\overline{X}-\mu_0}{\sigma\sqrt{n}}=\dfrac{20}{40/\sqrt{9}}=1.5<2.33$，所以接受 H_0，即认为这批钢索强度没有显著提高。

（2）双边检验：设 $X_1,X_2,\cdots,X_n$ 是来自总体 $X\sim N(\mu,\sigma^2)$ 的样本，其中 σ^2 已知，μ 未知，在显著性水平 α 下检验假设

$$H_0:\ \mu=\mu_0,\quad H_1:\ \mu\neq\mu_0。$$

检验统计量

$$Z=\frac{\overline{X}-\mu_0}{\sigma/\sqrt{n}}\sim N(0,1)$$

当 H_0 为真时，构造小概率事件 $\{|Z|\geqslant k\}$，使 $P(|Z|\geqslant k)=\alpha$，根据标准正态分布的上

$\alpha/2$ 分位点定义得 $k=z_{\alpha/2}$，如图 9.2 所示。

给定显著性水平 α，该检验的拒绝域应取为

$$|Z|=\left|\frac{\overline{X}-\mu_0}{\sigma/\sqrt{n}}\right|\geqslant z_{\alpha/2} \tag{9.3}$$

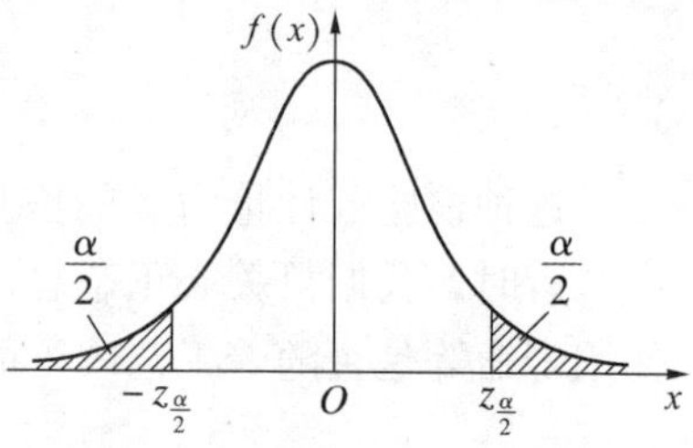

图 9.2 双侧 Z-检验示意图

例 9.2 糖厂用自动包装机进行包糖，要求每袋 0.5 千克，假定该机器包装重量 $X\sim N(\mu, 0.015^2)$，现从生产线上随机取 9 袋称重，得平均值为 $\overline{x}=0.509$(千克)，问该包装机生产是否正常？(显著水平 $\alpha=0.05$)

解 由题意要进行双边检验

$$H_0: \mu=0.5;\quad H_1: \mu\neq 0.5$$

可用 Z-检验，由式(9.3)，此检验的拒绝域为

$$|Z|=\left|\frac{\overline{X}-\mu_0}{\sigma/\sqrt{n}}\right|\geqslant z_{\alpha/2}$$

现在 $\alpha=0.05$，$n=9$，$\sigma=0.015$，查表得 $z_{\alpha/2}=z_{0.025}=1.96$，已知 $\overline{x}=0.509$，代入上式，得到检验统计值

$$|z|=\left|\frac{\sqrt{9}(0.509-0.5)}{0.015}\right|=1.8<1.96$$

z 没有落入拒绝域内，故不能拒绝原假设，即认为生产正常。

对于双边检验，其备择假设 H_1：$\mu\neq\mu_0$ 表明期望值 μ 可能大于 μ_0，也可能小于 μ_0，其拒绝域 $|Z|=\left|\frac{\overline{X}-\mu_0}{\sigma/\sqrt{n}}\right|\geqslant z_{\alpha/2}$ 是小于一个给定较小的数而大于一个给定较大数的所有数值的集合，该拒绝域不能用一个区间来表示。

9.2.1.2 σ^2 未知，关于 μ 的检验(t-检验)

先分析双边检验的做法，得到拒绝域，然后直接给出两个单边检验的拒绝域。结合 Z-检验，请读者自己总结双边检验与单边检验的拒绝域之间的关系。

设总体 $X\sim N(\mu, \sigma^2)$，μ，σ^2 均未知，在显著性水平 α 下检验假设

$$H_0: \mu=\mu_0;\quad H_1: \mu\neq\mu_0$$

现在总体方差 σ^2 未知，Z-检验不能使用，因为此时 $Z=\frac{\overline{X}-\mu_0}{\sigma/\sqrt{n}}$ 中含未知参数 σ^2，它不是一个统计量，所以要选择别的统计量来进行检验。由于样本方差 S^2 是总体方差 σ^2 的无偏估计，自然想到用 S 去代替 σ，从而构造出新的检验统计量

$$t=\frac{\overline{X}-\mu_0}{S/\sqrt{n}}$$

当原假设 H_0 成立时，$|t|=\left|\frac{\overline{X}-\mu_0}{S/\sqrt{n}}\right|$ 不能太大，所以 $|t|=\left|\frac{\overline{X}-\mu_0}{S/\sqrt{n}}\right|$ 太大不合理，构造小概率事件 $\left\{\left|\frac{\overline{X}-\mu_0}{S/\sqrt{n}}\right|\geqslant k\right\}$，使 $P\left\{\left|\frac{\overline{X}-\mu_0}{S/\sqrt{n}}\right|\geqslant k\right\}=\alpha$，由抽样分布定理知，$H_0$ 成立时

$$t=\frac{\overline{X}-\mu_0}{S/\sqrt{n}}\sim t_\alpha(n-1)$$

由 t 分布的上 α 分位点定义易知 $k=t_{\alpha/2}(n-1)$，从而得检验的拒绝域为

$$|t|=\left|\frac{\overline{X}-\mu_0}{S/\sqrt{n}}\right|\geqslant t_{\alpha/2}(n-1) \tag{9.4}$$

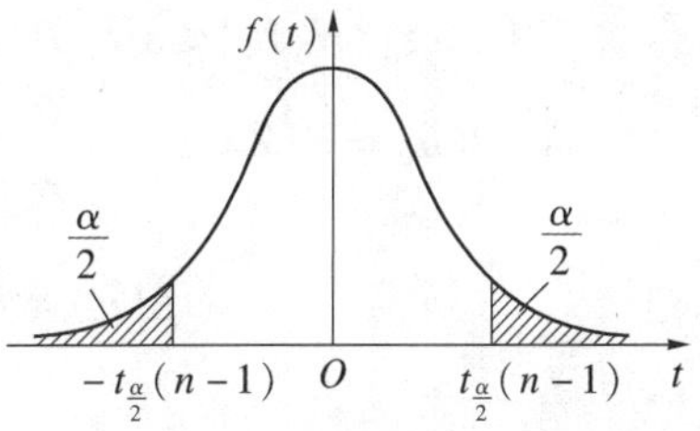

图 9.3 双侧 t-检验示意图

这种检验统计量为 t 的检验方法统称为 **t-检验**。

同理，两个单边检验的拒绝域分别如下。

(1) 右边检验 H_0：$\mu\leqslant\mu_0$；H_1：$\mu>\mu_0$，其检验的拒绝域为

$$t=\frac{\overline{X}-\mu_0}{S/\sqrt{n}}\geqslant t_\alpha(n-1) \tag{9.5}$$

(2) 左边检验 H_0：$\mu\geqslant\mu_0$，H_1：$\mu<\mu_0$，其检验的拒绝域为

$$t=\frac{\overline{X}-\mu_0}{S/\sqrt{n}}\leqslant -t_\alpha(n-1) \tag{9.6}$$

例 9.3 设某元件寿命以小时计，它服从正态分布 $N(\mu,\sigma^2)$，μ，σ^2 未知，现测得 16 件元件寿命如下：

159	280	101	212	224	379	179	264
222	362	168	250	149	260	485	170

问可否认为元件的平均寿命大于 225 小时？(取 $\alpha=0.05$)

解 由题意要检验假设

$$H_0:\ \mu\leqslant\mu_0=225;\quad H_1:\ \mu>225$$

由式(9.5)可知该检验的拒绝域为

$$t=\frac{\overline{X}-\mu_0}{S/\sqrt{n}}\geqslant t_\alpha(n-1)$$

计算知 $\bar{x}=241.5$，$n=16$，$s=98.7259$，查表得 $t_{0.05}(15)=1.7531$，则

$$t=\frac{\bar{x}-\mu_0}{s/\sqrt{n}}=0.6685<t_{0.05}(15)=1.7531$$

t 未落在拒绝域中，不能拒绝 H_0，即不能认为元件的平均寿命大于 225 小时。

例 9.4 (产品质量抽样验收方案)设有一大批产品，产品质量指标 $X\sim N(\mu,\sigma^2)$，以 μ 小者为佳。厂方要求所确定的验收方案对高质量的产品 ($\mu\leqslant\mu_0$) 能以不小于 $1-\alpha$ 的高概率为买方所接受；买方则要求低质量产品 ($\mu\geqslant\mu_0+\delta$，$\delta>0$) 能以不小于 $1-\beta$ 的高概率被拒绝。已知 $\mu_0=120$，$\delta=20$，$\sigma=30$，$\alpha=\beta=0.05$。为了满足买卖双方的要求，试确定抽样验收方案及所需要的样本容量 n 至少为多少。

解 问题可化为检验假设

$$H_0:\ \mu\leqslant\mu_0;\ H_1:\ \mu>\mu_0$$

检验统计量为 $Z=\dfrac{\overline{X}-\mu_0}{\sigma/\sqrt{n}}$。在显著性水平 α 下，拒绝 H_0 的拒绝域：$Z>z_\alpha$。

根据题意，当满足买卖双方的要求时有

$P\{Z > z_\alpha \mid H_0\text{真}\} \leqslant \alpha$ 与 $P\{Z < z_\alpha \mid H_1\text{真，且}\ \mu \geqslant \mu_0 + \delta\} \leqslant \beta$。

记 $\beta(\mu) = P\{Z \leqslant z_\alpha\}$，$\dfrac{\bar{X} - \mu}{\sigma/\sqrt{n}} \sim \sim N(0,1)$，则

$$\beta(\mu) = P\left\{\frac{\bar{X} - \mu_0}{\sigma/\sqrt{n}} \leqslant z_\alpha\right\} = P\left\{\frac{\bar{X} - \mu}{\sigma/\sqrt{n}} \leqslant z_\alpha + \frac{\mu_0 - \mu}{\sigma/\sqrt{n}}\right\}$$

$$= \Phi\left(z_\alpha + \frac{\mu_0 - \mu}{\sigma/\sqrt{n}}\right)$$

$$\leqslant \Phi\left(z_\alpha + \frac{\mu_0 - (\mu_0 + \delta)}{\sigma/\sqrt{n}}\right) \quad (\mu \geqslant \mu_0 + \delta)$$

所以只要 $\Phi\left(z_\alpha - \dfrac{\delta}{\sigma/\sqrt{n}}\right) \leqslant \beta$，即可满足买方的要求。则

$$z_\alpha - \frac{\delta}{\sigma/\sqrt{n}} \leqslant z_{1-\beta}$$

得

$$n \geqslant \frac{\sigma^2}{\delta^2}(z_\alpha + z_\beta)^2$$

将 $\mu_0 = 120$，$\delta = 20$，$\sigma = 30$，$\alpha = \beta = 0.05$，$z_\alpha = z_\beta = z_{0.05} = 1.65$ 代入，计算得

$$n \geqslant \frac{30^2}{20^2} \times (2 \times 1.65)^2 = 24.5025$$

故取 $n = 25$，则拒绝 H_0 的拒绝域化为：$\bar{X} > 129.9$。最后得到产品验收方案：取 25 个样品，且当 $\bar{X} > 129.9$ 时，产品被买方拒收；当 $\bar{X} \leqslant 129.9$ 时产品被买方接受。

9.2.2 单个正态总体方差的检验(χ^2-检验)

设$(X_1, X_2, \cdots, X_{n_1})$取自正态总体 $X \sim N(\mu, \sigma^2)$的样本，μ，σ^2均未知，检验假设

$$H_0: \sigma^2 = \sigma_0^2; \quad H_1: \sigma^2 \neq \sigma_0^2$$

已知样本方差 S^2 是 σ^2 的无偏估计，且它们都与均值 μ 无关。由此可见，当原假设 H_0 成立时，S^2 较集中在 σ_0^2 的周围波动，它们的比值 $\dfrac{S^2}{\sigma_0^2}$ 应在 1 的附近波动，比值太大或者太小均不合理，由抽样分布定理知，H_0 成立时

$$\chi^2 = \frac{(n-1)S^2}{\sigma_0^2} \sim \chi_\alpha^2(n-1)$$

对给定的显著性水平 α，由此可构造小概率事件

$$P\left\{\left(\frac{(n-1)S^2}{\sigma_0^2} \geqslant k_2\right) \cup \left(\frac{(n-1)S^2}{\sigma_0^2} \leqslant k_1\right)\right\} = \alpha$$

为计算方便，取

$$P\left\{\frac{(n-1)S^2}{\sigma_0^2} \geqslant k_2\right\} = \alpha/2, \ P\left\{\frac{(n-1)S^2}{\sigma_0^2} \leqslant k_1\right\} = \alpha/2$$

按照 χ^2 分布上 α 分位点的定义，可得到

$$k_1 = \chi_{1-\alpha/2}^2(n-1), \quad k_2 = \chi_{\alpha/2}^2(n-1)$$

所以拒绝域为

$$\chi^2 = \frac{(n-1)S^2}{\sigma_0^2} \geqslant \chi_{\alpha/2}^2(n-1)$$

或 $$\chi^2=\frac{(n-1)S^2}{\sigma_0^2}\leqslant\chi^2_{1-\alpha/2}(n-1)\qquad(9.7)$$

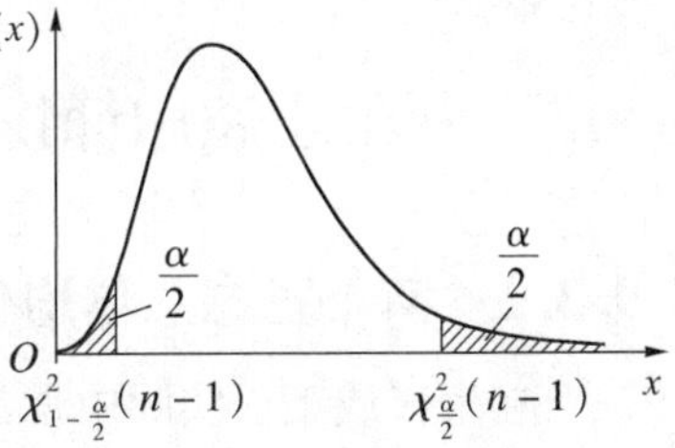

图 9.4 双侧 χ^2-检验示意图

对于**右边检验**

$$H_0:\ \sigma^2\leqslant\sigma_0^2;\quad H_1:\ \sigma^2>\sigma_0^2$$

当原假设 H_0 成立时，S^2 较集中在 σ_0^2 的左侧波动，它们的比值 $\frac{S^2}{\sigma_0^2}$ 应在小于 1 附近波动，比值太大不合理，由抽样分布定理知，H_0 成立时

$$\chi^2=\frac{(n-1)S^2}{\sigma_0^2}\sim\chi^2_\alpha(n-1)$$

对于给定的显著性水平 α，由此可构造小概率事件

$$P\left\{\frac{(n-1)S^2}{\sigma_0^2}\geqslant k\right\}=\alpha$$

按照 χ^2 分布分位点的定义，容易得到 $k=\chi^2_\alpha(n-1)$，以拒绝域为

$$\chi^2=\frac{(n-1)S^2}{\sigma_0^2}\geqslant\chi^2_\alpha(n-1)\qquad(9.8)$$

同理，对于**左边检验**

$$H_0:\ \sigma^2\geqslant\sigma_0^2;\quad H_1:\ \sigma^2<\sigma_0^2$$

拒绝域为

$$\chi^2=\frac{(n-1)S^2}{\sigma_0^2}\leqslant\chi^2_{1-\alpha}(n-1)\qquad(9.9)$$

例 9.5 一自动车床加工零件的长度服从正态分布 $N(\mu,\sigma^2)$，原来加工精度 ${\sigma_0}^2=0.18$，经过一段时间生产后，抽取这车床所加工的 $n=31$ 个零件，测得数据如表 9.2 所示。

表 9.2 数据表

长度 x_i	10.1	10.3	10.6	11.2	11.5	11.8	12.0
频数 n_i	1	3	7	10	6	3	1

问：该车床是否保持原来的加工精度？($\alpha=0.05$)。

解 车床生产一段时间后，由于磨损等原因，加工精度一般会降低。所以要检验假设

$$H_0:\ \sigma^2\leqslant\sigma_0^2;\quad H_1:\ \sigma^2>\sigma_0^2,$$

由公式(9.8)，拒绝域为

$$\chi^2=\frac{(n-1)S^2}{\sigma_0^2}\geqslant\chi^2_\alpha(n-1)$$

由题中所给的数据计算得

$$\chi^2=\frac{(n-1)s^2}{\sigma_0^2}=\frac{\sum_{i=1}^{31}(x_i-\bar{x})^2}{\sigma_0^2}=\sum_{i=1}^{7}\frac{n_i(x_i-\bar{x})^2}{0.18}=44.5$$

查表得 $\chi^2_{0.05}(30)=43.773$，此时 $\chi^2=44.5>\chi^2_{0.05}(30)=43.773$，因此，拒绝原假设 H_0，这说明自动车床工作一段时间后精度变差了。

9.3 两个正态总体均值差与方差比的假设检验

9.3.1 两个正态总体均值差的假设检验

在生产或工程实际中常常需要对两个正态总体进行比较，这种情况实际上就是两个正态总体参数的假设检验问题。

9.3.1.1 两个正态总体的方差均为已知时，均值差 $\mu_1-\mu_2$ 的检验（Z-检验）

速溶咖啡市场销量很大，而且产品的包装规格也基本相同。比如原味咖啡，雀巢与麦斯威尔二者均有一种规格是每盒 30 条，每条 13 克。从超市随机购买此种规格的咖啡各一盒(30 条)，使用电子秤称出每盒净含量，分别除以 30，得到两个测量平均值，一个是 13.02 克，另一个是 12.98 克。这些数据能说明两个品牌咖啡的平均袋装量有显著差别吗?

这个问题，我们使用下面的假设检验来回答。

首先，用 X 和 Y 分别表示雀巢与麦斯威尔的平均袋装量，容易知道二者服从正态分布。

$$X\sim N(\mu_1,\sigma_1^2),\quad Y\sim N(\mu_2,\sigma_2^2)$$

这里需要一些假定：

(1) $\sigma_1^2=\sigma_2^2=1$（克）已知（这个假设并非必要，后面会讨论去除这个假定）；

(2) X 与 Y 相互独立（这个假设是自然的，也是必要的）。

这里进行的是双边检验

$$H_0:\ \mu_1=\mu_2;\quad H_1:\ \mu_1\neq\mu_2$$

购买的咖啡各一盒(30 条)，把它们叫作分别来自两个正态总体 X 与 Y 的样本，分别设为$(X_1, X_2, \cdots, X_{n_1})$与$(Y_1, Y_2, \cdots, Y_{n_2})$，显然，两个样本独立，$n_1=n_2=30$。由抽样分布中的结论知：正态总体的平均值$\overline{X}$与$\overline{Y}$独立，且有

$$\overline{X}\sim N\left(\mu_1,\frac{1}{n_1}\sigma_1^2\right),\quad \overline{Y}\sim N\left(\mu_2,\frac{1}{n_2}\sigma_2^2\right)$$

从而有

$$\overline{X}-\overline{Y}\sim N\left(\mu_1-\mu_2,\frac{\sigma_1^2}{n_1}+\frac{\sigma_2^2}{n_2}\right)$$

现在将假设改成等价形式：

$$H_0:\ \mu_1-\mu_2=0;\quad H_1:\ \mu_1-\mu_2\neq 0$$

这就是两个正态总体均值差的双边检验，可视为单个正态总体均值的双边检验。即

当原假设 H_0 成立时，统计量

$$Z=\frac{\overline{X}-\overline{Y}}{\sqrt{\dfrac{\sigma_1^2}{n_1}+\dfrac{\sigma_2^2}{n_2}}}\sim N(0,1)$$

对于给定的显著性水平 α，拒绝域为

$$|Z|=\frac{|\overline{X}-\overline{Y}|}{\sqrt{\dfrac{\sigma_1^2}{n_1}+\dfrac{\sigma_2^2}{n_2}}}\geqslant z_{\alpha/2}$$

将两个测量平均值$\bar{x}=13.02$与$\bar{y}=12.98$代入检验统计量，得到检验统计值

$$|z|=\frac{|\bar{x}-\bar{y}|}{\sqrt{\frac{\sigma_1^2}{n_1}+\frac{\sigma_2^2}{n_2}}}=\frac{|13.02-12.98|}{\sqrt{\frac{1}{30}+\frac{1}{30}}}=1.5492$$

因为$z_{\alpha/2}=z_{0.025}=1.96$，这里$|z|<z_{\alpha/2}$，不能拒绝原假设，即认为这两个品牌咖啡袋装平均重量没有显著性差异。

以上就是两个正态总体均值差的双边检验过程。将其称为**Z-检验**。总结叙述如下。

设$X\sim N(\mu_1,\sigma_1^2)$，$Y\sim N(\mu_2,\sigma_2^2)$，$(X_1,X_2,\cdots,X_{n_1})$与$(Y_1,Y_2,\cdots,Y_{n_2})$分别是来自两个正态总体$X$与$Y$的样本，$\sigma_1^2$与$\sigma_2^2$已知，$\mu_1$与$\mu_2$未知。

双边检验：

$$H_0: \mu_1=\mu_2;\quad H_1: \mu_1\neq\mu_2$$

等价于

$$H_0: \mu_1-\mu_2=0;\quad H_1: \mu_1-\mu_2\neq 0$$

检验统计量

$$Z=\frac{\bar{X}-\bar{Y}}{\sqrt{\frac{\sigma_1^2}{n_1}+\frac{\sigma_2^2}{n_2}}}\sim N(0,1)$$

对于给定的显著性水平α，拒绝域为

$$|Z|=\frac{|\bar{X}-\bar{Y}|}{\sqrt{\frac{\sigma_1^2}{n_1}+\frac{\sigma_2^2}{n_2}}}\geqslant z_{\alpha/2} \tag{9.10}$$

同理，两个单边检验使用相同的检验统计量，有

右边检验：

$$H_0: \mu_1\leqslant\mu_2;\quad H_1: \mu_1>\mu_2$$

对于给定的显著性水平α，拒绝域为

$$Z=\frac{\bar{X}-\bar{Y}}{\sqrt{\frac{\sigma_1^2}{n_1}+\frac{\sigma_2^2}{n_2}}}\geqslant z_{\alpha} \tag{9.11}$$

左边检验：

$$H_0: \mu_1\geqslant\mu_2;\quad H_1: \mu_1<\mu_2$$

对于给定的显著性水平α，拒绝域为

$$Z=\frac{\bar{X}-\bar{Y}}{\sqrt{\frac{\sigma_1^2}{n_1}+\frac{\sigma_2^2}{n_2}}}\leqslant -z_{\alpha} \tag{9.12}$$

9.3.1.2 两个总体方差相等但未知时，均值差的检验(t-检验)

设总体$X\sim N(\mu_1,\sigma_1^2)$，$Y\sim N(\mu_2,\sigma_2^2)$，其中$\sigma_1^2=\sigma_2^2=\sigma^2$未知，$\mu_1$，$\mu_2$未知，$(X_1,X_2,\cdots,X_{n_1})$与$(Y_1,Y_2,\cdots,Y_{n_2})$分别为从总体$X$，$Y$中抽取的样本，要求检验假设。

双边检验：

$$H_0: \mu_1=\mu_2;\quad H_1: \mu_1\neq\mu_2$$

等价于

$$H_0: \mu_1 - \mu_2 = 0;\quad H_1: \mu_1 - \mu_2 \neq 0$$

当原假设 H_0成立时，根据抽样分布定理知统计量

$$t = \frac{\overline{X} - \overline{Y}}{S_\omega \sqrt{\frac{1}{n_1} + \frac{1}{n_2}}} \sim t(n_1 + n_2 - 2)$$

其中

$$S_\omega^2 = \frac{(n_1 - 1)S_1^2 + (n_2 - 1)S_2^2}{n_1 + n_2 - 2},\quad S_\omega = \sqrt{S_\omega^2}$$

对于给定的显著性水平 α，拒绝域为

$$|t| = \frac{|\overline{X} - \overline{Y}|}{S_\omega \sqrt{\frac{1}{n_1} + \frac{1}{n_2}}} \geqslant t_{\alpha/2}(n_1 + n_2 - 2) \tag{9.13}$$

这里使用的检验方法仍称为 t-检验。

例 9.6 本章开始的引例中，提出假设两总体方差已知是不必要的。现在把条件换成 $\sigma_1^2 = \sigma_2^2 = \sigma^2$未知，再给出两盒咖啡（每盒 30 条）测出的样本方差，比如 $s_1^2 = 1.21$，$s_2^2 = 1.44$，那么就可以使用公式(9.13)，计算出

$$s_\omega = \sqrt{\frac{(n_1 - 1)s_1^2 + (n_2 - 1)s_2^2}{n_1 + n_2 - 2}} = \sqrt{\frac{2.65}{2}} = 1.1511$$

所以

$$|t| = \frac{|\overline{x} - \overline{y}|}{S_\omega \sqrt{\frac{1}{n_1} + \frac{1}{n_2}}} = 1.3458$$

而因为在样本容量超过 45 时，t 同分布近似为标准正态分布，所以

$$t_{\alpha/2}(n_1 + n_2 - 2) = t_{0.025}(58) \approx z_{0.025} = 1.96$$

显然，$|t| = 1.3458 < t_{0.025}(94) = 1.96$，没落入拒绝域，所以不能拒绝原假设，可以认为两种咖啡平均重量没有显著差异。

这里使用的是 t-检验，得到的结论与引例中使用 Z-检验得到的结论相同。

一般地，在小样本场合使用 t-检验，而在大样本场合（样本容量超过 45）使用 Z-检验。

同理，两个单边检验拒绝域如下。

右边检验：

$$H_0: \mu_1 \leqslant \mu_2;\quad H_1: \mu_1 > \mu_2$$

对给定的显著性水平 α，拒绝域为

$$t = \frac{\overline{X} - \overline{Y}}{S_\omega \sqrt{\frac{1}{n_1} + \frac{1}{n_2}}} \geqslant t_\alpha(n_1 + n_2 - 2) \tag{9.14}$$

左边检验：

$$H_0: \mu_1 \geqslant \mu_2;\quad H_1: \mu_1 < \mu_2$$

对于给定的显著性水平 α，拒绝域为

$$t=\frac{\overline{X}-\overline{Y}}{S_{\omega}\sqrt{\frac{1}{n_1}+\frac{1}{n_2}}}\leqslant -t_{\alpha}(n_1+n_2-2) \tag{9.15}$$

例 9.7 用两种方法测定冰从 −0.72 ℃转变为 0 ℃的水的融化热(以 cal/g 计，1cal = 4.1855 J)，测得以下数据：

方法 A： 80.03 80.03 80.04 80.02 80.04 79.98
80.03 80.05 80.04 80.00 80.02 79.97 80.02

方法 B： 80.03 79.94 79.98 78.97 80.02 79.97 79.97

设这两个样本相互独立，且分别来自正态总体 $N(\mu_1,\sigma^2)$ 和 $N(\mu_2,\sigma^2)$，其中，μ_1，μ_2 与 σ^2 均未知，取显著性水平 $\alpha=0.05$，试检验假设

$$H_0:\ \mu_1-\mu_2\leqslant 0;\quad H_1:\ \mu_1-\mu_2>0$$

解 这是两个正态总体方差相等但均值差未知的右边检验。由公式(9.14)，可得拒绝域为

$$t=\frac{\overline{X}-\overline{Y}}{S_{\omega}\sqrt{\frac{1}{n_1}+\frac{1}{n_2}}}\geqslant t_{\alpha}(n_1+n_2-2)$$

这里 $n_1=13$，$n_2=8$，$\bar{x}=80.02$，$\bar{y}=79.98$，$S_1^2=0.024^2$，$S_2^2=0.03^2$，代入数据算得

$$S_{\omega}^2=\frac{(13-1)S_1^2+(8-1)S_2^2}{13+8-2}=0.0007187$$

$$t=\frac{\bar{x}-\bar{y}}{S_{\omega}\sqrt{\frac{1}{13}+\frac{1}{8}}}=3.33>t_{0.05}(13+8-2)=1.7291$$

t 落入拒绝域中，故拒绝 H_0，接受 H_1，即认为方法 A 比方法 B 测得的融化热要大。

9.3.2 两个正态总体方差比的假设检验(F-检验)

在用 t-检验去检验两个总体的均值是否相等时，做了一个重要的假设，就是这两个总体的方差未知但相等，即 $\sigma_1^2=\sigma_2^2=\sigma^2$，否则就不能用 t-检验。如果事先不知道方差是否相等，就必须先进行方差是否相等的假设检验。

设 $(X_1,X_2,\cdots,X_{n_1})$ 是取自正态总体 $X\sim N(\mu_1,\sigma_1^2)$ 的样本，$(Y_1,Y_2,\cdots,Y_{n_2})$ 是取自正态总体 $Y\sim N(\mu_2,\sigma_2^2)$ 的样本，并且 $(X_1,X_2,\cdots,X_{n_1})$ 与 $(Y_1,Y_2,\cdots,Y_{n_2})$ 相互独立，μ_1，μ_2，σ_1^2，σ_2^2 均未知，考虑双边检验

$$H_1:\ \sigma_1^2=\sigma_2^2;\quad H_2:\ \sigma_1^2\neq\sigma_2^2$$

分析：若 H_0 为真，由于 S_1^2 与 S_2^2 分别是 σ_1^2 与 σ_2^2 的无偏估计，则比值 $\frac{S_1^2}{S_2^2}$ 应该在 1 的附近波动，太大或太小均不合理。由抽样分布定理知 $\frac{S_1^2/S_2^2}{\sigma_1^2/\sigma_2^2}\sim F(n_1-1,n_2-1)$，当 H_0 成立时，统计量 $F=\frac{S_1^2}{S_2^2}\sim F(n_1-1,n_2-1)$，与单个总体类似，构造小概率事件（图 9.5）：

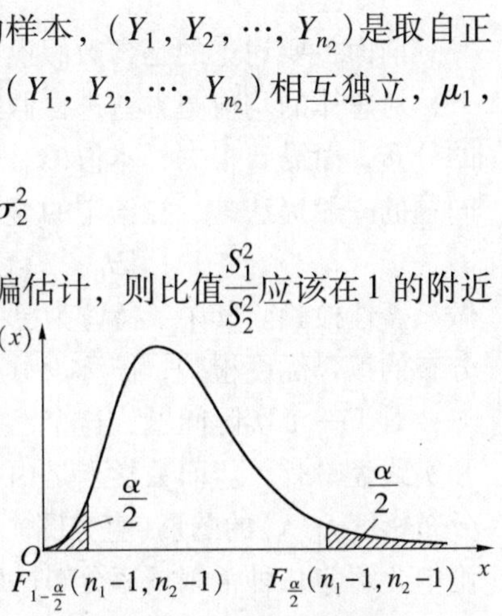

图 9.5 双侧 F-检验示意图

$$P\left(\frac{S_1^2}{S_2^2} \geqslant F_{\alpha/2}(n_1-1, n_2-1)\right) = \alpha/2$$

$$P\left(\frac{S_1^2}{S_2^2} \leqslant F_{1-\alpha/2}(n_1-1, n_2-1)\right) = \alpha/2$$

给定显著性水平 α，则该检验的拒绝域为

$$F \geqslant F_{\alpha/2}(n_1-1, n_2-1) \quad \text{或} \quad F \leqslant F_{1-\alpha/2}(n_1-1, n_2-1) \tag{9.16}$$

单边检验 H_0：$\sigma_1^2 \geqslant \sigma_2^2$；$H_1$：$\sigma_1^2 < \sigma_2^2$的拒绝域为

$$F \leqslant F_{1-\alpha}(n_1-1, n_2-1) \tag{9.17}$$

单边检验 H_0：$\sigma_1^2 \leqslant \sigma_2^2$；$H_1$：$\sigma_1^2 > \sigma_2^2$的拒绝域为

$$F \geqslant F_{\alpha}(n_1-1, n_2-1) \tag{9.18}$$

例 9.8 前例中用到了总体方差 $\sigma_1^2 = \sigma_2^2 = \sigma^2$已知这个假设，能不能由样本来检验两个总体方差相等呢？即检验下面的假设：

$$H_0: \sigma_1^2 = \sigma_2^2; \quad H_1: \sigma_1^2 \neq \sigma_2^2$$

检验统计量

$$F = \frac{S_1^2}{S_2^2} \sim F(n_1-1, n_2-1)$$

给定显著性水平 α，则该检验的拒绝域由公式(9.16)给出

$$F \geqslant F_{\alpha/2}(n_1-1, n_2-1) \quad \text{或} \quad F \leqslant F_{1-\alpha/2}(n_1-1, n_2-1)$$

这里

$$F_{\alpha/2}(n_1-1, n_2-1) = F_{0.025}(29,29) \approx 2.09, \ F_{0.975}(29,29) = \frac{1}{F_{0.025}(29,29)} \approx 0.3448$$

计算出 $f = \frac{s_1^2}{s_2^2} = \frac{1.21}{1.44} = 0.8403$，由于 f 不小于 $F_{\alpha/2}(n_1-1, n_2-1)$，而且 f 也不大于 $F_{1-\alpha/2}(n_1-1, n_2-1)$，即 f 没有落在拒绝域当中，所以不能拒绝原假设，也就是说，可以认为量总体方差相等。

9.4 总体分布假设的 χ^2 拟合检验法

前面主要讨论的是参数假设检验问题，往往是在总体分布的数学表达式为已知的前提下，对总体的均值与方差进行假设检验。但在实际问题中，有时不能预先知道总体所服从的分布，而需要根据样本值$(x_1, x_2, \cdots, x_n)$来判断总体 X 是否服从某种指定的分布。这个问题的一般提法是，在给定的显著性水平 α 下，对假设

$$H_0: F_X(x) = F_0(x); \quad H_1: F_X(x) \neq F_0(x)$$

做显著性检验。其中 $F_0(x)$为已知其明确表达式的一个分布函数。这种假设检验通常称为分布的拟合优度检验，简称为分布拟合检验。它是非参数检验中较为重要的一种。

对于一个实际问题，这个已知分布函数 $F_0(x)$是怎样提出来的呢？这往往与专业知识和实践经验有关。而数学上是由样本值 $x_1, x_2, \cdots, x_n$做经验分布函数 $F_n(x)$的图形或经验分布密度$f_n(x)$的图形(直方图)，从中看出总体 X 可能服从的分布。也可以从学过的概率论中介绍的几种常用概率分布的物理模型中得到启发。

关于分布拟合检验，以下只介绍一种一般性的方法——K. Pearson 的χ^2拟合检验法。χ^2

拟合检验法的基本思路：把作为总体的随机变量 X 的值域划分为互不相交的 k 个区间

$$A_1=[a_0, a_1),\ A_2=[a_1, a_2),\ \cdots,\ A_k=[a_{k-1}, a_k)$$

这些区间的长度可以不相等；设$(x_1, x_2, \cdots, x_n)$是 X 的容量为 n 的样本观测值，v_i为样本观测值落入区间A_i的频数，则

$$\sum_{i=1}^{k} v_i = n$$

随机变量X落到区间A_i的事件$a_{i-1}\leqslant X<a_i$仍然用A_i表示，把$x_1, x_2,\cdots, x_n$作为一次n重独立试验的结果，那么在这n重独立试验中，事件A_i发生的频率为v_i。当

$$H_0:\ F_X(x)=F_0(x)$$

为真时，事件A_i发生的概率p_i为

$$p_i=P(a_{i-1}\leqslant X<a_i)=F_0(a_i)-F_0(a_{i-1})\quad (i=1, 2, \cdots, k)$$

根据 Bernoulli 大数定律，当H_0为真时，对于任意的$\varepsilon>0$，都有

$$n\to\infty,\ P(|v_i/n-p_i|<\varepsilon)=1\quad (i=1, 2, \cdots, k)$$

即当H_0为真且n充分大时，事件v_i-np_i任意小几乎必然发生，从而 $\sum_{i=1}^{k}(v_i/n-p_i)^2$ 仍然应该比较小。若$\sum_{i=1}^{k}(v_i/n-p_i)^2$ 比较大，很自然会认为H_0不真。根据这种想法，K. Pearson 构造了一个检验统计量

$$\chi^2=\sum_{i=1}^{k}\frac{(v_i-np_i)^2}{np_i}$$

这个统计量称为 K. Pearson 统计量。它能较好地反映频率与概率之间的差异，在样本值$(x_1, x_2,\cdots, x_n)$下，若χ^2的观测值过大就拒绝H_0。为此，需要知道这个统计量的分布。

定理 9.1（K. Pearson-Fisher 定理） 设$F_0(x, \theta_1, \theta_2, \cdots, \theta_r)$为总体的真实分布函数，其中$\theta_1, \theta_2, \cdots, \theta_r$为$r$个未知参数。在$F_0(x, \theta_1, \theta_2, \cdots, \theta_r)$中，用$\theta_1, \theta_2, \cdots, \theta_r$的极大似然估计量$\hat{\theta}_1, \hat{\theta}_2, \cdots, \hat{\theta}_r$代替得$F_0(x, \hat{\theta}_1, \hat{\theta}_2, \cdots, \hat{\theta}_r)$，令

$$\hat{p}_i=F_0(a_i, \hat{\theta}_1, \hat{\theta}_2, \cdots, \hat{\theta}_r)-F_0(a_{i-1}, \hat{\theta}_1, \hat{\theta}_2, \cdots, \hat{\theta}_r)\quad (i=1, 2, \cdots, k;\ r=1, 2, \cdots, k)$$

则当样本容量$n\to\infty$时，有

$$\chi^2=\sum_{i=1}^{k}\frac{(v_i-np_i)^2}{np_i}\sim\chi^2(k-r-1)$$

如果$F_0(x)$不含有未知参数（即$r=0$），则$\hat{p}_i$应记作p_i，定理仍成立。

在显著性水平α下，检验假设

$$H_0:\ F_X(x)=F_0(x);\quad H_1:\ F_X(x)\neq F_0(x)$$

的检验法则：对于样本值$(x_1, x_2,\cdots, x_n)$（要求$n\geqslant 50$），求出χ^2统计量的观测值。

若

$$\chi^2=\sum_{i=1}^{k}\frac{(v_i-np_i)^2}{np_i}\geqslant\chi^2_\alpha(k-r-1)$$

则拒绝H_0。

若

$$\chi^2=\sum_{i=1}^{k}\frac{(v_i-np_i)^2}{np_i}<\chi^2_\alpha(k-r-1)$$

则接受 H_0。

例 9.9 一台自动机床在相同条件下，独立完成相同的工序。在一段时间内统计 7 台机床故障数的资料如表 9.3 所列。

表 9.3 故障频数表

机床代号	1	2	3	4	5	6	7
故障频数	2	10	11	8	13	19	7

试问故障的发生是否与机床本身质量有关？($\alpha=0.05$)

解 设随机变量 X 是出现故障的机床代号，所以 X 的一切可能值的集合为 $\{1, 2, \cdots, 7\}$。这里要检验的问题是：故障的发生与机床本身质量有无关系，可提出如下的假设

$$H_0\text{：故障的发生与机床本身质量无关}$$

所谓故障的发生与机床本身质量无关是说每次故障的发生都是随机因素导致的，而各台机床处于相同条件下，所以，故障的发生对每台机床是等可能的。用 p_i 表示第 i 台机床发生故障的概率，那么上面的假设可以改成

$$H_0: p_i=P(X=i)=1/7; \quad H_1: p_i \text{不全为} 1/7 \ (i=1, 2, \cdots, 7)$$

这实际上是检验离散型随机变量 X 是否服从均匀分布（不含任何未知参数，即 $r=0$）。总共记录到的故障次数 $n=70$，70 也就是样本容量，而事件 $A_i=\{X=i\}$ $(i=1, 2, \cdots, 7)$。为了算出统计量 χ^2 的值，把需要进行的计算列于表 9.4 中。

表 9.4 χ^2 值表

机床代号	实际故障频数 v_i	理论故障概率 p_i	v_i-np_i	$\dfrac{(v_i-np_i)^2}{np_i}$
1	2	1/7	−8	6.4
2	10	1/7	0	0
3	11	1/7	1	0.1
4	8	1/7	−2	0.4
5	13	1/7	3	0.9
6	19	1/7	9	8.1
7	7	1/7	−3	0.9
合计	70	1	…	16.8

从上面的计算得出 χ^2 的观测值为 16.8。查 χ^2 分布表，得 $\chi^2_{0.05}(6)=12.6$。

因为 $\chi^2=16.8>12.6$，所以拒绝 H_0，即接受 H_1，认为故障的发生并非与机床无关（每台机床的故障不是等可能），而是与机床本身质量有关。

10 回归分析

10.1 线性回归模型及参数估计

10.1.1 回归分析的统计意义

在19世纪，英国生物学家兼统计学家高尔顿在研究父与子身高的遗传问题时，观察了1078对父与子，用x表示父亲身高，y表示成年儿子的身高，发现在直角坐标系中这1078个点基本在一条直线附近，并求出了该直线的方程(单位：英寸。1英寸=2.54厘米)

$$\hat{y}=33.73+0.516x$$

这表明：

(1) 父亲的身高每增加1个单位，其儿子的身高平均增加0.516个单位。

(2) 高个的父亲有生高个儿子的趋势，但是一群高个父亲的儿子们的平均身高要低于父亲们的平均身高。譬如$x=80$，那么$\hat{y}=75.01$，低于父亲的平均身高。

(3) 低个父亲的儿子们虽为低个，但是其平均身高要比父亲高一些。譬如$x=60$，那么$\hat{y}=64.69$，高于父亲的平均身高。

以上的分析表明子代的平均身高有向中心回归的趋势，使得一段时间内人的身高相对稳定。回归分析处理的是变量与变量之间的关系。通常这些变量之间的关系可以分成两大类。一类是确定性的关系，如几何中圆的面积S与其半径r之间存在关系为$S=\pi r^2$，给定半径r，可以严格计算出圆的面积的精确值；物理中电压U与电流I、电阻R的关系为$U=IR$，若已知其中任意两个，则另一个可精确求出。另一类为相关关系，指的是变量之间虽然存在一定的依赖关系，但这种关系没有达到能由其中一个或多个来准确地决定另一个的程度。如人的血压与年龄有一定的关系，但不能用一个确定的函数关系式表达出来；又如人的身高与体重之间的关系也是如此。这种变量之间的关系称为相关关系。回归分析是研究相关关系的一种有力工具。

10.1.2 一元线性回归模型

假设变量x与y存在相关关系。这里x是可以控制或精确观测的变量，例如，某种商品的价格x与销售量y存在相关关系，其中商品的价格x可以人为指定，把它看作普通变量，称为自变量；而销售量y是一个随机变量，无法事先做出销售量是多少的准确判断，称为因变量。由自变量x可以在一定程度上决定因变量y，但x的值不能精确地确定y的值。

对(x, y)进行一系列观测，得到一个样本容量为n的样本

$$(x_1, y_1), (x_2, y_2), \cdots, (x_n, y_n)$$

每对(x_i, y_i)在直角坐标系中对应一个点，把它们都标在直角坐标系中，称得到的图为散点图(图10.1)。

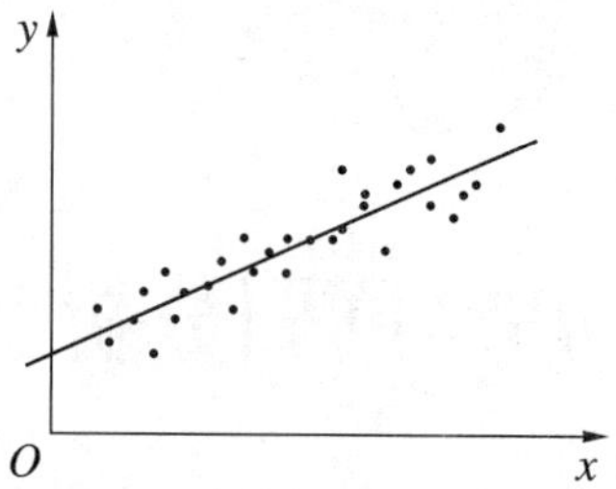

图10.1 散点图

如果散点图中的点像图10.1那样呈直线状，则表明y与x之间有线性相关关系。可以建立数学模型

$$y = a + bx + \varepsilon \tag{10.1}$$

来描述它们之间的关系，因为x不能严格地确定y，故模型中增加一个误差项ε，它表示y中不能由x确定的那一部分。式(10.1)称为一元线性回归模型。其中，a，b是未知的待估参数，a称为常数项（或截距），b称为回归系数（或斜率），它们需要通过观测数据来估计。将数据(x_i, y_i)代入式(10.1)，得到

$$y_i = a + bx_i + \varepsilon_i \quad (i = 1, 2, \cdots, n) \tag{10.2}$$

这里ε_i为对应第i组数据(x_i, y_i)的误差。在式(10.2)中，误差ε_i表示y_i中不能由$a + bx_i$来表示的部分。这一部分既包括能影响y的而未加考虑的其他因素，也包括一些随机因素对y的综合影响，可以把它看作一种随机误差。

既然ε_i是随机误差，自然假设其均值为零，即$E(\varepsilon_i) = 0$。通常还假设它满足：

(1) $\mathrm{Var}(\varepsilon_i) = \sigma^2 \quad (i = 1, 2, \cdots, n)$；

(2) $\mathrm{Cov}(\varepsilon_i, \varepsilon_j) = 0 \quad (i \neq j)$。

这些假设称为Gauss-Markov假设。这里第一条假设误差ε_i是等方差的。第二条则要求观测误差是不相关的。在讨论假设检验和区间估计时，还需要进一步假设ε_i服从正态分布，即$\varepsilon_i \sim N(0, \sigma^2)$（$i = 1, 2, \cdots, n$且相互独立）。

估计参数a，b的最基本方法称为最小二乘法。设$\hat{a}$与$\hat{b}$是用最小二乘法获得的估计，即所谓最小二乘估计，将它们代入一元线性回归模型并略去误差项ε，即对给定的x，得到方程

$$\hat{y} = \hat{a} + \hat{b}x \tag{10.3}$$

称为y关于x的（经验）回归方程，其图形称为回归直线。当然，式(10.3)是否真正描述了y与x之间客观存在的关系还需要检验。在后面章节中将学习一些理论上的检验方法。

10.1.3 多元线性回归模型

在实际问题中，影响随机变量y的自变量不止一个。例如，影响商品销售量的因素除价格外，还有当地人群消费水平、商品的品牌知名度等因素。若随机变量y与多个普通变量$x_1, x_2, \cdots, x_p (p > 1)$有关，则可建立数学模型

$$y = b_0 + b_1 x_1 + \cdots + b_p x_p + \varepsilon \tag{10.4}$$

其中，未知数$b_0, b_1, \cdots, b_p$是不依赖于$x_1, x_2, \cdots, x_p$的未知参数，b_0是常数项，$b_1, \cdots, b_p$称为回归系数。ε为误差项。称式(10.4)为多元线性回归模型。

若进行n次独立观测，得到样本

$$(x_{11}, x_{12}, \cdots, x_{1p}, y_1), \cdots, (x_{n1}, x_{n2}, \cdots, x_{np}, y_n)$$

它们都满足式(10.4)，即就每个数据$(x_{i1}, x_{i2}, \cdots, x_{ip}, y_i)$，有

$$y_i = b_0 + b_1 x_{i1} + \cdots + b_p x_{ip} + \varepsilon_i \quad (i = 1, 2, \cdots, n) \tag{10.5}$$

其中，ε_i为对应于第i组数据的随机误差。与一元线性回归模型中一样，假设$E(\varepsilon_i) = 0$，并且满足Gauss-Markov假设：

（1）$\mathrm{Var}(\varepsilon_i)=\sigma^2 \quad (i=1, 2, \cdots, n)$；

（2）$\mathrm{Cov}(\varepsilon_i, \varepsilon_j)=0 \quad (i\neq j)$。

在讨论假设检验和区间估计时，仍需假设 ε_i 服从正态分布，即 $\varepsilon_i \sim N(0, \sigma^2)$ $(i=1, 2, \cdots, n)$ 且相互独立。

引进矩阵表达多元线性回归模型式(10.5)会很方便。记

$$\boldsymbol{X}=\begin{bmatrix}1 & x_{11} & x_{12} & \cdots & x_{1p}\\ 1 & x_{21} & x_{22} & \cdots & x_{2p}\\ \vdots & \vdots & \vdots & & \vdots\\ 1 & x_{n1} & x_{n2} & & x_{np}\end{bmatrix},\quad \boldsymbol{Y}=\begin{bmatrix}y_1\\ y_2\\ \vdots\\ y_n\end{bmatrix},\quad \boldsymbol{B}=\begin{bmatrix}b_0\\ b_1\\ \vdots\\ b_p\end{bmatrix},\quad \boldsymbol{\varepsilon}=\begin{bmatrix}\varepsilon_1\\ \varepsilon_2\\ \vdots\\ \varepsilon_p\end{bmatrix}$$

则多元线性回归模型(10.5)与 Gauss-Markov 假设一起可以记为

$$\boldsymbol{Y}=\boldsymbol{XB}+\boldsymbol{\varepsilon},\ E(\boldsymbol{\varepsilon})=\boldsymbol{0},\ \mathrm{Cov}(\boldsymbol{\varepsilon})=\sigma^2\boldsymbol{I} \tag{10.6}$$

这里 $\boldsymbol{X}$ 为 $n\times(p+1)$ 的设计矩阵，$\boldsymbol{Y}$ 为 $n\times1$ 的观测向量，$\boldsymbol{B}$ 为 $p\times1$ 的未知参数向量，$\boldsymbol{\varepsilon}$ 为 $n\times1$ 随机误差向量，$\mathrm{Cov}(\boldsymbol{\varepsilon})$ 为其协方差阵，$\boldsymbol{I}$ 是 n 阶单位矩阵。当误差服从正态分布时，$\boldsymbol{\varepsilon}\sim N(\boldsymbol{0}, \sigma^2\boldsymbol{I})$。

有了观测数据$(x_{i1}, x_{i2}, \cdots, x_{ip}, y_i)$后，同样可用最小二乘法获得参数 $b_0, b_1, \cdots, b_p$ 的最小二乘估计，记为 $\hat{b}_0, \hat{b}_1, \cdots, \hat{b}_p$，得多元线性回归方程

$$\hat{y}=\hat{b}_0+\hat{b}_1x_1+\cdots+\hat{b}_px_p \tag{10.7}$$

同理，式(10.7)是否真正描述了 y 与 $x_1, x_2, \cdots, x_p$ 的客观存在的关系还需进一步检验。

10.1.4 一元线性回归的参数估计

最小二乘估计是数理统计中估计未知参数的一种重要方法，现用它来求一元线性回归模型

$$y=a+bx+\varepsilon$$

中未知数 a，b 的估计。

最小二乘法的基本思想是：对一组观察值

$$(x_1, y_1), (x_2, y_2), \cdots, (x_n, y_n)$$

要使误差

$$\varepsilon_i=y_i-(a+bx_i)$$

的平方和

$$Q(a, b)=\sum_{i=1}^{n}\varepsilon_i^2=\sum_{i=1}^{n}[y_i-(a+bx_i)]^2 \tag{10.8}$$

达到最小的 $\hat{a}$ 与 $\hat{b}$ 作为未知数 a，b 的估计，称其为最小二乘估计。在数学上这就归结为求二元函数 $Q(a, b)$ 的最小值问题。具体做法如下。

将 $Q(a, b)$ 分别对 a，b 求偏导数，令它们等于零，得到方程组

$$\begin{cases}\dfrac{\partial Q}{\partial a}=-2\displaystyle\sum_{i=1}^{n}(y_i-a-bx_i)=0\\ \dfrac{\partial Q}{\partial b}=-2\displaystyle\sum_{i=1}^{n}(y_i-a-bx_i)x_i=0\end{cases}$$

即

$$\begin{cases} na + b\sum_{i=1}^{n} x_i = \sum_{i-1}^{n} y_i \\ a\sum_{i=1}^{n} x_i + b\sum_{i=1}^{n} x_i^2 = \sum_{i=1}^{n} x_i y_i \end{cases} \tag{10.9}$$

称为正规方程组。记

$$\bar{x} = \frac{1}{n}\sum_{i=1}^{n} x_i,\ \bar{y} = \frac{1}{n}\sum_{i=1}^{n} y_i$$

由于 x_i 不完全相同，正规方程组的系数行列式

$$\begin{vmatrix} n & \sum_{i=1}^{n} x_i \\ \sum_{i=1}^{n} x_i & \sum_{i=1}^{n} x_i^2 \end{vmatrix} = n\sum_{i=1}^{n} x_i^2 - \left(\sum_{i=1}^{n} x_i\right)^2 = n\sum_{i=1}^{n}(x_i - \bar{x})^2 \neq 0$$

由克拉默法则可知，式(10.7)有唯一解

$$\begin{cases} \hat{b} = \dfrac{\sum_{i=1}^{n}(x_i - \bar{x})(y_i - \bar{y})}{\sum_{i=1}^{n}(x_i - \bar{x})^2} \\ \hat{a} = \bar{y} - \hat{b}\,\bar{x} \end{cases} \tag{10.10}$$

于是，将 $\hat{a} = \bar{y} - \hat{b}\,\bar{x}$代入线性回归方程 $\hat{y} = \hat{a} + \hat{b}x$，则线性回归方程也可表示为

$$\hat{y} = \bar{y} + \hat{b}(x - \bar{x}) \tag{10.11}$$

式(10.11)给出了最小二乘估计的几何意义。当给定样本观察值(x_1, y_1)，(x_2, y_2)，…，(x_n, y_n)后，选取哪条作为回归直线才能最佳地反映这些点的分布情况呢？自然的想法是，选取点(x_i, y_i) $(i = 1, 2, \cdots, n)$，与诸直线的偏差平方和最小的这条直线，而这条直线是一条通过散点图的几何中心$(\bar{x}, \bar{y})$，斜率为 $\hat{b}$ 的直线。

上述确定回归直线所依据的原则是所有观测数据的偏差平方和达到最小。按照这个理论确定回归直线的方法称为最小二乘法。“二乘”是指 Q 是二乘方(平方)的和。如果 y 是服从正态分布的随机变量，则也可用极大似然估计法得到相同结论。

为了应用方便，引进如下记号：

$$S_{xx} = \sum_{i=1}^{n}(x_i - \bar{x})^2,\ S_{yy} = \sum_{i=1}^{n}(y_i - \bar{y})^2$$

$$S_{xy} = \sum_{i=1}^{n}(x_i - \bar{x})(y_i - \bar{y}) = \sum_{i=1}^{n} x_i y_i - \frac{1}{n}\left(\sum_{i=1}^{n} x_i\right)\left(\sum_{i=1}^{n} y_i\right)$$

这样，a，b 的估计可以写成

$$\begin{cases} \hat{b} = \dfrac{S_{xy}}{S_{xx}} \\ \hat{a} = \dfrac{1}{n}\sum_{i=1}^{n} y_i - \left(\dfrac{1}{n}\sum_{i=1}^{n} x_i\right)\hat{b} = \bar{y} - \hat{b}\,\bar{x} \end{cases} \tag{10.12}$$

例 10.1 为了研究商品的价格与销售量之间的关系，现收集某商品在一个地区 10 个

时间段内的平均价格 x(单位：元)和销售总额 y(单位：万元)，统计资料如表 10.1 所示。求 y 关于 x 的线性回归方程。

表 10.1 数值表

时间段	1	2	3	4	5	6	7	8	9	10
x/元	12.0	8.0	11.5	13.0	15.0	14.0	8.5	10.5	11.5	13.3
y/万元	11.6	8.5	11.4	12.2	13.0	13.2	8.9	10.5	11.3	12.0

解 为求线性回归方程，计算得

$$\bar{x} = \frac{1}{10}\sum_{i=1}^{10} x_i = 11.73，故 \sum_{i=1}^{10} x_i = 117.3$$

$$\bar{y} = \frac{1}{10}\sum_{i=1}^{10} y_i = 11.26，故 \sum_{i=1}^{10} y_i = 112.6$$

$$S_{xx} = \sum_{i=1}^{10}(x_i - \bar{x})^2 = 45.961$$

$$S_{yy} = \sum_{i=1}^{10}(y_i - \bar{y})^2 = 22.124$$

$$\sum_{i=1}^{n} x_i y_i = 1352.15$$

$$S_{xy} = \sum_{i=1}^{10}(x_i - \bar{x})(y_i - \bar{y}) = \sum_{i=1}^{10} x_i y_i - \frac{1}{10}\left(\sum_{i=1}^{10} x_i\right)\left(\sum_{i=1}^{10} y_i\right)$$

$$= 1352.15 - \frac{1}{10} \times 117.3 \times 112.6 = 31.352$$

回归方程

$$\hat{y} = 3.2590 + 0.6821x$$

最小二乘估计之所以被广泛采用是因为它具有许多优良的性质。下面不加证明地给出在一元线性回归模型中参数最小二乘估计的重要性质。

(1) $\hat{a}$ 与 $\hat{b}$ 分别是未知数 a 与 b 的无偏估计，即 $E(\hat{a}) = a$，$E(\hat{b}) = b$；

(2) 假设 $\varepsilon_i \sim N(0, \sigma^2)$，则 $\hat{a}$ 与 $\hat{b}$ 都服从正态分布，即

$$\hat{a} \sim N\left(a, \frac{1}{n} + \frac{\bar{x}}{S_{xx}}\sigma^2\right)$$

$$\hat{b} \sim N\left(b, \frac{1}{S_{xx}}\sigma^2\right)$$

这里，$S_{xx} = \sum_{i=1}^{n}(x_i - \bar{x})^2$。

一元线性回归模型中，误差 ε_i 的方差 σ^2 称为误差方差，它同样是非常重要的参数。有了 a 与 b 的最小二乘估计 $\hat{a}$ 与 $\hat{b}$ 后可以构造 σ^2 的估计。

由于 $\varepsilon_i = y_i - (a + bx_i)$，很自然地想到用 $\hat{a}$ 与 $\hat{b}$ 分别代替 a 与 b 得到 ε_i 的估计，记为 $\hat{\varepsilon}_i$，即

$$\hat{\varepsilon}_i = y_i - (\hat{a} + \hat{b}x_i) \quad (i = 1, 2, \cdots, n)$$

通常称为残差。用残差就可以构造 σ^2 的一个常用的估计

$$\hat{\sigma}^2 = \frac{1}{n-2}\sum_{i=1}^{n}\hat{\varepsilon}_i^2$$

下面不加证明地给出 $\hat{\sigma}^2$的性质：

(1) $\hat{\sigma}^2$是 σ^2无偏估计；

(2) $(n-2)\hat{\sigma}^2/\sigma^2 \sim \chi^2(n-2)$，并且 $\hat{\sigma}^2$与 $\hat{a}$，$\hat{b}$ 相互独立。

续例 10.1 求例 10.1 中 σ^2 的无偏估计。

解 $\hat{\sigma}^2 = \frac{1}{n-2}\sum_{i=1}^{n}\hat{\varepsilon}_i^2 = \frac{1}{n-2}\sum_{i=1}^{n}(y_i - \hat{y}_i)^2 = \frac{1}{n-2}(S_{yy} - \hat{b}^2 S_{xx})$

其中，$S_{xx} = \sum_{i=1}^{10}(x_i - \bar{x})^2 = 45.961$，$S_{yy} = \sum_{i=1}^{10}(y_i - \bar{y})^2 = 22.124$，$\hat{b} = 0.6821$。代入上式，得 σ^2无偏估计为 $\hat{\sigma}^2 = 0.092$。

10.1.5 多元线性回归的参数估计

多元线性回归的分析原理与一元线性回归相同，但在计算上要复杂些。

若$(x_{11}, x_{12}, \cdots, x_{1p}, y_1), \cdots, (x_{n1}, x_{n2}, \cdots, x_{np}, y_n)$为一个样本，根据最小二乘法原理，多元线性回归中未知参数 $b_0, b_1, \cdots, b_p$应满足使函数

$$Q = \sum_{i=1}^{n}(y_i - b_0 - b_1 x_{i1} - \cdots - b_p x_{ip})^2$$

达到最小。

对 Q 分别关于 $b_0, b_1, \cdots, b_p$求偏导数，并令它们等于零，得到

$$\begin{cases} \dfrac{\partial Q}{\partial b_0} = -2\sum(y_i - b_0 - b_1 x_{i1} - \cdots - b_{ip}x_{ip}) = 0 \\ \dfrac{\partial Q}{\partial b_j} = -2\sum_{j=1}^{n}(y_i - b_0 - b_1 x_{i1} - \cdots - b_{ip}x_{ip})x_{ij} = 0 \quad (j = 1, 2, \cdots, p) \end{cases}$$

称为正规方程组，引进矩阵

$$\boldsymbol{X} = \begin{bmatrix} 1 & x_{11} & x_{12} & \cdots & x_{1p} \\ 1 & x_{21} & x_{22} & \cdots & x_{2p} \\ \vdots & \vdots & \vdots & & \vdots \\ 1 & x_{n1} & x_{n2} & & x_{np} \end{bmatrix}, \quad \boldsymbol{Y} = \begin{bmatrix} y_1 \\ y_2 \\ \vdots \\ y_n \end{bmatrix}, \quad \boldsymbol{B} = \begin{bmatrix} b_0 \\ b_1 \\ \vdots \\ b_p \end{bmatrix}, \quad \boldsymbol{\varepsilon} = \begin{bmatrix} \varepsilon_1 \\ \varepsilon_2 \\ \vdots \\ \varepsilon_p \end{bmatrix}$$

于是，正规方程组可写成

$$\boldsymbol{X}'\boldsymbol{X}\boldsymbol{B} = \boldsymbol{X}'\boldsymbol{Y} \tag{10.13}$$

若 $(\boldsymbol{X}'\boldsymbol{X})^{-1}$存在，则

$$\hat{\boldsymbol{B}} = \begin{bmatrix} \hat{b}_0 \\ \hat{b}_1 \\ \vdots \\ \hat{b}_p \end{bmatrix} = (\boldsymbol{X}'\boldsymbol{X})^{-1}\boldsymbol{X}'\boldsymbol{Y} \tag{10.14}$$

而 $\hat{y} = \hat{b}_0 + \hat{b}_1 x_1 + \cdots + \hat{b}_p x_p$即为经验回归方程。

10.2 假设检验与预测

在例10.1和例10.2中，得到回归方程 $\hat{y}=3.2590+0.6821x$，以及参数 σ^2 的无偏估计 $\hat{\sigma}^2$。从上述求回归直线和参数估计的过程看，对于任何一组实验数据都可用最小二乘法形式地求出一条回归直线，即使两个变量不具有线性关系。若两个变量不存在线性相关关系，则回归直线没有意义。因此就要对线性回归方程进行假设检验。即检验 x 变量的变化对 y 的影响是否显著。这个问题可以利用线性关系的显著性检验来解决。

如果通过了假设检验，则可以利用回归方程 $\hat{y}=\hat{a}+\hat{b}x$ 预测因变量 y 的相应的值 y_0。在此基础上，还可以以一定的置信度预测对应的 y 的观察值的取值范围。

本节只讨论一元线性回归的假设检验和预测问题。

10.2.1 假设检验

因为当且仅当 $b\neq 0$ 时，y 与 x 之间存在线性关系，因此需要检验假设

$$H_0:\ b=0;\quad H_1:\ b\neq 0 \tag{10.15}$$

若拒绝原假设 H_0，则认为 y 与 x 之间存在线性关系，所求的线性回归方程有意义；

若接受 H_0，则认为 y 与 x 的关系不能用一元线性回归模型来描述，所求的线性回归方程无意义。

10.1节中已知 $\hat{b}$ 与 $\hat{\sigma}^2$ 具有以下性质

$$\hat{b}\sim N\left(b,\ \frac{1}{S_{xx}}\sigma^2\right),\quad \frac{(n-2)\hat{\sigma}^2}{\sigma^2}\sim\chi^2(n-2)$$

并且 $\hat{\sigma}^2$ 与 $\hat{b}$ 相互独立。于是，原假设成立时

$$t=\frac{\hat{b}}{\hat{\sigma}\ \sqrt{S_{xx}}}\sim t(n-2)$$

这个 t 就是此双边检验的 t-检验统计量。对于给定的显著性水平 α，此假设检验的拒绝域为

$$|t|\geqslant t_{\alpha/2}(n-2)$$

这就是所谓 t 检验法。

如果检验的结论是拒绝原假设，即接受备择假设 $b\neq 0$，就说回归方程通过了显著性检验，认为 x 与 y 有一定的线性关系。但是如果检验的结论是接受原假设 $b=0$，实际上，可能有多种原因导致这种情况。当然可能是 x 对 y 确实没什么影响，也可能是还有对 y 影响更大的自变量未被考虑，还可能是系统误差过大等。

注意到 t 分布与 F 分布的关系，当 $t\sim t(n-2)$ 时，$t^2\sim F(1,n-2)$，故

$$F=\frac{\hat{b}^2}{\hat{\sigma}^2/S_{xx}}\sim F(1,n-2) \tag{10.16}$$

这个 F 就是此检验的 F-检验统计量。注意，上面的 t-检验法则等价于如下的 F-检验法则：对于给定的显著性水平 α，当 $F\geqslant F_\alpha$（$1,n-2$）则拒绝原假设，否则接受原假设。此假设检验的拒绝域为

$$F\geqslant F_\alpha(1,n-2)$$

关于上述假设的 F-检验，最常用的是方差分析表。需要把 F-检验统计量换种表示方

法，这在理解上会更容易。

不妨设当 x 的取值为 $x_1, x_2, \cdots, x_n$时，得到 y 的一组观察值 $y_1, y_2, \cdots, y_n$，统计量 $Q_{总} = S_{yy} = \sum_{i=1}^{n}(y_i - \bar{y})^2$ 称为 $y_1, y_2, \cdots, y_n$ 的总偏差平方和，它的大小反映了观察值 $y_1, y_2, \cdots, y_n$ 的分散程度。它的自由度规定为 $n-1$。对 $Q_{总}$ 进行分析：

记 $\hat{y}_i = \hat{a} + \hat{b}x_i$，称为在 x_i 处因变量 y 的拟合值或回归值。因为

$$\sum_{i=1}^{n}(y_i - \bar{y})^2 = \sum_{i=1}^{n}(y_i - \hat{y}_i + \hat{y}_i - \bar{y})^2$$

可以验证

$$\sum_{i=1}^{n}(y_i - \hat{y}_i + \hat{y}_i - \bar{y})^2 = \sum_{i=1}^{n}(y_i - \hat{y}_i)^2 + \sum_{i=1}^{n}(\hat{y}_i - \bar{y})^2$$

记

$$Q_{回} = \sum_{i=1}^{n}(\hat{y}_i - \bar{y})^2, \quad Q_{剩} = \sum_{i=1}^{n}(y_i - \hat{y}_i)^2$$

则有

$$Q_{总} = Q_{剩} + Q_{回} \tag{10.17}$$

$Q_{回}$ 称为回归平方和，反映了回归值 $\hat{y}_i$ 的分散程度，这种分散性是由 x 的变化而引起的，并通过 x 对 y 的线性影响反映出来。它的自由度规定为 1。

$Q_{剩}$ 称为剩余平方和，反映了观测值 y_i 偏离回归直线的程度，这种偏离是由试验误差和其他未加控制的因素引起的，其实它就是 10.1 节中残差 $\hat{\varepsilon}_i$ 的平方和，即 $Q_{剩} = \sum_{i=1}^{n}\hat{\varepsilon}_i^2$，则由 $\hat{\sigma}^2$ 的性质可知，$\hat{\sigma}^2 = \dfrac{Q_{剩}}{n-2}$ 是 σ^2 的无偏估计，它的自由度是 $n-2$。

通过对 $Q_{回}$，$Q_{剩}$ 分析，$y_1, y_2, \cdots, y_n$ 的分散程度 $Q_{总}$ 的两种影响可以从数量上区分开来，因而，$Q_{回}$ 与 $Q_{剩}$ 的比值反映了这种线性相关关系与随机因素对 y 的影响的大小，比值越大，线性关系越强。

可以证明，统计量

$$F = \frac{\hat{b}^2}{\hat{\sigma}^2/S_{xx}} = \frac{Q_{回}}{1}\Big/\frac{Q_{剩}}{n-2} \tag{10.18}$$

所以，当 H_0 为真时服从参数为 1 和 $n-2$ 的 F 分布，即 $F \sim F(1, n-2)$。给定显著性水平 α，若 $F \geqslant F_\alpha(1, n-2)$，则拒绝原假设 H_0，即认为在显著性水平 α 下，y 对 x 的线性相关关系是显著的；反之，则认为 y 对 x 没有线性相关关系，即所求的线性回归方程无实际意义。

实际计算中，可使用公式

$$Q_{回} = \sum_{i=1}^{n}(\hat{y}_i - \bar{y})^2 = \frac{S_{xy}^2}{S_{xx}} \tag{10.19}$$

$$Q_{剩} = Q_{总} - Q_{回} = S_{yy} - \frac{S_{xy}^2}{S_{xx}} \tag{10.20}$$

表 10.2 一元回归的方差分析表

方差源	平方和	自由度	均方	F 比
回归	$Q_{回}$	1	$MQ_{回}=Q_{回}/1$	$F=\dfrac{Q_{回}}{1}\Big/\dfrac{Q_{剩}}{n-2}$
剩余	$Q_{剩}$	$n-2$	$MQ_{剩}=Q_{剩}/(n-2)$	
总和	$Q_{总}$	$n-1$		

例 10.3 在显著性水平 $\alpha=0.05$ 下，检验例 10.2 中回归效果是否显著。

解 由例 10.2 可知

$$S_{xx}=45.961,\quad S_{xy}=31.352,\quad S_{yy}=22.124$$

计算出

$$Q_{回}=\sum_{i=1}^{n}(\hat{y}_i-\bar{y}_i)^2=\frac{S_{xy}^2}{S_{xx}}=21.3866$$

$$Q_{剩}=Q_{总}-Q_{回}=22.124-21.3866=0.7374$$

$$F=\frac{Q_{回}}{1}\Big/\frac{Q_{剩}}{n-2}=232.0217>F_{0.05}(1,8)=5.32$$

故拒绝原假设 H_0，即认为在显著性水平 α 下，回归直线

$$\hat{y}=3.2590+0.6821x$$

所表达的 y 与 x 的线性相关关系是显著的。

因变量 y 与 x 的线性相关关系是否显著也可以用判定系数 R^2 来度量。其定义是

$$R^2=\frac{Q_{回}}{Q_{总}}$$

这两项的比值表明回归直线所能解释的因变量 y 的偏差部分在 y 的总偏差中的比例。其值越大，则 y 与 x 的线性相关关系也就越大。事实上，R 就是 y 与 x 的相关系数。其证明不在本书范围内。

例 10.3 中，计算可得

$$R^2=\frac{Q_{回}}{Q_{总}}=\frac{21.3866}{22.124}=0.967$$

这说明，在这种商品销售总额的变化中，有近 97% 的变化是由销售总额与价格的线性关系引起的。

10.2.2 预测

假定在 $x=x_0$ 处，理论回归方程 $y=a+bx+\varepsilon$ 成立，因变量 y 的相应的值 y_0 满足

$$y_0=a+bx_0+\varepsilon_0$$

其中 ε_0 表示对应的误差。它同样满足 Gauss-Markov 假设。现在预测 y_0，注意到 y_0 由两部分组成：第一部分是它的均值 $E(y_0)=a+bx_0$，这里包含未知参数 a 和 b，只要带入相应的最小二乘估计 $\hat{a}$ 与 $\hat{b}$ 就得到它的一个估计 $\hat{a}+\hat{b}x_0$；第二部分是误差 ε_0，由于它的均值 $E(\varepsilon_0)=0$，自然可以估计它为 0。这样就得到 y_0 的预测

$$\hat{y}_0=\hat{a}+\hat{b}x_0$$

这就是所谓点预测。

在点预测 y_0 的基础上预测对应的 y 的观察值的取值范围称为区间预测。做区间预测是需要假设误差 ε_i 服从正态分布且相互独立。由于篇幅所限，只给出相应的结论。

对于给定的 $0<\alpha<1$，可以证明 y_0 的置信度为 $1-\alpha$ 的置信区间为

$$(\hat{y}_0-l,\ \hat{y}_0+l)$$

其中，$l=t_{\alpha/2}(n-2)\hat{\sigma}\sqrt{1+\frac{1}{n}+\frac{(x_0-\bar{x})^2}{S_{xx}}}$。这个预测区间是一个以 y_0 的预测 $\hat{y}_0$ 为中心，长度为 $2l$ 的对称区间。对于给定的 α 和 n，S_{xx} 越大，则预测区间的长度就越短，预测精度也就越高。因此，为了提高预测精度，就要增大 S_{xx}，也就是把实验点 $x_1, x_2, \cdots, x_n$ 尽可能分散开。

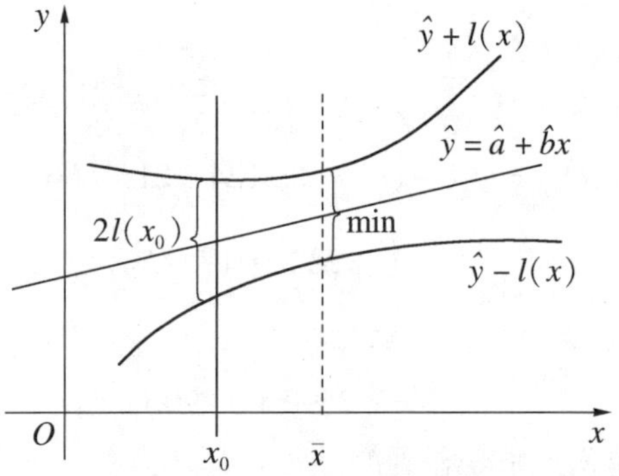

图 10.2　预测区间的示意图

在实际的回归问题中，若样本容量 n 很大，而 x_0 靠近预测中心 $\bar{x}$，则可简化计算

$$\sqrt{1+\frac{1}{n}+\frac{(x_0-\bar{x})^2}{S_{xx}}}\approx 1,\quad t_{\alpha/2}(n-2)\approx z_{\alpha/2}$$

则 y_0 的置信度为 $1-\alpha$ 的置信区间近似为

$$(\hat{y}_0-\hat{\sigma}z_{\alpha/2},\ \hat{y}_0+\hat{\sigma}z_{\alpha/2})$$

特别地，取 $\alpha=0.05$，则 y_0 的置信度为 0.95 的置信区间近似为

$$(\hat{y}_0-1.96\hat{\sigma},\ \hat{y}_0+1.96\hat{\sigma})$$

可以预料，在全部可能出现的 y 值中，大约有 95% 的观测点落在直线 L_1：$y=\hat{y}_0+1.96\hat{\sigma}$ 与 L_2：$y=\hat{y}_0-1.96\hat{\sigma}$ 所夹的带形区域内。所以，预测区间与置信区间意义相似，只不过前者是对随机变量而言，后者是对未知参数而言。

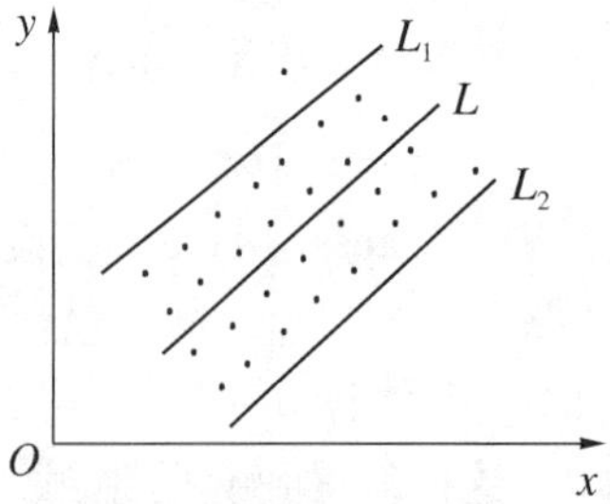

图 10.3　近似的预测区间示意图

例 10.4　给定 $\alpha=0.05$，$x_0=13.5$。问：例 10.1 中销售总额在什么范围内？

解 当 $x_0=13.5$，y_0的预测值为

$$\hat{y}_0=\hat{a}+\hat{b}x_0=3.2585+0.6821\times 13.5=12.4674$$

对于 $\alpha=0.05$，$t_{0.025}(8)=2.306$，而 $\hat{\sigma}^2=\frac{Q_{剩}}{n-2}$，再由例 10.3 知 $Q_{剩}=0.7374$，所以，$\hat{\sigma}=\sqrt{\frac{0.7374}{8}}=0.3036$，计算得

$$\begin{aligned} l &= t_{\alpha/2}(n-2)\hat{\sigma}\sqrt{1+\frac{1}{n}+\frac{(x_0-\bar{x})^2}{S_{xx}}} \\ &= 0.306\times 0.3036\sqrt{1+\frac{1}{10}+\frac{(13.5-11.73)^2}{45.961}} \\ &= 0.7567 \end{aligned}$$

故 y_0的预测区间为(12.4674 ±0.7567)。即销售总额 y_0将以95%的概率落在区间(11.7107，13.2241)内。

11 数学软件 MATLAB

MATLAB 是一款数值计算及图形和图像处理工具软件。起初，它只是一个简单的矩阵分析软件。自 1984 年推向市场以来，经过十多年的发展与竞争，现已成为国际认可（IEEE）的最优化的科技应用软件，成为一个具有高通用性、带有众多实用工具的运算操作平台。

MATLAB 语言结构简明，数值计算高效，图形功能完备，易学易用。在美国及其他许多国家的高等院校，熟练使用 MATLAB 已成为大学生、研究生必须掌握的基本技能。这里，结合计算方法课程的学习，对 MATLAB 做初步介绍，为大家进一步学习、掌握和熟练运用MATLAB打下基础。

11.1 MATLAB 基本运行环境介绍

11.1.1 启动

（1）在任务栏的“开始”栏中选择“程序”菜单项，然后单击 MATLAB 菜单项中的 MATLAB 程序，就可以启动 MATLAB。

（2）运行 c：\matlabrll\bin 中的系统启动程序 matlab. exe。通过“我的电脑”或“资源管理器”去查找这个程序，然后双击。

（3）建立快捷方式，将启动程序放在电脑桌面上，只要双击即可启动 MATLAB。

11.1.2 命令窗口

启动 MATLAB 后，将看到图 11.1 所示的命令窗口，它包括四个通用界面：

（1）Command Window（指令窗）：该窗缺省地址在 MATLAB 桌面的右侧，是进行各种 MATLAB 操作的最主要的窗口。在该窗内，可键入各种送给 MATLAB 动作的指令、函数、表达式；显示除图形外的所有运算结果。

（2）Command History（历史指令窗）：该窗缺省地址位于 MATLAB 桌面的左下方后台。该窗记录已经运作过的指令、函数、表达式；允许用户对它们进行“选择复制”“重运行”等操作，以及产生 M 文件。

（3）Workspace（工作空间浏览器）：该浏览器缺省地址位于 MATLAB 桌面左上方的前台。该窗口列出 MATLAB 工作空间中所有的变量名、大小、字节数。在该窗中，可以对变量进行观察、编辑、提取和保存。

Current Directory（当前目录浏览器）：该浏览器缺省地址位于 MATLAB 桌面左下方的后台。在此交互界面中，可以进行当前目录的设置；展示相应目录上的 M、MDL 等文件；复制、编辑和运行 M 文件；装载 MAT 数据文件。

除此之外，还有 Array Editor（内存数组编辑器）、Start（开始按钮）、Lauch Pad（交互

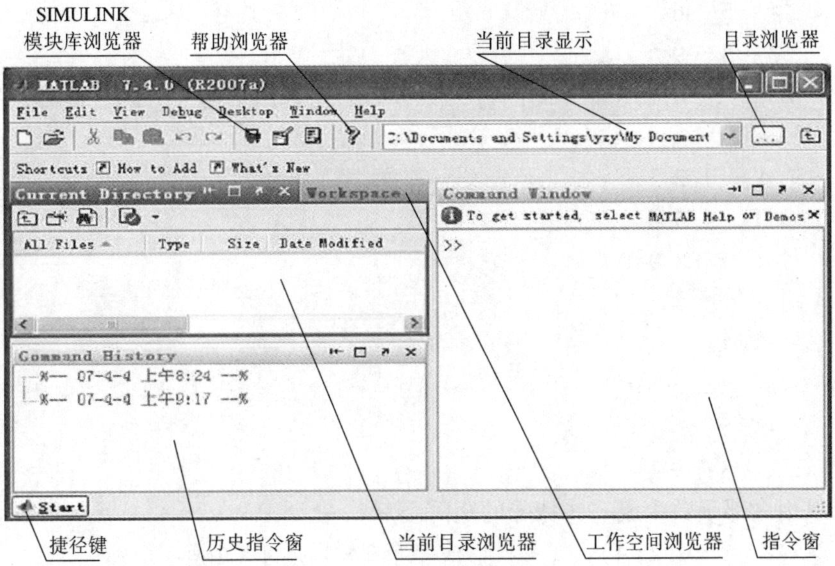

图 11.1 MATLAB 软件操作界面

界面分类目录窗)、Editor/Debugger(M 文件编辑/调试器)、Help Navigator/Browser(帮助导航/浏览器)五个通用操作界面。

11.2 MATLAB 基础知识介绍

MATLAB 语言开始是专门为进行矩阵计算而设计的，在后来的版本中不断地扩充了各种功能，但是最基本、最重要的功能仍是矩阵计算。在 MATLAB 中，几乎所有操作都是以矩阵为基本运算单元的，这是 MATLAB 与其他语言的不同之处，也是 MATLAB 最重要的特点。

11.2.1 常数

MATLAB 中有几个已经定义的常数，如：

Eps　机器精度，$2^{-52} \approx 2.2 \times 10^{-15}$；

pi　圆周率，π；

i　虚数单位，$\sqrt{-1}$；

inf　无穷大量，零作为除数的输出；

NaN　不定值，inf/或 0/0。

11.2.2 矩阵

MATLAB 中所有变量都被看成矩阵或数组。

11.2.2.1 矩阵的形成

可以直接输入矩阵。

例
```
>> A = [1 2 3; 4  5 6; 7  8  9]
A =
    1  2  3
```

```
    4   5   6
    7   8   9
```

注意：分号“;”用来分隔矩阵的行，一行中的元素用空格来分隔。此外，矩阵也可以按行输入。

例
```
>> A = [1 2 3
        4 5 6
        7 8 9]
A =

    1   2   3
    4   5   6
    7   8   9
```

也可以用内部函数生成一些特殊的矩阵。

例
```
>> Z = zeros(2, 4);           形成一个 2×4 阶的零矩阵
>> Y = ones(3, 5);            形成一个所有元素均为 1 的 3×5 矩阵
>> X = eye(n);                形成一个 n 阶单位矩阵
>> U = zeros(size(Y));        形成一个与矩阵 Y 同阶的零矩阵
>> V = -1: 0.5: 2             形成并显示一个 1×7 阶的矩阵 (7 维数组)
V =

    -1.0000   -0.5000   0   0.5000   1.0000   1.5000   2.0000
>> cos(V)
```

计算 V 中每项的余弦值，形成一个 1×7 阶矩阵

```
ans =
    0.5403 0.8776 1.0000 0.8776 0.5403 0.0707 -0.4161
```

本例中 4 行结尾的分号表示不输出该结果。可以对矩阵的个别元素或子矩阵进行操作。

例
```
>> A(2, 3)                    选择 A 中一个元素
ans =
    6
>> A(1: 2, 2: 3)              选择 A 中的一个子矩阵
ans =
    2 3
    5 6
>> A([13], [13])              选择 A 的子矩阵的另一种方法
ans =
    1 3
    7 9
A(2, 2) = tan(5.2);           给 A 的一个元素赋新值
```

11.2.2.2 矩阵运算

运算符号为

+（加） -（减） *（乘） /（右除） \（左除） ^（乘幂） '（共轭转置）

例
```
>> B=[1 2; 3 4];
>> C=B'
C =
   1 3
   2 4
>> 2*B+C
ans =
     3 7
     8 12
>> 3*(B*C)^3
ans =
     13080 29568
     29568 66840
```

注意：如果 $\boldsymbol{A}$ 和 $\boldsymbol{B}$ 都是 n 阶方阵，$\boldsymbol{A}$ 非奇异，则可实现 $\boldsymbol{A}\backslash\boldsymbol{B}$ 和 $\boldsymbol{B}/\boldsymbol{A}$ 的运算，$\boldsymbol{A}\backslash\boldsymbol{B}$ 得到 $\boldsymbol{A}^{-1}\boldsymbol{B}$，也等效于 inv($\boldsymbol{A}$) * $\boldsymbol{B}$。而 $\boldsymbol{B}/\boldsymbol{A}$ 得到 $\boldsymbol{A}\boldsymbol{B}^{-1}$，它可以通过($\boldsymbol{A}\backslash\boldsymbol{B}'$)'来实现。

11.2.2.3 数组运算

数组是矩阵在计算机中的存储方式。数组的算术运算符号为

+（加） -（减） .*（乘） .\（左除） ./（右除） .^（乘幂）

其中，加、减运算与矩阵的加、减运算相同，数乘也如此。但通过符号“.*”“.^”等数组运算是面向元素的。

例
```
>> A=[1 2; 3 4];
>> A^2                    产生矩阵A²
ans =
     7 10
     15 22
>>A.^2                    矩阵的每个元素进行平方运算
ans =
     1 4
     9 16
>>cos(A./2)               矩阵每个元素除以2再求余弦
ans =
     0.8776 0.5403
     0.0707 -0.4161
```

11.2.3 函数

MATLAB 的函数可以用在矩阵上。

11.2.3.1 内部函数

MATLAB 有丰富的内部函数，例如，三角函数和反三角函数：sin( )，cos( )，tan( )，

arcsin( )；指数函数、对数函数和双曲函数、开平方函数：exp( )，log( )，log10( )，cosh( )，sqrt( )，其中 log( )和 log10( )分别是自然对数和以 10 为底的对数函数；其他还有 abs( )，sign( )，max( )，分别是绝对值(或复数的模)、符号函数和最大分量。

例

```
>>3 * cos(sqrt(4.7))
ans =
    -1.6869
```

如果输入命令 format long，将显示 15 位有效数字的结果。

例

```
>>format long
3 * cos(sqrt(4, 7))
ans =
    -1.68686892236893
```

MATLAB 的内部函数还包括数值分析中关于矩阵常见的函数，例如

orm(A, 1)	范数$\|\boldsymbol{A}\|_1$
norm(A)	范数$\|\boldsymbol{A}\|_2$
norm(A, inf)	范数$\|\boldsymbol{A}\|_\infty$
norm(A, 'fro')	范数$\|\boldsymbol{A}\|_F$
condest(A)	条件数 cond$(\boldsymbol{A})_1$
cond(A)	条件数 cond$(\boldsymbol{A})_2(\boldsymbol{A})_1$
condest(A′)	条件数 cond$(\boldsymbol{A})_\infty$
rank(A)	矩阵的秩
det(A)	矩阵的行列式之值

此外，还有 inv(A)($\boldsymbol{A}$ 的逆矩阵)，lu(A)($\boldsymbol{A}$ 的 LU 三角分解)，qr(A)($\boldsymbol{A}$ 的 QR 分解)，以及多项式和插值函数，数值积分和常微分方程数值解，方程求根和函数极小化等数值方法方面的函数，可参阅有关文件或 MATLAB 在线帮助。

11.2.3.2 用户定义的函数

通过建立 M 文件(以“.m”结尾的文件)可以定义一个函数。完成函数定义后，就可以像使用内部函数那样使用它。

例 将下面一段程序写入 M 文件 fun.m 中。输入：

```
function y = fun(x)
% define a simple function
y = 1 + x - x.^2/4;
```

这就定义了函数 fun$(x) = 1 + x - x^2/4$。存入名为 fun.m 的 M 文件之后，任何其他函数都可在 MATLAB 命令窗口中调用它。

```
>> cos(fun(3))
ans =
    -0.1782
```

对函数进行求值的另一个方法是使用 feval 命令。

例

```
>> feval('fun', 4)
```

```
ans =
     1
```

11. 2. 4 绘图

MATLAB 可绘制二维和三维图形，这里主要简介二维情形。

用命令 plot 可以生成二维函数图形。下面的例子是产生函数 $y=\cos x$ 和 $z=\cos^2 x$ 在区间[0, π]上图形的程序。

例
```
>> x=0: 0.1: pi;
>> y=cos(x);
>> z=cos(x).^2;
>> plot(x, y, x, z, '。')
```

其中，第 1 行以步长 0.1 确定了区域和节点；第 2，3 行分别定义了一个函数。前三行以分号结尾，x, y, z 不在命令窗口显示。第 4 行是绘图的命令，其前两项是 x 和 y，画出函数 $y=\cos x$，第 3，4 项是 x 和 z，画出函数 $z=\cos 2x$，最后一项是空心圆点'。'，表示每一点 (x_k, z_k) 用"。"画图，其中 $z_k=\cos 2x_k$。

MATLAB 可以画点和线，除了四例的空心圆点外，点的类型还有实心圆点"·"、加号"+"、星号"*"、叉号"×"；线的类型主要有实线"—"、虚线"------"、虚线间点"......"。例如，plot(x, y, '......')，将向量 $\boldsymbol{x}$ 和 $\boldsymbol{y}$ 对应元素定义的点依次用虚线连接(要求 $\boldsymbol{x}$ 和 $\boldsymbol{y}$ 维数相同)，如果 $\boldsymbol{x}$ 和 $\boldsymbol{y}$ 为矩阵，则按列依次处理。又如 plot(x1, y1, '*', x2, y2, '+')将向量 $\boldsymbol{x}_1$ 和 $\boldsymbol{y}_1$ 对应元素定义的点用星号标出，向量 $\boldsymbol{x}_2$ 和 $\boldsymbol{y}_2$ 对应元素定义的点用加号标出。

此外，命令 fplot 用于画已定义函数在指定范围的图形。它与 plot 的作用类似，差别在于 fplot 可以根据函数的性质自适应地选择取值点。

例
```
>> fplot('tanh', [-2, 2])
```

它在区间[-2, 2]上画出双曲正切函数 $\tan x$ 的图形。

一般的 fplot 命令的格式是：

```
fplot('name', [a, b], n)
```

它在区间$[a, b]$，通过函数 name. m 采样的 n 个点，画出函数的图形，n 的默认值是 25。

plot 命令可画出二维空间的参数曲线。而 plot3 则可以画出三维空间的参数曲线。

例
```
>> t=0: pi/50: 10*pi;
>> plot3(sin(t), cos(t), t)
```

关于绘图方面更多的信息，请参阅 MATLAB 有关文件。

11. 2. 5 程序设计

11. 2. 5. 1 M 文件

MATLAB 命令有两种执行方式：一种是交互式的命令执行方式；一种是 M 文件的程序执行方式。M 文件是一个文本文件，它可以用任何编辑程序来建立和编辑，而一般常用且最为方便的是使用 MATLAB 提供的文本编辑器。M 文件函数有两类：命令文件(Script File)和函数文件(Function File)。它们的扩展名均为". m"，主要区别有以下几点。

（1）命令文件没有输入参数，也不返回输出参数，而函数文件可以输入参数，也可返回输出参数。

（2）命令文件对 MATLAB 工作空间中的变量进行操作，文件中所有命令的执行结果也完全返回到工作空间中，而函数文件中定义的变量为局部变量，当函数文件执行完毕时，这些变量被清除。

（3）命令文件可以直接运行，在 MATLAB 命令窗口输入命令文件的名字，就会顺序执行命令文件中的命令，而函数文件不能直接运行，要以函数调用的方式来调用它。

11.2.5.2 基本语句

（1）选择结构：根据给定的条件成立或不成立，分别执行不同的语句，包括 if 语句、switch 语句和 try 语句。

① if 语句

单分支 if 语句格式：

```
if 条件
    语句组
end
```

双分支语句格式：

```
if 条件
    语句组 1
else
    语句组 2
end
```

多分支 if 语句格式：

```
if 条件 1
    语句组 1
  elseif 条件 2 语句组 2
    …………
  elseif 条件 m 语句组 m
else
    语句组 m + 1
end
```

② switch 语句：根据表达式的取值不同，分别执行不同的语句。语句格式为

```
switch 表达式
    case 表达式 1
        语句组 1
    case 表达式 2
        语句组 2
    ……
    case 表达式 m
        语句组 m
```

```
otherwise
    语句组 m+1
End
```

③ try 语句：一种试探性执行语句，语句格式为

```
try
    语句组 1
catch
    语句组 2
end
```

（2）循环结构：该结构按照给定的条件，重复执行指定的语句，包括 for 语句和 while 语句。

① for 语句，语句格式为

```
for 循环变量 = 表达式 1：表达 2：表达式 3
    循环体语句
end
```

② while 语句，语句格式为

```
while(条件)
    循环体语句
End
```

③ 循环的嵌套：指的是一个循环结构的循环体又包括了一个循环结构。实现多重循环结构仍用前面的三种循环语句。

11.3 实际应用举例

11.3.1 方程求根

在 MATLAB 中，将方程求根转化为求函数的零点。例如，为求方程 $f(x)=g(x)$ 的根，可先建立函数 $F(x)=f(x)-g(x)$，然后将 $F(x)$ 写为 MATLAB 的 M 函数，以便调用。

11.3.1.1 求一元函数零点用 fzero 命令

命令 z = fzero('fun', x) 用来求解一个值域属于实数集的一元函数 fun 的零点。x 是对其零点的一个估计值，fzero 将在 x 附近进行寻找，其返回值 z 是靠近函数变号点的坐标值，也就是函数图像穿过 x 轴的那一点。注意：如果函数曲线在零点与 x 轴相切，fzero 将不能找出这一点。x 可以是一个标量，也可以是一个二维向量 $[x_1, x_2]$。当 x 为标量时，fzero命令将在 x 的一个有限邻域内查找零点，但如果 z 在 x 的很小邻域内不止一个值，fzero 将返回离 x 最近的一个值。当 x 为二维向量时，应首先满足 $F(x_1)\cdot F(x_2)<0$，然后 fzero 将严格在闭区间 $[x_1, x_2]$ 内寻找零点。如未能找到，系统将给出提示。

例 求方程 $x^2+4x-256=0$ 的根。

这是一个一元二次方程，用求根公式容易求出其根。这里用 fzero 来求解，正好可验证其正确性，求解步骤如下。

（1）创建函数 $g(x)=x^2+4x-256$。

```
function y = g(x)
y = x^2 + 4 * x - 256;
```

为了便于估测零点位置，再准备一个函数来表示 $y=0$ 的水平线：

```
function y = horizontal(x)
y = 0;
```

（2）估计函数的零点位置。

为了估测 $g(x)$点的大概位置，可以用绘制曲线的办法进行观察：

```
x = -20: 20
y = g(x)
plot(x, y)
hold on % 保持图形输出窗口图形不动
z = horizontal(x)
plot(x, z)
```

从图形输出窗口容易观察到 $g(x)$零点的近似值。例如，可分别取其近似根为 $x=-17$ 和 $x=14$。

（3）求解函数的零点。

下面用两种方法进行：

```
xg1 = fzero('g', -17)
xg2 = fzero('g', [10, 15])
```

运行结果为

```
xg1 = -18.125
xg2 = 14.125
```

11.3.1.2 非线性方程组的求解 fsolve

本命令的使用格式为

```
x = fsolve('functions_name', x0)
```

其中，functions_name 是预先以 M 函数格式写入 MATLAB 的函数组的函数名，x0 是函数组零点的初值向量。

例 试求下面方程组在$[x, y, z]=[1, 1, 1]$附近的解。

$$\begin{cases}\sin x+y+z^2e^x-4=0\\x+yz=0\\xyz=0\end{cases}$$

具体求解步骤如下。

（1）创建方程 Funs。

```
function m = Funs(n)
x = n(1);
y = n(2);
z = n(3);
m(1) = sin(x) + y + z^2 * exp(x) - 4;
```

```
m(2) = x + y * z;
m(3) = x * y * z;
```

(2) 解方程。

```
n = fsolve('funs', [1 1 1])
n =
    0.00014943  -7.4724e-005 1.9998
```

(3) 验证。

```
m = Funs(n)
```

运行结果为

```
m = -1.03152e-008  -3.1511e-009  -2.2331e-008
```

11.3.2 数据拟合

11.3.2.1 最小二乘直线拟合

直线可用一次多项式来表示，是特殊的多项式，即直线拟合是特殊的多项式曲线拟合。由于其应用广泛，这里单独进行讨论。

下面给出一个根据数据组 $x = [x_1\ x_2 \cdots\ x_n]$ 和 $y = [y_1\ y_2 \cdots\ y_n]$ 用最小二乘法求直线拟合系数的函数，其中行向量 $\boldsymbol{x}$ 和 $\boldsymbol{y}$ 的数据个数必须相同；否则，多余的数据将被忽略，并给出警告信息。

```
function yy = pline(x, y)
nx = length(x); % 函数 length(x)返回向量 x 的长度
ny = length(y);
if nx ~ = ny
warning('The lengths of x and y should be equal');
end
n = min(nx, my);
if n < 2 % 若数据太小，会出错
error('the number of the DATA should be greater than 1');
return;
end
x = x(1: n);
y = y(1: n);
x = reshape(x, n, 1); % 改变矩阵 x 的维数到 n×1
y = reshape(x, n, 1);
A = [x ones(n, 1)];
b = y;
B = A * A
b = A * b;
yy = B\b;
yy = yy';
```

例 某实验测得一组数据，其值如下：

x	1	2	3	4	5
y	1.3	1.8	2.2	2.9	3.5

已知 x 与 y 近似成线性关系，即 $y \approx kx+b$，求系数 k 和 b。

解 运行下面的 matlab 代码：

```
x = [1 2 3 4 5];
y = [1.3 1.8 2.2 2.9 3.5]
p = pline(x, y)
```

运行结果为

```
p = 0.5500 0.6900
```

即 $k=0.55$，$b=0.69$。

为了观察直线与数据点之间的关系，或执行下面命令：

```
y1 = polyval(p, x);
plot(x, y1)
hold on;
plot(x, y, '*');
```

其中，函数 polyval(p, x) 是多项式求值，返回以 p 为系数的多项式在点 x 处的值。最后一行命令的意思是，在由 x，y 所确定的坐标处输出字符“*”。

11.3.2.2 多项式曲线拟合的最小二乘法

p = polyfit(x, y, n) 其功能为：用最小二乘法对数据 $x=(x_1, x_2, \cdots, x_m)$，$y=(y_1, y_2, \cdots, y_m)$ 用 n 阶多项式进行逼近($n+1<m$)，返回多项式的系数，是一个长度为 $n+1$ 的向量，系数的顺序是由 n 次项到常数项。

在用高阶多项式对某一函数进行曲线拟合时，并不是拟合出来的多项式与被拟合函数在整个区间上都能符合，polyfit( ) 只能保证在 x 所覆盖的区间及其附近，求得的多项式可以最大限度地逼近原函数，而在其他区域，多项式并不一定能很好地表示原函数。

11.3.2.3 多项式曲线拟合的拉格朗日法

拉格朗日多项式拟合要求生成的多项式要经过所有的数据点，如果有 $n+1$ 个数据点，则拟合生成的多项式为 n 阶多项式。这里，给出用此法进行多项式拟合的 M 文件代码，此函数也含有用拉格朗日法进行插值的功能。

函数中，x 和 y 为拟合所用的数据，也是用来插值的原始数据；yy 为返回的拟合多项式；如果参数 z 存在，则 c 应该为 z 中的元素用拉格朗日法进行插值的结果。x 和 y 的维数应相同，否则，会给出警告信息，但程序仍进行，多余的数据将被忽略。

```
function[yy, c] = lagrange(x, y, z)
nx = length(x);
ny = length(y);
if nx ~ = ny
    warning('The lengths of x and y should be equal');
end
n = min(nx, ny)
if n < 2
```

```
        error('the number of the DATA should be greater than1');
        return
    end
    yy =0;
    for i =1: n
          p =1.0;
    for j =1: n
        if i ~ =j
        if abs(x(i) - x(j)) < eps
        error('the DATA is error!');
        return;
    end
    ll =[10 - x(j)]/x(i) - x(j));
    p =conv(p, ll);
    end
    end
    yy =pplus(yy, p * y(i));
    end
    if nargout = =2
        c =polyval(yy, z);
    end
```

上面程序中，conv(p, ll)是计算多项式 p 与 ll 乘积；pplus(yy, p * y(i))是计算多项式 yy 与 p · y(i)的和；nargout 是 MATLAB 中的内部变量，存放当前函数输出变量的个数。函数 pplus 的代码如下：

```
    function yy =pplus(x, y)
    nx =length(x);
    x =reshape(x, 1, nx);
    ny =length(y);
    y =reshape(y, 1, ny);
    n =max(nx, ny);
    cc =zeros(1, n);
    if nx > ny
        cc(1, (nx - ny +1): nx) =y;
        yy =x + cc;
    else if nx < ny
        cc(1, (ny - nx +1): ny) =x;
        yy =y + cc;
    else
        yy =x + y;
    end
```

例 （Runge 现象的产生）对区间[−5,5]做等距划分：$x_i = -5 + ih$（$i=0, 1, \cdots, n$），$h = \frac{10}{n}$。对函数 $y = \frac{1}{1+x^2}$ 进行 Lagrange 插值，取 $n=10$。

在 MATLAB 命令窗中输入：

```
>> x =[ -5: 1: 5];
>> y =1./(1 +x.^2);
>> x0 =[ -5: 0.1: 5];
>> y0 =lagrange(x, y, x0);
>>y1 =1./(1 +x.^2);        %绘制图形
>> plot(x0, y0, '--r')     %插值曲线
>> hold on
>> plot(x0, y1, '-b')      %在同一窗口中绘制原函数曲线
```

于是由得到的图形可见，插值曲线已经严重地偏离原曲线。

11.3.3 数值插值

这里只介绍一维函数插值。

y1 =interpl(x, y, x(i), method) 其功能为：返回向量 y_i，y_i是向量 x_i根据数据 x 和 y 按照某种方法所得的插值。其中 x 的元素应单调排列，并注意 x_i中的元素应在 x 的范围以内，否则插值结果为 NaN。method 的取值可有：

'linear' 线性插值；

'spline' 三次样条插值；

'cubic' 三次插值。

11.3.4 数值微分

已知函数在某些节点的值，可先用曲线拟合得到一多项式，将此多项式微分，即可得在拟合范围以内任一点处的微分。将此过程反复进行，原则上可以求任意阶的微分。但随着求导次数的增加，计算误差会逐渐增大，且难以估计。为了保证计算精度，通常只限于求低阶数值微分。

函数 deriv(x, y, z, n, flag)的功能是：根据数据点 x, y 按 flag 的指示以某种方法求出其拟合多项式，然后求出在点 x 处的 n 阶导数值。当 flag =1 或 2 时，分别指用 Lagrange 法和 Newton 法求拟合多项式。

例

```
x =0: 0.3: 3;
y =sin(x);
deriv(x, y, pi/2, 1, 1)
ans = -3.2307e -010
deriv(x, y, pi/2, 2, 2)
ans = -1.0000
```

11.3.5 数值积分

11.3.5.1 函数 guad( )

函数 guad( )是用 Simpson 递归算法求数值积分，其基本用法有：

q = guad('fun', a, b) 得到函数 fun 在区间[a, b]上的数值积分。

q = guad('fun', a, b, tol) 指定了相对误差 tol，其默认值为 1e - 3。

例

```
guad('sin', 0, 6, 1e-6)
ans = 0.0398
```

例 某次实验中测得一个质点在 n 个特定时间点的速度 u 为：

t/s：	1.0000	1.5000	2.0000	2.5000	3.0000	3.5000	4.0000
u/(m·s^{-1})：	0.1000	0.3000	0.6000	0.7000	0.9000	1.2000	1.4000

求在这一段时间内质点的位移。

解 p = lagrange(t, u)

```
p = 0.0889  -1.4400 9.3556  -31.000054.8556  -48.3600 16.6000
```

在此基础上建立函数 syl(x)：

```
function y = syl(x)
p = [0.0889  -1.4400 9.3556  -31.0000 … 54.8556  -48.3600 16.6000];
y = polyval(p, x)
```

然后执行命令：

```
guad('xyl', 1, 4)
ans = 2.2375
```

11.3.5.2 用高斯法求数值积分

下面给出十点高斯法求数值积分的程序代码：

```
function y = gussled(f, a, b)n = 10;
z = [ - 0.9739065285  - 0.8650633677  - 0.6794095683 …  - 0.4333953941
-0.1488743990 0.1488743990 … 0.4333953941 0.6794095683 0.8650633677 0.9739065285];
w = [0.0666713443  0.1494513492  0.2190863625  … 0.2692667193  0.2955242247
0.2955242247 … 0.2692667193 0.2190863625 0.1494513492 … 0.0666713443];
gg = 0;
for i = 1 : n
    yy = (z(i) * (b - a) + a + b)/2;
    gg = gg + w(i) * feval(f, yy);
end
y = gg * (b - a)/2;
```

其中，feval(f, yy) 的功能是，求由“f” 所代表的字符所定义的函数在“yy” 处的值。

例 由高斯十点法求正弦函数[0, π]上的积分。

```
gussled('sin', 0, pi)
ans = 2.0000
```

习题三

1. 在总体 $N(80, 20^2)$ 中随机抽取容量为 100 的样本，求样本均值$\overline{X}$与总体均值之差的绝对值大于 3 的概率。

2. 设 X_1, X_2, …, X_n是总体 $N(\mu,\sigma^2)$的样本，$\bar{X}$ 为样本均值，试求样本容量 n，使得 $P\{|\bar{X}-\mu|<0.25\sigma\}\geqslant 0.95$。

3. 设 X_1, X_2, …, X_n是总体 $N(\mu, 2^2)$的样本，$\bar{X}$ 为样本均值，试求样本容量 n 分别取多大时，才能使下列各式成立：

(1) $E(|\bar{X}-\mu|^2)\leqslant 0.1$；　(2) $E(|\bar{X}-\mu|)\leqslant 0.1$；

(3) $D(|\bar{X}-\mu|)\leqslant 0.1$；　(4) $P\{|\bar{X}-\mu|\leqslant 1\}\geqslant 0.95$

4. 设样本 X_1, X_2, …, X_{15}来自总体 $N(0,2^2)$，$Y=\dfrac{X_1^2+X_2^2+\cdots+X_{10}^2}{2(X_{11}^2+\cdots X_{15}^2)}$，试确定 Y 的分布。

5. 设样本 X_1, X_2, …, X_9来自正态总体 X，令 $Y_1=\dfrac{1}{6}(X_1+\cdots X_6)$，$Y_2=\dfrac{1}{3}(X_7+X_8+X_9)$，$S^2=\dfrac{1}{2}\sum\limits_{i=7}^{9}(X_i-Y_2)^2$，$Z=\dfrac{\sqrt{2}(Y_1-Y_2)}{S}$。试证明 Z 服从自由度为 2 的 t 分布。

6. 从正态总体 $N(\mu, \sigma^2)$ 中抽取简单随机样本 X_1, X_2, …, X_{2n}, 其样本均值 $\bar{X}=\dfrac{1}{2n}\sum\limits_{i=1}^{2n}X_i$，试求 统计量 $Y=\sum\limits_{i=1}^{n}(X_i+X_{n+i}-2\bar{X})$ 的数学期望 $E(Y)$。

7. 设总体服从如下分布：

$$P\{X=k\}=\frac{1}{\theta}\quad(k=1,2,\cdots,\theta)$$

求 θ 的矩估计量。

8. 设总体区间 $(1-\theta, 1+\theta)$ 上的均匀分布，$\theta>0$ 为未知参数，X_1, X_2, …, X_n为 X 的样本，求未知参数 θ 的矩估计。

9. 设 X_1, X_2, …, X_n是来自总体 X 的一个样本，求如下模型中参数的矩估计和极大似然估计：

(1) X 的密度函数为 $f(x)=\begin{cases}\lambda^2 x\mathrm{e}^{-\lambda x} & (x>0)\\ 0 & (\text{其他})\end{cases}$　(参数 $\lambda>0$)

(2) X 的密度函数为 $f(x)=\begin{cases}\dfrac{1}{\beta}\mathrm{e}^{-(x-2)/\beta} & (x>2)\\ 0 & (\text{其他})\end{cases}$　(参数 $\beta>0$)

10. 设总体 X 服从对数正态分布 $LN(\mu, \sigma^2)$，即有密度函数

$$f(x;\mu,\sigma^2)=\begin{cases}\dfrac{1}{\sqrt{2\pi}\sigma x}\exp\left\{-\dfrac{1}{2\sigma^2}(\ln x-\mu)^2\right\} & (x>0)\\ 0 & (x\leqslant 0)\end{cases}$$

其中 μ, σ^2 均未知，X_1, X_2, …, X_n为 X 的样本，求 μ 与 σ^2 的极大似然估计量。

11. 一袋中有 M（已知）个均匀硬币，其中有 θ（未知）个普通硬币，其余 $M-\theta$ 个两面都是

正面。从袋中随机取出一个硬币，把它连续掷两次，记下正面出现的次数，然后放回袋中。如此重复取 n 次，每次连续掷两次硬币。如果掷出 0 次、1 次、2 次正面的次数分别为 n_0，n_1，n_2（$n_0+n_1+n_2=n$）。试求 θ 的矩估计 $\hat{\theta}_1$ 和极大似然估计 $\hat{\theta}_2$。

12. X_1，X_2，…，X_n 是来自该总体的简单随机样本，取统计量 $\hat{\mu}=k_1X_1+k_2X_2+\cdots+k_nX_n$ 作为未知参数 μ（$=E(X)$）的估计量，其中 $k_1+k_2+\cdots+k_n=1$。

（1）证明 $\hat{\mu}$ 是 μ 的无偏估计量；

（2）确定常数 k_1，k_2，…，k_n，使得 $D(\hat{\mu})$ 达最小。

13. 设 X_1，X_2，…，X_n 是取自总体 X 的样本

$$E(X)=\mu,\quad D(X)=\sigma^2,\quad \hat{\sigma}^2=k\sum_{i=1}^{n-1}(X_{i+1}-X_i)^2$$

问 k 为何值时 $\hat{\sigma}^2$ 为 σ^2 的无偏估计？

14. 设总体 $X\sim U(0,\theta)$，其中参数 θ 未知，X_1，X_2，…，X_n 是来自该总体的简单随机样本。求 θ 的最大似然估计量并讨论估计的无偏性与相合性。

15. 设某种产品的干燥时间（单位：小时）服从正态分布 $N(\mu,\sigma^2)$，现取到这种产品的 9 个样品，测得干燥时间分别为

5.0　5.7　6.1　5.6　6.3　7.0　6.5　5.8　6.0

在下列条件下分别求 μ 的置信水平为 0.95 的置信区间。

（1）根据经验已知 $\sigma=0.6$（单位：小时）；

（2）σ 为未知。

16. 设某种砖头的抗压强度（单位：千克/厘米^2）服从正态分布 $N(\mu,\sigma^2)$，现测量 20 块这种砖，得到下列数据：

64	69	49	92	55	97	41	84	88	99
81	48	84	87	74	72	98	100	66	84

（1）求 μ 的置信水平为 0.95 的置信区间；

（2）求 σ^2 的置信水平为 0.95 的置信区间。

17. 甲乙两组生产同种导线，现从甲组生产的导线中随机抽取 4 根，从乙组生产的导线中随机抽取 5 根，测得它们的电阻值（单位：欧姆）分别为

甲组：　0.143　0.142　0.143　0.137

乙组：　0.140　0.142　0.136　0.138　0.140

设测定数据分别来自正态总体 $N(\mu_1,\sigma^2)$ 与 $N(\mu_2,\sigma^2)$，且两样本相互独立，μ_1，μ_2 与 σ^2 均未知。试求 $\mu_1-\mu_2$ 的置信水平为 0.95 的置信区间。

18. 已知 $X\sim N(\mu,8^2)$，抽取 $n=100$ 的简单随机样本，现确定 μ 的置信区间为［43.88，46.52］。试问：这个置信区间的置信水平是多少？

19. 总体 $X\sim N(\mu,\sigma^2)$，σ^2 已知，问需抽取容量 n 多大的样本，才能使 μ 的置信概率为 $1-\alpha$，且置信区间的长度不大于 L？

20. 设总体 X 服从指数分布，密度函数为

$$f(x)=\begin{cases}\lambda e^{-\lambda x} & (x>0)\\ 0 & (\text{其他})\end{cases}$$

参数 $\lambda>0$ 未知，X_1，X_2，…，X_n 是来自该总体的简单随机样本。给定置信水平 $1-\alpha$，试构造 λ 的置信区间。

21. 一批产品的一级品率设为 p，现从该批产品中抽取 120 个，得 75 个一级品，求 p 的置

信水平为 0.95 的近似置信区间。

22. 某型号的微波炉的使用寿命服从正态分布 $X \sim N(\mu, 90^2)$，厂家提供的资料称平均使用寿命不得低于 5000 小时，现从成品中随机抽取 5 台测试，得数据 5120，5030，4940，5000，5010。若方差没有变化，能否认为厂家提供的使用寿命可靠（$\alpha = 0.05$）？

23. 要验收一批水泥，这种水泥制成混凝土后，若断裂强度不低于 5000(单位)，验收者希望 100 次中至少有 95 次被接受；若断裂强度低于 4600(单位)，验收者希望 100 次中至多通过 10 次。已知混凝土断裂强度服从均方差 $\sigma = 600$（单位）的正态分布。试为验收者制定验收抽样方案，即确定样本容量 ，以及一批成品“接受”或“拒绝”的标准。

24. 对一台设备进行寿命试验，记录 10 次无故障工作时间(单位：小时)，由小到大排列记录如下:400，480，900，1350，1500，1600，1760，2100，2300，2400。已知设备的无故障工作时间服从指数分布，能否认为此设备的无故障工作时间的平均值低于 1500 小时（取 $\alpha = 0.05$）？

25. 一位研究者声称至少有 80% 的观众对商业广告感到厌烦，现随机询问 120 位观众，其中 70 人同意此观点。利用极限定理，在显著性水平 $\alpha = 0.01$ 下，检验是否应该同意研究者的观点。

26. 下面分别给出文学家马克·吐温的 8 篇小品文以及文学家格拉斯的 10 篇小品文中有 3 个字母组成的单字的比例：

马克·吐温	0.225	0.262	0.217	0.240	0.230	0.229	0.235	0.217		
格拉斯	0.209	0.205	0.196	0.210	0.202	0.207	0.224	0.223	0.220	0.201

设两组数据分别来自正态总体，且两个总体方差相等，但参数均未知，两组样本相互独立。取 $\alpha = 0.05$，给出两位文学家所写的小品文中有 3 个字母组成的单字的比例是否有显著差异？

27. 一名社会学家从一所大学中随机抽取了 16 名男生和 13 名女生，对他们进行了同样题目的测试。测试结果显示，男生的平均成绩为 82 分，标准差 8 分，女生成绩为 78 分，标准差为 7 分。假设男、女生成绩都服从正态分布。问这名社会学家能得出什么样的结论（$\alpha = 0.02$）？

28. 在 π 的前 800 位小数的数字中，0，1，…，9 相应的出现了 74，92，83，79，80，73，77，75，76，91 次。试用 χ^2 检验法在显著性水平为 $\alpha = 0.10$ 检验各数字出现是否均匀。

29. 在某路口 50 分钟内观察每 15 秒内通过的汽车数 V，得到如下数据：

通过汽车数	0	1	2	3	4	≥5
频数	92	68	28	11	1	0

能否认为 X 服从 Poisson 分布（取 $\alpha = 0.05$）？

30. 为研究重量 x（单位：克）对弹簧长度 y（单位：厘米）的影响，对不同重量的 6 根弹簧进行测量，得到如下数据：

x	5	10	15	20	25	30
y	7.25	8.12	8.95	9.90	10.9	11.8

（1）求 y 对 x 的线性回归方程；

（2）计算参数 σ^2 的无偏估计值。

31. 测量了 9 对父子的身高，所得数据如下(单位：英寸。1 英寸 = 2.54 厘米)：

父亲身高 x_i	60	62	64	66	67	68	70	72	74
儿子身高 y_i	63.6	65.2	66	66.9	67.1	67.4	68.3	70.1	70

求：（1）儿子身高 y 关于父亲身高 x 的回归方程；

（2）取 $\alpha = 0.05$，检验儿子的身高 y 与父亲身高 x 之间的线性相关关系是否显著；

（3）若父亲身高 70 英寸，求其儿子的身高的置信度为 95% 的预测区间。

32. 若一元线性回归模型

$$y_i = bx_i + \varepsilon_i \quad (i=1, 2, \cdots, n)$$

中不包含常数项，假设误差服从 Gauss-Markov 假设。

(1) 求斜率 β 的最小二乘估计 $\hat{\beta}$；

(2) 若进一步假设误差 $\varepsilon_i \sim N(0, \sigma^2)$，试求 $\hat{\beta}$ 的分布；

(3) 导出假设 H_0：$\beta=0$ 的检验统计量。

【习题三答案】

1. 0.1336　2. $n \geqslant 62$　3. (1) $n \geqslant 40$；(2) $n \geqslant 225$；(3) $n \geqslant 15$；(4) $n \geqslant 16$

4. $F(10,5)$　6. $E(Y)=2(n-1)\sigma^2$　7. $2\bar{X}-1$　8. $\hat{\theta} = \sqrt{3\left(\frac{1}{n}\sum_{i=1}^{n} X^2 - 1\right)}$

9. (1) 矩估计 $\hat{\lambda} = \frac{2}{\bar{X}}$，最大似然估计 $\hat{\lambda} = \frac{2}{\bar{X}}$；

(2)矩估计 $\hat{\beta} = \bar{X} - 2$，最大似然估计 $\hat{\beta} = \bar{X} - 2$

10. $\hat{\mu} = \frac{1}{n}\sum_{i=1}^{n} \ln X_i$，$\hat{\sigma}^2 = \frac{1}{n}\sum_{i=1}^{n} (\ln X_i - \hat{\mu})^2$

11. $\hat{\theta}_1 = \frac{M}{n}(2n_0 + n_1)$，$\hat{\theta}_2 = \frac{4M}{3n}(n_0 + n_1)$　12. (2) $k_i = \frac{1}{n}$　13. $\frac{1}{2(n-1)}$

14. $\hat{\theta} = \max\{X_1, X_2, \cdots, X_n\}$，不满足无偏性，满足相合性

15. (1) [5.608, 6.392]；(2) [5.558, 6.442]

16. (1) [68.11 85.09]；(2) [190.33, 702.01]

17. [−0.002, 0.006]　18. 0.90　19. $n \geqslant \left(\frac{2\sigma}{L} Z_{\alpha/2}\right)^2$　20. $\left[\frac{\chi^2_{1-\alpha/2}(2n)}{2n\bar{X}}, \frac{\chi^2_{\alpha/2}(2n)}{2n\bar{X}}\right]$

21. [0.538, 0.712]　22. 认为可靠

23. 抽取 20 件，$\bar{X} < 4771.7$ 拒绝，否则接受这批产品

24. 不低于 1500 小时　25. 不能同意该研究者的观点　26. 认为有显著差异

27. 男、女生成绩无显著差异　28. 各数字出现均匀

29. 认为通过的汽车数 X 服从 Poission 分布

30. (1) $\hat{y} = 6.283 + 0.183x$；(2) 0 .00325

31. (1) $\hat{y} = 36.5891 + 0.4565x$.；(2) 拒绝 H_0，即两变量的线性相关关系是显著的；

(3) $\hat{y}_0 = 68.5474$　预测区间$(68.5474 \pm 0.9540) = (67.5934, 69.5014)$

32. (1) $\hat{\beta} = \frac{\sum x_i y_i}{\sum x_i^2}$；(2) $\hat{\beta} \sim N\left(\beta, \frac{\sigma^2}{\sum x_i^2}\right)$；

(3) H_0成立时，检验统计量 $t = \frac{\sqrt{n-1}\sum x_i y_i}{\sqrt{(\sum x_i^2)(\sum y_i^2) - (\sum x_i \sum y_i)^2}} \sim t(n-1)$

参考文献

[1] 姚仰新，罗家洪，庄楚强．高等工程数学[M]．广州：华南理工大学出版社，2007.

[2] 姚俊，张玉春，赵丽．工程矩阵方法[M]．北京：国防工业出版社，2017.

[3] 丁志强．概率论与数理统计[M]．沈阳：东北大学出版社，2018.

[4] 胡晓东，董辰辉．MATLAB 从入门到精通[M]．2 版．北京：人民邮电出版社，2018.

[5] 于寅．高等工程数学[M]．2 版．武汉：华中科技大学出版社，1995.

附　表

附表1　几种常用的概率分布表

分布	参数	分布律或概率密度	数学期望	方　差
(0－1)分布	$0<p<1$	$P\{X=k\}=p^k(1-p)^{1-k}$ $(k=0,\ 1)$	p	$p(1-p)$
二项分布	$n\geqslant 1$ $0<p<1$	$P\{X=k\}=C_n^k p^k(1-p)^{n-k}$ $(k=0,\ 1,\ \cdots,\ n)$	np	$np(1-p)$
负二项分布 (巴斯卡分布)	$r\geqslant 1$ $0<p<1$	$P\{X=k\}=C_{k-1}^{r-1}p^r(1-p)^{k-r}$ $(k=r,\ r+1,\ \cdots)$	$\frac{r}{p}$	$\frac{r(1-p)}{p^2}$
几何分布	$0<p<1$	$P\{X=k\}=(1-p)^{k-1}p$ $(k=1,\ 2,\ \cdots)$	$\frac{1}{p}$	$\frac{1-p}{p^2}$
超几何分布	N,M,n $(M\leqslant N)$ $(n\leqslant N)$	$P\{X=k\}=\frac{C_M^k C_{N-M}^{n-k}}{C_N^k}$ (k为整数， $\max\{0,n-N+M\}\leqslant k\leqslant\min\{n,M\}$)	$\frac{nM}{N}$	$\frac{nM}{N}\left(1-\frac{M}{N}\right)\left(\frac{N-n}{N-1}\right)$
泊松分布	$\lambda>0$	$P\{X=k\}=\frac{\lambda^k e^{-\lambda}}{k!}$ $(k=0,\ 1,\ 2,\ \cdots)$	λ	λ
均匀分布	$a<b$	$f(x)=\begin{cases}\frac{1}{b-a}, & a<x<b\\ 0, & \text{其他}\end{cases}$	$\frac{a+b}{2}$	$\frac{(b-a)^2}{12}$
正态分布	μ $\sigma>0$	$f(x)=\frac{1}{\sqrt{2\pi}\sigma}e^{-\frac{(x-\mu)^2}{2\sigma^2}}$	μ	σ^2
Γ分布	$\alpha>0$ $\beta>0$	$f(x)=\begin{cases}\frac{1}{\beta^\alpha\Gamma(\alpha)}x^{\alpha-1}e^{-\frac{x}{\beta}}, & x>0\\ 0, & \text{其他}\end{cases}$	$\alpha\beta$	$\alpha\beta^2$

附表 1（续）

分布	参数	分布律或概率密度	数学期望	方 差
指数分布	$\lambda>0$	$f(x)=\begin{cases}\lambda e^{-\lambda x}, & x>0\\ 0, & x\leqslant 0\end{cases}$	$\frac{1}{\lambda}$	$\frac{1}{\lambda^2}$
χ^2 分布	$n\geqslant 1$	$f(x)=\begin{cases}\frac{1}{2^{\frac{n}{2}}\Gamma\left(\frac{n}{2}\right)}x^{\frac{n}{2}-1}e^{-\frac{x}{2}}, & x>0\\ 0, & x\leqslant 0\end{cases}$	n	$2n$
韦布尔分布	$\eta>0$ $\beta>0$	$f(x)=\begin{cases}\frac{\beta}{\eta}\left(\frac{x}{\eta}\right)^{\beta-1}e^{-\left(\frac{x}{\eta}\right)^{\beta}}, & x>0\\ 0, & \text{其他}\end{cases}$	$\eta\Gamma\left(\frac{1}{\beta}+1\right)$	$\eta^2\left\{\Gamma\left(\frac{2}{\beta}+1\right)-\left[\Gamma\left(\frac{1}{\beta}+1\right)\right]^2\right\}$
瑞利分布	$\sigma>0$	$f(x)=\begin{cases}\frac{x}{\sigma^2}e^{-\frac{x^2}{2\sigma^2}}, & x>0\\ 0, & x\leqslant 0\end{cases}$	$\sqrt{\frac{\pi}{2}}\sigma$	$\frac{4-\pi}{2}\sigma^2$
β 分布	$\alpha>0$ $\beta>0$	$f(x)=\begin{cases}\frac{\Gamma(\alpha+\beta)}{\Gamma(\alpha)\Gamma(\beta)}x^{\alpha-1}(1-x)^{\beta-1}, & 0<x<1\\ 0, & \text{其他}\end{cases}$	$\frac{\alpha}{\alpha+\beta}$	$\frac{\alpha\beta}{(\alpha+\beta)^2(\alpha+\beta+1)}$
对数正态分布	μ $\sigma>0$	$f(x)=\begin{cases}\frac{1}{\sqrt{2\pi}\sigma x}e^{-\frac{(\ln x-\mu)^2}{2\sigma^2}}, & x>0\\ 0, & x\leqslant 0\end{cases}$	$e^{\mu+\frac{\sigma^2}{2}}$	$e^{2\mu+\sigma^2}(e^{\sigma^2}-1)$
柯西分布	a $\lambda>0$	$f(x)=\frac{1}{\pi}\frac{1}{\lambda^2+(x-a)^2}$	不存在	不存在
t 分布	$n\geqslant 1$	$f(x)=\frac{\Gamma\left(\frac{n+1}{2}\right)}{\sqrt{n\pi}\Gamma\left(\frac{n}{2}\right)}\left(1+\frac{x^2}{n}\right)^{-\frac{n+1}{2}}$	0 $(n>1)$	$\frac{n}{n-2}$ $(n>2)$
F 分布	n_1,n_2	$f(x)=\begin{cases}\frac{\Gamma\left(\frac{n_1+n_2}{2}\right)\left(\frac{n_1}{n_2}\right)^{\frac{n_1}{2}}x^{\frac{n_1}{2}-1}}{\Gamma\left(\frac{n_1}{2}\right)\Gamma\left(\frac{n_2}{2}\right)\left(1+\frac{n_1}{n_2}x\right)^{\frac{n_1+n_2}{2}}}, & x>0\\ 0, & x\leqslant 0\end{cases}$	$\frac{n_2}{n_2-2}$ $(n_2>2)$	$\frac{2n_2^2(n_1+n_2-2)}{n_1(n_2-2)^2(n_2-4)}$ $(n_2>4)$

附表 2 标准正态分布函数表

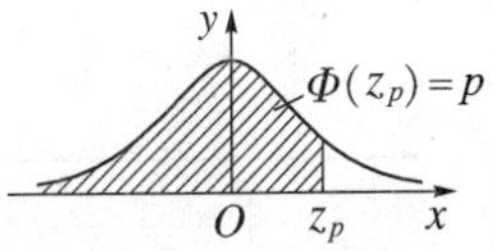

$$\Phi(x)=\int_{-\infty}^{x}\frac{1}{\sqrt{2\pi}}e^{-\frac{t^2}{2}}dt$$

x	0.00	0.01	0.02	0.03	0.04	0.05	0.06	0.07	0.08	0.09
0.0	0.5000	0.5040	0.5080	0.5120	0.5160	0.5199	0.5239	0.5279	0.5319	0.5359
0.1	0.5398	0.5438	0.5478	0.5517	0.5557	0.5596	0.5636	0.5675	0.5714	0.5753
0.2	0.5793	0.5832	0.5871	0.5910	0.5948	0.5987	0.6026	0.6064	0.6103	0.6141
0.3	0.6179	0.6217	0.6255	0.6293	0.6331	0.6368	0.6406	0.6443	0.6480	0.6517
0.4	0.6554	0.6591	0.6628	0.6664	0.6700	0.6736	0.6772	0.6808	0.6844	0.6879
0.5	0.6915	0.6950	0.6985	0.7019	0.7504	0.7088	0.7123	0.7157	0.7190	0.7224
0.6	0.7257	0.7291	0.7324	0.7357	0.7389	0.7422	0.7454	0.7486	0.7517	0.7549
0.7	0.7580	0.7611	0.7642	0.7673	0.7704	0.7734	0.7764	0.7794	0.7823	0.7852
0.8	0.7881	0.7910	0.7939	0.7967	0.7995	0.8023	0.8051	0.8078	0.8106	0.8133
0.9	0.8159	0.8186	0.8212	0.8238	0.8264	0.8289	0.8315	0.8340	0.8365	0.8389
1.0	0.8413	0.8438	0.8461	0.8485	0.8508	0.8531	0.8554	0.8577	0.8599	0.8621
1.1	0.8643	0.8665	0.8686	0.8708	0.8729	0.8749	0.8770	0.8790	0.8810	0.8830
1.2	0.8849	0.8869	0.8888	0.8907	0.8925	0.8944	0.8962	0.8980	0.8997	0.9015
1.3	0.9032	0.9049	0.9066	0.9082	0.9099	0.9115	0.9131	0.9147	0.9162	0.9177
1.4	0.9192	0.9207	0.9222	0.9236	0.9251	0.9265	0.9278	0.9292	0.9306	0.9319
1.5	0.9332	0.9345	0.9357	0.9370	0.9382	0.9394	0.9406	0.9418	0.9429	0.9441
1.6	0.9452	0.9463	0.9474	0.9484	0.9495	0.9505	0.9515	0.9525	0.9535	0.9545
1.7	0.9554	0.9564	0.9573	0.9582	0.9591	0.9599	0.9608	0.9616	0.9625	0.9633
1.8	0.9641	0.9649	0.9656	0.9664	0.9671	0.9678	0.9686	0.9693	0.9699	0.9706
1.9	0.9713	0.9719	0.9726	0.9732	0.9738	0.9744	0.9750	0.9756	0.9761	0.9767
2.0	0.9772	0.9778	0.9783	0.9788	0.9793	0.9798	0.9803	0.9808	0.9812	0.9817
2.1	0.9821	0.9826	0.9830	0.9834	0.9838	0.9842	0.9846	0.9850	0.9854	0.9857
2.2	0.9861	0.9864	0.9868	0.9871	0.9875	0.9878	0.9881	0.9884	0.9887	0.9890
2.3	0.9893	0.9896	0.9898	0.9901	0.9904	0.9906	0.9909	0.9911	0.9913	0.9916
2.4	0.9918	0.9920	0.9922	0.9925	0.9927	0.9929	0.9931	0.9932	0.9934	0.9936
2.5	0.9938	0.9940	0.9941	0.9943	0.9945	0.9946	0.9948	0.9949	0.9951	0.9952
2.6	0.9953	0.9955	0.9956	0.9957	0.9959	0.9960	0.9961	0.9962	0.9963	0.9964
2.7	0.9965	0.9966	0.9967	0.9968	0.9969	0.9970	0.9971	0.9972	0.9973	0.9974
2.8	0.9974	0.9975	0.9976	0.9977	0.9977	0.9978	0.9979	0.9979	0.9980	0.9981
2.9	0.9981	0.9982	0.9982	0.9983	0.9984	0.9984	0.9985	0.9985	0.9986	0.9986
3.0	0.9987	0.9987	0.9987	0.9988	0.9988	0.9989	0.9989	0.9989	0.9990	0.9990
3.1	0.9990	0.9991	0.9991	0.9991	0.9992	0.9992	0.9992	0.9992	0.9993	0.9993
3.2	0.9993	0.9993	0.9994	0.9994	0.9994	0.9994	0.9994	0.9995	0.9995	0.9995
3.3	0.9995	0.9995	0.9995	0.9996	0.9996	0.9996	0.9996	0.9996	0.9996	0.9997
3.4	0.9997	0.9997	0.9997	0.9997	0.9997	0.9997	0.9997	0.9997	0.9997	0.9998

附表3　泊松分布表

$$P\{X \leqslant x\} = \sum_{k=0}^{x} \frac{\lambda^k e^{-\lambda}}{k!}$$

x	λ								
	0.1	0.2	0.3	0.4	0.5	0.6	0.7	0.8	0.9
0	0.9048	0.8187	0.7408	0.6730	0.6065	0.5488	0.4966	0.4493	0.4066
1	0.9953	0.9825	0.9631	0.9384	0.9098	0.8781	0.8442	0.8088	0.7725
2	0.9998	0.9989	0.9964	0.9921	0.9856	0.9769	0.9659	0.9526	0.9371
3	1.0000	0.9999	0.9997	0.9992	0.9982	0.9966	0.9942	0.9909	0.9865
4		1.0000	1.0000	0.9999	0.9998	0.9996	0.9992	0.9986	0.9977
5				1.0000	1.0000	1.0000	0.9999	0.9998	0.9997
6							1.0000	1.0000	1.0000

x	λ								
	1.0	1.5	2.0	2.5	3.0	3.5	4.0	4.5	5.0
0	0.3679	0.2231	0.1353	0.0821	0.0498	0.0302	0.0183	0.0111	0.0067
1	0.7358	0.5578	0.4060	0.2873	0.1991	0.1359	0.0916	0.0611	0.0404
2	0.9197	0.8088	0.6767	0.5438	0.4232	0.3208	0.2381	0.1736	0.1247
3	0.9810	0.9344	0.8571	0.7576	0.6472	0.5366	0.4335	0.3423	0.2650
4	0.9963	0.9814	0.9473	0.8912	0.8153	0.7254	0.6288	0.5321	0.4405
5	0.9994	0.9955	0.9834	0.9580	0.9161	0.8576	0.7851	0.7029	0.6160
6	0.9999	0.9991	0.9955	0.9858	0.9665	0.9347	0.8893	0.8311	0.7622
7	1.0000	0.9998	0.9989	0.9958	0.9881	0.9733	0.9489	0.9134	0.8666
8		1.0000	0.9998	0.9989	0.9962	0.9901	0.9786	0.9597	0.9319
9			1.0000	0.9997	0.9989	0.9967	0.9919	0.9829	0.9682
10				0.9999	0.9997	0.9990	0.9972	0.9933	0.9863
11				1.0000	0.9999	0.9997	0.9991	0.9976	0.9945
12					1.0000	0.9999	0.9997	0.9992	0.9980

x	λ								
	5.5	6.0	6.5	7.0	7.5	8.0	8.5	9.0	9.5
0	0.0041	0.0025	0.0015	0.0009	0.0006	0.0003	0.0002	0.0001	0.0001
1	0.0266	0.0174	0.0113	0.0073	0.0047	0.0030	0.0019	0.0012	0.0008
2	0.0884	0.0620	0.0430	0.0296	0.0203	0.0138	0.0093	0.0062	0.0042
3	0.2017	0.1512	0.1118	0.0818	0.0591	0.0424	0.0301	0.0212	0.0149
4	0.3575	0.2851	0.2237	0.1730	0.1321	0.0996	0.0744	0.0550	0.0403
5	0.5289	0.4457	0.3690	0.3007	0.2414	0.1912	0.1496	0.1157	0.0885
6	0.6860	0.6063	0.5265	0.4497	0.3782	0.3134	0.2562	0.2068	0.1649
7	0.8095	0.7440	0.6728	0.5987	0.5246	0.4530	0.3856	0.3239	0.2687
8	0.8944	0.8472	0.7916	0.7291	0.6620	0.5925	0.5231	0.4557	0.3918
9	0.9462	0.9161	0.8774	0.8305	0.7764	0.7166	0.6530	0.5874	0.5218
10	0.9747	0.9574	0.9332	0.9015	0.8622	0.8159	0.7634	0.7060	0.6453
11	0.9890	0.9799	0.9661	0.9466	0.9208	0.8881	0.8487	0.8030	0.7520
12	0.9955	0.9912	0.9840	0.9730	0.9573	0.9362	0.9091	0.8758	0.8364
13	0.9983	0.9964	0.9929	0.9872	0.9784	0.9658	0.9486	0.9261	0.8981
14	0.9994	0.9986	0.9970	0.9943	0.9897	0.9827	0.9726	0.9585	0.9400
15	0.9998	0.9995	0.9988	0.9976	0.9954	0.9918	0.9862	0.9780	0.9665
16	0.9999	0.9998	0.9996	0.9990	0.9980	0.9963	0.9934	0.9889	0.9823
17	1.0000	0.9999	0.9998	0.9996	0.9992	0.9984	0.9970	0.9947	0.9911
18		1.0000	0.9999	0.9999	0.9997	0.9994	0.9987	0.9976	0.9957
19			1.0000	1.0000	0.9999	0.9997	0.9995	0.9989	0.9980
20					1.0000	0.9999	0.9998	0.9996	0.9991

附表 3（续）

x	λ								
	10.0	11.0	12.0	13.0	14.0	15.0	16.0	17.0	18.0
0	0.0000	0.0000	0.0000						
1	0.0005	0.0002	0.0001	0.0000	0.0000				
2	0.0028	0.0012	0.0005	0.0002	0.0001	0.0000	0.0000		
3	0.0103	0.0049	0.0023	0.0010	0.0005	0.0002	0.0001	0.0000	0.0000
4	0.0293	0.0151	0.0076	0.0037	0.0018	0.0009	0.0004	0.0002	0.0001
5	0.0671	0.0375	0.0203	0.0107	0.0055	0.0028	0.0014	0.0007	0.0003
6	0.1301	0.0786	0.0458	0.0259	0.0142	0.0076	0.0040	0.0021	0.0010
7	0.2202	0.1432	0.0895	0.0540	0.0316	0.0180	0.0100	0.0054	0.0029
8	0.3328	0.2320	0.1550	0.0998	0.0621	0.0374	0.0220	0.0126	0.0071
9	0.4579	0.3405	0.2424	0.1658	0.1094	0.0699	0.0433	0.0261	0.0154
10	0.5830	0.4599	0.3472	0.2517	0.1757	0.1185	0.0774	0.0491	0.0304
11	0.6968	0.5793	0.4616	0.3532	0.2600	0.1848	0.1270	0.0847	0.0549
12	0.7916	0.6887	0.5760	0.4631	0.3585	0.2676	0.1931	0.1350	0.0917
13	0.8645	0.7813	0.6815	0.5730	0.4644	0.3632	0.2745	0.2009	0.1426
14	0.9165	0.8540	0.7720	0.6751	0.5704	0.4657	0.3675	0.2808	0.2081
15	0.9513	0.9074	0.8444	0,7636	0.6694	0.5681	0.4667	0.3715	0.2867
16	0.9730	0.9441	0.8987	0.8355	0.7559	0.6641	0.5660	0.4677	0.3750
17	0.9857	0.9678	0.9370	0.8905	0.8272	0.7489	0.6593	0.5640	0.4686
18	0.9928	0.9823	0.9626	0.9302	0.8826	0.8195	0.7423	0.6550	0.5622
19	0.9965	0.9907	0.9787	0.9573	0.9235	0.8752	0.8122	0.7363	0.6509
20	0.9984	0.9953	0.9884	0.9750	0.9521	0.9170	0.8682	0.8055	0.7307
21	0.9993	0.9977	0.9939	0.9859	0.9712	0.9469	0.9108	0.8615	0.7991
22	0.9997	0.9990	0.9970	0.9924	0.9833	0.9673	0.9418	0.9047	0.8551
23	0.9999	0.9995	0.9985	0.9960	0.9907	0.9805	0.9633	0.9367	0.8989
24	1.0000	0.9998	0.9993	0.9980	0.9950	0.9888	0.9777	0.9594	0.9317
25		0.9999	0.9997	0.9990	0.9974	0.9938	0.9869	0.9748	0.9554
26		1.0000	0.9999	0.9995	0.9987	0.9967	0.9925	0.9848	0.9718
27			0.9999	0.9998	0.9994	0.9983	0.9959	0.9912	0.9827
28			1.0000	0.9999	0.9997	0.9991	0.9978	0.9950	0.9897
29				1.0000	0.9999	0.9996	0.9989	0.9973	0.9941
30					0.9999	0.9998	0.9994	0.9986	0.9967
31					1.0000	0.9999	0.9997	0.9993	0.9982
32						1.0000	0.9999	0.9996	0.9990
33							0.9999	0.9998	0.9995
34							1.0000	0.9999	0.9998
35								1.0000	0.9999
36									0.9999
37									1.0000

附表 4　t 分布表

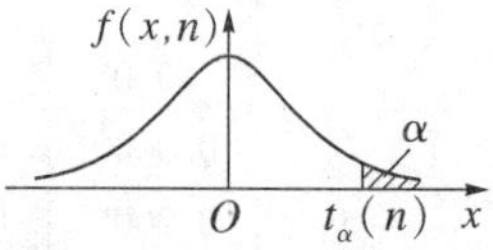

$P\{t \geqslant t_{\alpha}(n)\} = \alpha$

n	α						
	0.20	0.15	0.10	0.05	0.025	0.01	0.005
1	1.376	1.963	3.0777	6.3138	12.7062	31.8207	63.6574
2	1.061	1.386	1.8856	2.9200	4.3027	6.9646	9.9248
3	0.978	1.250	1.6377	2.3534	3.1824	4.5407	5.8409
4	0.941	1.190	1.5332	2.1318	2.7764	3.7469	4.6041
5	0.920	1.156	1.4759	2.0150	2.5706	3.3649	4.0322
6	0.906	1.134	1.4398	1.9432	2.4469	3.1427	3.7074
7	0.896	1.119	1.4149	1.8946	2.3646	2.9980	3.4995
8	0.889	1.108	1.3968	1.8595	2.3060	2.8965	3.3554
9	0.883	1.100	1.3830	1.8331	2.2622	2.8214	3.2498
10	0.879	1.093	1.3722	1.8125	2.2281	2.7638	3.1693
11	0.876	1.088	1.3634	1.7959	2.2010	2.7181	3.1058
12	0.873	1.083	1.3562	1.7823	2.1788	2.6810	3.0545
13	0.870	1.079	1.3502	1.7709	2.1604	2.6503	3.0123
14	0.868	1.076	1.3450	1.7613	2.1448	2.6245	2.9768
15	0.866	1.074	1.3406	1.7531	2.1315	2.6025	2.9467
16	0.865	1.071	1.3368	1.7459	2.1199	2.5835	2.9208
17	0.863	1.069	1.3334	1.7396	2.1098	2.5669	2.8982
18	0.862	1.067	1.3304	1.7341	2.1009	2.5524	2.8784
19	0.861	1.066	1.3277	1.7291	2.0930	2.5395	2.8609
20	0.860	1.064	1.3253	1.7247	2.0860	2.5280	2.8453
21	0.859	1.063	1.3232	1.7207	2.0796	2.5177	2.8314
22	0.858	1.061	1.3212	1.7171	2.0739	2.5083	2.8188
23	0.858	1.060	1.3195	1.7139	2.0687	2.4999	2.8073
24	0.857	1.059	1.3178	1.7109	2.0639	2.4922	2.7969
25	0.856	1.058	1.3163	1.7081	2.0595	2.4851	2.7874
26	0.856	1.058	1.3150	1.7056	2.0555	2.4786	2.7787
27	0.855	1.057	1.3137	1.7033	2.0518	2.4727	2.7707
28	0.855	1.056	1.3125	1.7011	2.0484	2.4671	2.7633
29	0.854	1.055	1.3114	1.6991	2.0452	2.4620	2.7564
30	0.854	1.055	1.3104	1.6973	2.0423	2.4573	2.7500
31	0.8535	1.0541	1.3095	1.6955	2.0395	2.4528	2.7440
32	0.8531	1.0536	1.3086	1.6939	2.0369	2.4487	2.7385
33	0.8527	1.0531	1.3077	1.6924	2.0345	2.4448	2.7333
34	0.8524	1.0526	1.3070	1.6909	2.0322	2.4411	2.7284
35	0.8521	1.0521	1.3062	1.6896	2.0301	2.4377	2.7238
36	0.8518	1.0516	1.3055	1.6883	2.0281	2.4345	2.7195
37	0.8515	1.0512	1.3049	1.6871	2.0262	2.4314	2.7154
38	0.8512	1.0508	1.3042	1.6860	2.0244	2.4286	2.7116
39	0.8510	1.0504	1.3036	1.6849	2.0227	2.4258	2.7079
40	0.8507	1.0501	1.3031	1.6839	2.0211	2.4233	2.7045
41	0.8505	1.0498	1.3025	1.6829	2.0195	2.4208	2.7012
42	0.8503	1.0494	1.3020	1.6820	2.0181	2.4185	2.6981
43	0.8501	1.0491	1.3016	1.6811	2.0167	2.4163	2.6951
44	0.8499	1.0488	1.3011	1.6802	2.0154	2.4141	2.6923
45	0.8497	1.0485	1.3006	1.6794	2.0141	2.4121	2.6896

附表5　χ^2分布表

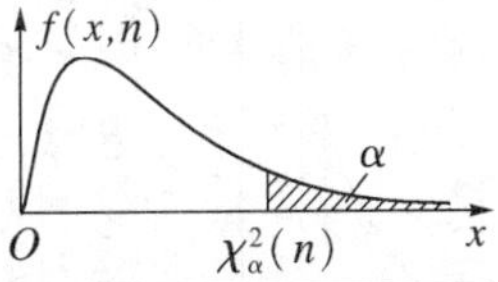

$P\left\{\chi^2 > \chi_\alpha^2(n)\right\} = \alpha$

n	α									
	0.995	0.99	0.975	0.95	0.90	0.10	0.05	0.025	0.01	0.005
1	0.000	0.000	0.001	0.004	0.016	2.706	3.843	5.025	6.637	7.882
2	0.010	0.020	0.051	0.103	0.211	4.605	5.992	7.378	9.210	10.597
3	0.072	0.115	0.216	0.352	0.584	6.251	7.815	9.348	11.344	12.837
4	0.207	0.297	0.484	0.711	1.064	7.779	9.488	11.143	13.277	14.860
5	0.412	0.554	0.831	1.145	1.610	9.236	11.070	12.832	15.085	16.748
6	0.676	0.872	1.237	1.635	2.204	10.645	12.592	14.440	16.812	18.548
7	0.989	1.239	1.690	2.167	2.833	12.017	14.067	16.012	18.474	20.276
8	1.344	1.646	2.180	2.733	3.490	13.362	15.507	17.534	20.090	21.954
9	1.735	2.088	2.700	3.325	4.168	14.684	16.919	19.022	21.665	23.587
10	2.156	2.558	3.247	3.940	4.865	15.987	18.307	20.483	23.209	25.188
11	2.603	3.053	3.816	4.575	5.578	17.275	19.675	21.920	24.724	26.755
12	3.074	3.571	4.404	5.226	6.304	18.549	21.026	23.337	26.217	28.300
13	3.565	4.107	5.009	5.892	7.041	19.812	22.362	24.735	27.687	29.817
14	4.075	4.660	5.629	6.571	7.790	21.064	23.685	26.119	29.141	31.319
15	4.600	5.229	6.262	7.261	8.547	22.307	24.996	27.488	30.577	32.799
16	5.142	5.812	6.908	7.962	9.312	23.542	26.296	28.845	32.000	34.267
17	5.697	6.407	7.564	8.682	10.085	24.769	27.587	30.190	33.408	35.716
18	6.265	7.015	8.231	9.390	10.865	25.989	28.869	31.526	34.805	37.156
19	6.843	7.632	8.906	10.117	11.651	27.203	30.143	32.852	36.190	38.580
20	7.434	8.260	9.591	10.851	12.443	28.412	31.410	34.170	37.566	39.997
21	8.033	8.897	10.283	11.591	13.240	29.615	32.670	35.478	38.930	41.399
22	8.643	9.542	10.982	12.338	14.042	30.813	33.924	36.781	40.289	42.796
23	9.260	10.195	11.688	13.090	14.848	32.007	35.172	38.075	41.637	44.179
24	9.886	10.856	12.401	13.848	15.659	33.196	36.415	39.364	42.980	45.558
25	10.519	11.523	13.120	14.611	16.473	34.381	37.652	40.646	44.313	46.925
26	11.160	12.198	13.844	15.379	17.292	35.563	38.885	41.923	45.642	48.290
27	11.807	12.878	14.573	16.151	18.114	36.741	40.113	43.194	46.962	49.642
28	12.461	13.565	15.308	16.928	18.939	37.916	41.337	44.461	48.278	50.993
29	13.120	14.256	16.147	17.708	19.768	39.087	42.557	45.772	49.586	52.333
30	13.787	14.954	16.791	18.493	20.599	40.256	43.773	46.979	50.892	53.672
31	14.457	15.655	17.538	19.280	21.433	41.422	44.985	48.231	52.190	55.000
32	15.134	16.362	18.291	20.072	22.271	42.585	46.194	49.480	53.486	56.328
33	15.814	17.073	19.046	20.866	23.110	43.745	47.400	50.724	54.774	57.646
34	16.501	17.789	19.806	21.664	23.952	44.903	48.602	51.966	56.061	58.964
35	17.191	18.508	20.569	22.465	24.796	46.059	49.802	53.203	57.340	60.272
36	17.887	19.233	21.336	23.269	25.643	47.212	50.998	54.437	58.619	61.581
37	18.584	19.960	22.105	24.075	26.492	48.363	52.192	55.667	59.891	62.880
38	19.289	20.691	22.878	24.884	27.343	49.513	53.384	56.896	61.162	64.181
39	19.994	21.425	23.654	25.695	28.196	50.660	54.572	58.119	62.426	65.473
40	20.706	22.164	24.433	26.509	29.050	51.805	55.758	59.342	63.691	66.766

当$n>40$时，$\chi_\alpha^2(n) \approx \frac{1}{2}(z_\alpha + \sqrt{2n-1})^2$

附表6 F 分布表

$P\left\{F > F_\alpha(n_1, n_2)\right\} = \alpha$

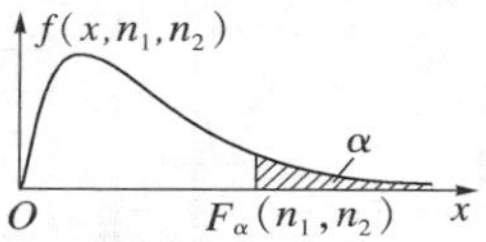

($\alpha = 0.10$)

n_1 \ n_2	1	2	3	4	5	6	7	8	9	10	12	15	20	24	30	40	60	120	∞
1	39.86	49.50	53.59	55.83	57.24	58.20	58.91	59.44	59.86	60.19	60.71	61.22	61.74	62.00	62.26	62.53	62.79	63.06	63.33
2	8.53	9.00	9.16	9.24	9.29	9.33	9.35	9.37	9.38	9.39	9.41	9.42	9.44	9.45	9.46	9.47	9.47	9.48	9.49
3	5.54	5.46	5.39	5.34	5.31	5.28	5.27	5.25	5.24	5.23	5.22	5.20	5.18	5.18	5.17	5.16	5.15	5.14	5.13
4	4.54	4.32	4.19	4.11	4.05	4.01	3.98	3.95	3.94	3.92	3.90	3.87	3.84	3.83	3.82	3.80	3.79	3.78	3.76
5	4.06	3.78	3.62	3.52	3.45	3.40	3.37	3.34	3.32	3,30	3.27	3.24	3.21	3.19	3.17	3.16	3.14	3.12	3.10
6	3.78	3.46	3.29	3.18	3.11	3.05	3.01	2.98	2.96	2.94	2.90	2.87	2.84	2.82	2.80	2.78	2.76	2.74	2.72
7	3.59	3.26	3.07	2.96	2.88	2.83	2.78	2.75	2.72	2.70	2.67	2.63	2.59	2.58	2.56	2.54	2.51	2.49	2.47
8	3.46	3.11	2.92	2.81	2.73	2.67	2.62	2.59	2.56	2.54	2.50	2.46	2.42	2.40	2.38	2.36	2.34	2.32	2.29
9	3.36	3.01	2.81	2.69	2.61	2.55	2.51	2.47	2.44	2.42	2.38	2.34	2.30	2.28	2.25	2.23	2.21	2.18	2.16
10	3.29	2.92	2.73	2.61	2.52	2.46	2.41	2.38	2.35	2.32	2.28	2.24	2.20	2.18	2.16	2.13	2.11	2.08	2.06
11	3.23	2.86	2.66	2.54	2.45	2.39	2.34	2.30	2.27	2.25	2.21	2.17	2.12	2.10	2.08	2.05	2.03	2.00	1.97
12	3.18	2.81	2.61	2.48	2.39	2.33	2.28	2.24	2.21	2.19	2.15	2.10	2.06	2.04	2.01	1.99	1.96	1.93	1.90
13	3.14	2.76	2.56	2.43	2.35	2.28	2.23	2.20	2.16	2.14	2.10	2.05	2.01	1.98	1.96	1.93	1.90	1.88	1.85
14	3.10	2.73	2.52	2.39	2.31	2.24	2.19	2,15	2.12	2.10	2.05	2.01	1 96	1.94	1.91	1.89	1.86	1.83	1.80
15	3.07	2.70	2.49	2.36	2.27	2.21	2.16	2.12	2.09	2.06	2.02	1.97	1.92	1.90	1.87	1.85	1.82	1.79	1.76
16	3.05	2.67	2.46	2.33	2.24	2.18	2.13	2.09	2.06	2.03	1.99	1.94	1.89	1..87	1.84	1.81	1.78	1.75	1.72
17	3.03	2.64	2.44	2.31	2.22	2.15	2.10	2.06	2.03	2.00	1.96	1.91	1.86	1.84	1.81	1.78	1.75	1.72	1.69
18	3.01	2.62	2.42	2.29	2.20	2.13	2.08	2.04	2.00	1.98	1.93	1.89	1.84	1.81	1.78	1.75	1.72	1.69	1.66
19	2.99	2.61	2.40	2.27	2.18	2.11	2.06	2.02	1.98	1.96	1.91	1.86	1.81	1.79	1.76	1.73	1.70	1.67	1.63
20	2.97	2.59	2.38	2.25	2.16	2.09	2.04	2.00	1.96	1.94	1.89	1.84	1.79	1.77	1.74	1.71	1.68	1.64	1.61
21	2.96	2.57	2.36	2.23	2.14	2.08	2.02	1.98	1.95	1.92	1.87	1.83	1.78	1.75	1.72	1.69	1.66	1.62	1.59
22	2.95	2.56	2.35	2.22	2.13	2.06	2.01	1.97	1.93	1.90	1.86	1.81	1.76	1.73	1.70	1.67	1.64	1.60	1.57
23	2.94	2.55	2.34	2.21	2.11	2.05	1.99	1.95	1.92	1.89	1.84	1.80	1.74	1.72	1.69	1.66	1.62	1.59	1.55
24	2.93	2.54	2.33	2.19	2.10	2.04	1.98	1.94	1.91	1.88	1.83	1.78	1.73	1.70	1.67	1.64	1.61	1.57	1.53
25	2.92	2.53	2.32	2.18	2.09	2.02	1.97	1.93	1.89	1.87	1.82	1.77	1.72	1.69	1.66	1.63	1.59	1.56	1 52
26	2.91	2.52	2.31	2.17	2.08	2.01	1.96	1.92	1.88	1.86	1.81	1.76	1.71	1.68	1.65	1.61	1.58	1.54	1.50
27	2.90	2.51	2.30	2.17	2.07	2.00	1.95	1.91	1.87	1.85	1.80	1.75	1.70	1.67	1.64	1.60	1.57	1.53	1.49
28	2.89	2.50	2.29	2.16	2.06	2.00	1.94	1.90	1.87	1.84	1.79	1.74	1.69	1.66	1.63	1.59	1.56	1.52	1.48
29	2.89	2.50	2.28	2.15	2.06	1.99	1.93	1.89	1.86	1.83	1.78	1.73	1.68	1.65	1.62	1.58	1.55	1.51	1.47
30	2.88	2.49	2.28	2.14	2.05	1.98	1.93	1.88	1.85	1.82	1.77	1.72	1.67	1.64	1.61	1.57	1.54	1.50	1.46
40	2.84	2.44	2.23	2.09	2.00	1.93	1.87	1.83	1.79	1.76	1.71	1.66	1.61	1.57	1.54	1.51	1.47	1.42	1.38
60	2.79	2.39	2.18	2.04	1.95	1.87	1.82	1.77	1.74	1.71	1.66	1.60	1.54	1.51	1.48	1.44	1.40	1.35	1.29
120	2.75	2.35	2.13	1.99	1.90	1.82	1.77	1.72	1.68	1.65	1.60	1.55	1.48	1.45	1.41	1.37	1.32	1.26	1.19
∞	2 71	2.30	2.08	1.94	1.85	1.77	1.72	1.67	1.63	1.60	1.55	1.49	1.42	1.38	1.34	1.30	1.24	1.17	1.00

附表 6（续）

（$\alpha = 0.05$）

n_1	n_2: 1	2	3	4	5	6	7	8	9	10	12	15	20	24	30	40	60	120	∞
1	161	200	216	225	230	234	237	239	241	242	244	246	248	249	250	251	252	253	254
2	18.5	19.0	19.2	19.2	19.3	19.3	19.4	19.4	19.4	19.4	19.4	19.4	19.4	19.5	19.5	19.5	19.5	19.5	19.5
3	10.1	9.55	9.28	9.12	9.01	8.94	8.89	8.85	8.81	8.79	8.74	8.70	8.66	8.64	8.62	8.59	8.57	8.55	8.53
4	7.71	6.94	6.59	6.39	6.26	6.16	6.09	6.04	6.00	5.96	5.91	5.86	5.80	5.77	5.75	5.72	5.69	5.66	5.63
5	6.61	5.79	5.41	5.19	5.05	4.95	4.88	4.82	4.77	4.74	4.68	4.62	4.56	4.53	4.50	4.46	4.43	4.40	4.36
6	5.99	5.14	4.76	4.53	4.39	4.28	4.21	4.15	4.10	4.06	4.00	3.94	3.87	3.84	3.81	3.77	3.74	3.70	3.67
7	5.59	4.74	4.35	4.12	3 97	3.87	3.79	3.73	3.68	3.64	3.57	3.51	3 44	3.41	3.38	3.34	3.30	3.27	3.23
8	5.32	4.46	4.07	3.84	3.69	3.58	3.50	3.44	3.39	3.35	3.28	3.22	3.15	3.12	3.08	3.04	3.01	2.97	2.93
9	5.12	4.26	3.86	3.63	3.48	3.37	3.29	3.23	3.18	3.14	3.07	3.01	2.94	2.90	2.86	2.83	2.79	2.75	2.71
10	4.96	4.10	3.71	3.48	3.33	3.22	3.14	3.07	3.02	2.98	2.91	2.85	2.77	2.74	2.70	2.66	2.62	2.58	2.54
11	4.84	3.98	3.59	3.36	3.20	3.09	3.01	2.95	2.90	2.85	2.79	2.72	2.65	2.61	2.57	2.53	2.49	2.45	2.40
12	4.75	3.89	3 49	3.26	3.11	3.00	2.91	2.85	2.80	2.75	2.69	2.62	2.54	2.51	2.47	2.43	2.38	2.34	2.30
13	4.67	3.81	3.41	3.18	3.03	2.92	2.83	2.77	2.71	2.67	2.60	2.53	2.46	2.42	2.38	2.34	2.30	2.25	2.21
14	4.60	3.74	3.34	3.11	2.96	2.85	2.76	2.70	2.65	2.60	2.53	2.46	2.39	2.35	2.31	2.27	2.22	2.18	2.13
15	4.54	3.68	3.29	3.06	2.90	2.79	2.71	2.64	2.59	2.54	2.48	2.40	2.33	2.29	2.25	2.20	2.16	2.11	2.07
16	4.49	3.63	3.24	3.01	2.85	2.74	2.66	2.59	2.54	2.49	2.42	2.35	2.28	2.24	2.19	2.15	2.11	2.06	2.01
17	4.45	3.59	3.20	2.96	2.81	2.70	2.61	2.55	2.49	2.45	2.38	2.31	2.23	2.19	2.15	2.10	2.06	2.01	1.96
18	4.41	3.55	3.16	2.93	2.77	2.66	2.58	2.51	2.46	2.41	2.34	2.27	2.19	2.15	2.11	2.06	2.02	1.97	1.92
19	4.38	3.52	3.13	2.90	2.74	2.63	2.54	2.48	2.42	2.38	2.31	2.23	2.16	2.11	2.07	2.03	1.98	1.93	1.88
20	4.35	3.49	3.10	2.87	2.71	2.60	2.51	2.45	2.39	2.35	2.28	2.20	2.12	2.08	2.04	1.99	1.95	1.90	1.84
21	4.32	3.47	3.07	2.84	2.68	2.57	2.49	2.42	2.37	2.32	2.25	2.18	2.10	2.05	2.01	1.96	1.92	1.87	1.81
22	4.30	3.44	3.05	2.82	2.66	2.55	2.46	2.40	2.34	2.30	2.23	2.15	2.07	2.03	1.98	1.94	1.89	1.84	1.78
23	4.28	3.42	3.03	2.80	2.64	2.53	2.44	2.37	2.32	2.27	2.20	2.13	2.05	2.01	1.96	1.91	1.86	1.81	1.76
24	4.26	3.40	3.01	2.78	2.62	2.51	2.42	2.36	2.30	2.25	2.18	2.11	2.03	1.98	1.94	1.89	1.84	1.79	1.73
25	4.24	3.39	2.99	2.76	2.60	2.49	2.40	2.34	2.28	2.24	2.16	2.09	2.01	1.96	1.92	1.87	1.82	1.77	1.71
26	4.23	3.37	2.98	2.74	2.59	2.47	2.39	2.32	2.27	2.22	2.15	2.07	1.99	1.95	1.90	1.85	1.80	1.75	1.69
27	4.21	3.35	2.96	2.73	2.57	2.46	2.37	2.31	2.25	2.20	2.13	2.06	1.97	1.93	1.88	1.84	1.79	1.73	1.67
28	4.20	3.34	2.95	2.71	2.56	2.45	2.36	2.29	2.24	2.19	2.12	2.04	1.96	1.91	1.87	1.82	1.77	1.71	1.65
29	4.18	3.33	2.93	2 70	2.55	2.43	2.35	2.28	2.22	2.18	2.10	2.03	1.94	1.90	1.85	1.81	1.75	1.70	1.64
30	4.17	3.32	2.92	2.69	2.53	2.42	2.33	2.27	2.21	2.16	2 09	2.01	1.93	1.89	1.84	1.79	1.74	1.68	1.62
40	4.08	3.23	2.84	2.61	2.45	2.34	2.25	2.18	2.12	2.08	2.00	1.92	1.84	1.79	1.74	1.69	1.64	1.58	1.51
60	4 00	3.15	2.76	2.53	2.37	2.25	2.17	2.10	2.04	1.99	1.92	1.84	1.75	1.70	1.65	1.59	1.53	1.47	1.39
120	3.92	3.07	2.68	2.45	2.29	2.17	2.09	2.02	1.96	1.91	1.83	1.75	1.66	1.61	1.55	1.50	1.43	1.35	1.25
∞	3.84	3.00	2.60	2.37	2.21	2.10	2.01	1.94	1.88	1.83	1.75	1.67	1.57	1.52	1.46	1.39	1.32	1.22	1.00

附表 6（续）

（$\alpha=0.025$）

n_1	n_2																		
	1	2	3	4	5	6	7	8	9	10	12	15	20	24	30	40	60	120	∞
1	648	800	864	900	922	937	948	957	963	969	977	985	993	997	1000	1010	1010	1010	1020
2	38.5	39.0	39.2	39.2	39.3	39.3	39.4	39.4	39.4	39.4	39.4	39.4	39.4	39.5	39.5	39.5	39.5	39.5	39.5
3	17.4	16.0	15.4	15.1	14.9	14.7	14.6	14.5	14.5	14.4	14.3	14.3	14.2	14.1	14.1	14.0	14.0	13.9	13.9
4	12.2	10.6	9.98	9.60	9.36	9.20	9.07	8.98,	8.90	8.84	8.75	8.66	8.56	8.51	8.46	8.41	8.36	8.31	8.26
5	10.0	8.43	7.76	7.39	7.15	6.98	6.85	6.76	6.68	6.62	6.52	6.43	6.33	6.28	6.23	6.18	6.12	6.07	6.02
6	8.81	7.26	6.60	6.23	5.99	5.82	5.70	5.60	5.52	5.46	5.37	5.27	5.17	5.12	5.07	5.01	4.96	4.90	4.85
7	8.07	6.54	5.89	5.52	5.29	5.12	4.99	4.90	4.82	4.76	4.67	4.57	4.47	4.42	4.36	4.31	4.25	4.20	4.14
8	7.57	6.06	5.42	5.05	4.82	4.65	4.53	4.43	4.36	4.30	4.20	4.10	4.00	3.95	3.89	3.84	3.78	3.73	3.67
9	7.21	5.71	5.08	4.72	4.48	4.32	4.20	4.10	4.03	3.96	3.87	3.77	3.67	3.61	3.56	3.51	3.45	3.39	3.33
10	6.94	5.46	4.83	4.47	4.24	4.07	3.95	3.85	3.78	3.72	3.62	3.52	3.42	3.37	3.31	3.26	3.20	3.14	3.08
11	6.72	5.26	4.63	4.28	4.04	3.88	3.76	3.66	3.59	3.53	3.43	3.33	3.23	3.17	3.12	3.06	3.00	2.94	2.88
12	6.55	5.10	4.47	4.12	3.89	3.73	3.61	3.51	3.44	3, 37	3.28	3.18	3.07	3.02	2.96	2.91	2.85	2.79	2.72
13	6.41	4.97	4.35	4.00	3.77	3.60	3.48	3.39	3.31	3.25	3.15	3.05	2.95	2.89	2.84	2.78	2.72	2.66	2.60
14	6.30	4.86	4.24	3.89	3.66	3.50	3.38	3.29	3.21	3.15	3.05	2.95	2.84	2.79	2.73	2.67	2.61	2.55	2.49
15	6.20	4.77	4.15	3.80	3.58	3.41	3.29	3.20	3.12	3.06	2.96	2.86	2.76	2.70	2.64	2.59	2.52	2.46	2.40
16	6.12	4.69	4.08	3.73	3.50	3.34	3.22	3.12	3.05	2.99	2.89	2.79	2.68	2.63	2.57	2.51	2.45	2.38	2.32
17	6.04	4.62	4.01	3.66	3.44	3.28	3.16	3.06	2.98	2.92	2.82	2.72	2.62	2.56	2.50	2.44	2.38	2.32	2.25
18	5.98	4.56	3.95	3.61	3.38	3.22	3.10	3.01	2.93	2.87	2.77	2.67	2.56	2.50	2.44	2.38	2.32	2.26	2.19
19	5.92	4.51	3.90	3.56	3.33	3.17	3.05	2.96	2.88	2.82	2.72	2.62	2.51	2.45	2.39	2.33	2.27	2.20	2.13
20	5.87	4.46	3.86	3.51	3.29	3.13	3.01	2.91	2.84	2.77	2.68	2.57	2.46	2.41	2.35	2.29	2.22	2.16	2.09
21	5.83	4.42	3.82	3.48	3.25	3.09	2.97	2.87	2.80	2.73	2.64	2.53	2.42	2.37	2.31	2.25	2.18	2.11	2.04
22	5.79	4.38	3.78	3.44	3.22	3.05	2.93	2.84	2.76	2.70	2.60	2.50	2.39	2.33	2.27	2.21	2.14	2.08	2.00
23	5.75	4.35	3.75	3.41	3.18	3.02	2.90	2.81	2.73	2.67	2.57	2.47	2.36	2.30	2.24	2.18	2.11	2.04	1.97
24	5.72	4.32	3.72	3.38	3.15	2.99	2.87	2.78	2.70	2.64	2.54	2.44	2.33	2.27	2.21	2.15	2.08	2.01	1.94
25	5.69	4.29	3.69	3.35	3.13	2.97	2.85	2.75	2.68	2.61	2.51	2.41	2.30	2.24	2.18	2.12	2.05	1.98	1.91
26	5.66	4.27	3.67	3.33	3.10	2.94	2.82	2.73	2.65	2.59	2.49	2.39	2.28	2.22	2.16	2.09	2.03	1.95	1.88
27	5.63	4.24	3.65	3.31	3.08	2.92	2.80	2.71	2.63	2.57	2.47	2.36	2.25	2.19	2.13	2.07	2.00	1.93	1.85
28	5.61	4.22	3.63	3.29	3.06	2.90	2.78	2.69	2.61	2.55	2.45	2.34	2.23	2.17	2.11	2.05	1.98	1.91	1.83
29	5.59	4.20	3.61	3.27	3.04	2.88	2.76	2.67	2.59	2.53	2.43	2.32	2.21	2.15	2.09	2.03	1.96	1.89	1.81
30	5.57	4.18	3.59	3.25	3.03	2.87	2.75	2.65	2.57	2.51	2.41	2.31	2.20	2.14	2.07	2.01	1.94	1.87	1.79
40	5.42	4.05	3.46	3.13	2.90	2.74	2.62	2.53	2.45	2.39	2.29	2.18	2.07	2.01	1.94	1.88	1.80	1.72	1.64
60	5.29	3.93	3.34	3.01	2.79	2.63	2.51	2.41	2.33	2.27	2.17	2.06	1.94	1.88	1.82	1.74	1.67	1.58	1.48
120	5.15	3.80	3.23	2.89	2.67	2.52	2.39	2.30	2.22	2.16	2.05	1.94	1.82	1.76	1.69	1.61	1.53	1.43	1.31
∞	5.02	3.69	3.12	2.79	2.57	2.41	2.29	2.19	2.11	2.05	1.94	1.83	1.71	1.64	1.57	1.48	1.39	1.27	1.00

附表6（续）

（$\alpha = 0.01$）

n_1	n_2: 1	2	3	4	5	6	7	8	9	10	12	15	20	24	30	40	60	120	∞
1	4050	5000	5400	5620	5760	5860	5930	5980	6020	6060	6110	6160	6210	6230	6260	6290	6310	6340	6370
2	98.5	99.0	99.2	99.2	99.3	99.3	99.4	99.4	99.4	99.4	99.4	99.4	99.4	99.5	99.5	99.5	99.5	99.5	99.5
3	34.1	30.8	29.5	28.7	28.2	27.9	27.7	27.5	27.3	27.2	27.1	26.9	26.7	26.6	26.5	26.4	26.3	26.2	26.1
4	21.2	18.0	16.7	16.0	15.5	15.2	15.0	14.8	14.7	14.5	14.4	14.2	14.0	13.9	13.8	13.7	13.7	13.6	13.5
5	16.3	13.3	12.1	11.4	11.0	10.7	10.5	10.3	10.2	10.1	9.89	9.72	9.55	9.47	9.38	9.29	9.20	9.11	9.02
6	13.7	10.9	9.78	9.15	8.75	8.47	8.26	8.10	7.98	7.87	7.72	7.56	7.40	7.31	7.23	7.14	7.06	6.97	6.88
7	12.2	9.55	8.45	7.85	7.46	7.19	6.99	6.84	6.72	6.62	6.47	6.31	6.16	6.07	5.99	5.91	5.82	5.74	5.65
8	11.3	8.65	7.59	7.01	6.63	6.37	6.18	6.03	5.91	5.81	5.67	5.52	5.36	5.28	5.20	5.12	5.03	4.95	4.86
9	10.6	8.02	6.99	6.42	6.06	5.80	5.61	5.47	5.35	5.26	5.11	4.96	4.81	4.73	4.65	4.57	4.48	4.40	4.31
10	10.0	7.56	6.55	5.99	5.64	5.39	5.20	5.06	4.94	4.85	4.71	4.56	4.41	4.33	4.25	4.17	4.08	4.00	3.91
11	9.65	7.21	6.22	5.67	5.32	5.07	4.89	4.74	4.63	4.54	14.40	4.25	4.10	4.02	3.94	3.86	3.78	3.69	3.60
12	9.33	6.93	5.95	5.41	5.06	4.82	4.64	4.50	4.39	4.30	4.16	4.01	3 86	3.78	3.70	3.62	3.54	3.45	3.36
13	9.07	6.70	5.74	5.21	4.86	4.62	4.44	4.30	4.19	4.10	3.96	3.82	3.66	3.59	3.51	3.43	3.34	3.25	3.17
14	8.86	6.51	5.56	5.04	4.69	4.46	4.28	4.14	4.03	3.94	3.80	3.66	3.51	3.43	3.35	3.27	3.18	3.09	3.00
15	8.68	6.36	5.42	4.89	4.56	4.32	4.14	4.00	3.89	3.80	3.67	3.52	3.37	3.29	3.21	3.13	3.05	2.96	2.87
16	8.53	6.23	5.29	4.77	4.44	4.20	4.03	3.89	3.78	3.69	3.55	3.41	3.26	3.18	3.10	3.02	2.93	2.84	2.75
17	8.40	6.11	5.18	4.67	4.34	4.10	3.93	3.79	3.68	3.59	3.46	3.31	3.16	3.08	3.00	2.92	2.83	2.75	2.65
18	8.29	6.01	5.09	4.58	4.25	4.01	3.84	3.71	3.60	3.51	3.37	3.23	3.08	3.00	2.92	2.84	2.75	2.66	2.57
19	8.18	5.93	5.01	4.50	4.17	3.94	3.77	3.63	3.52	3.43	3.30	3.15	3.00	2.92	2.84	2.76	2.67	2.58	2.49
20	8.10	5.85	4.94	4.43	4.10	3.87	3.70	3.56	3.46	3.37	3.23	3.09	2.94	2.86	2.78	2.69	2.61	2.52	2.42
21	8.02	5.78	4.87	4.37	4.04	3.81	3.64	3.51	3.40	3.31	3.17	3.03	2.88	2.80	2.72	2.64	2.55	2.46	2.36
22	7.95	5.72	4.82	4.31	3.99	3.76	3.59	3.45	3.35	3.26	3.12	2.98	2.83	2.75	2.67	2.58	2.50	2.40	2.31
23	7.88	5.66	4.76	4.26	3.94	3.71	3.54	3.41	3.30	3.21	3.07	2.93	2.78	2.70	2.62	2.54	2.45	2.35	2.26
24	7.82	5.61	4.72	4.22	3.90	3.67	3.50	3.36	3.26	3.17	3.03	2.89	2.74	2.66	2.58	2.49	2.40	2.31	2.21
25	7.77	5.57	4.68	4.18	3.85	3.63	3.46	3.32	3.22	3.13	2.99	2.85	2.70	2.62	2.54	2.45	2.36	2.27	2.17
26	7.72	5.53	4.64	4.14	3.82	3.59	3.42	3.29	3.18	3.09	2.96	2.81	2.66	2.58	2.50	2.42	2.33	2.23	2.13
27	7.68	5.49	4.60	4.11	3.78	3.56	3.39	3.26	3.15	3.06	2.93	2.78	2.63	2.55	2.47	2.38	2.29	2.20	2.10
28	7.64	5.45	4.57	4.07	3.75	3.53	3.36	3.23	3.12	3.03	2.90	2.75	2.60	2.52	2.44	2.35	2.26	2.17	2.06
29	7.60	5.42	4.54	4.04	3.73	3.50	3.33	3.20	3.09	3.00	2.87	2.73	2.57	2.49	2.41	2.33	2.23	2.14	2.03
30	7.56	5.39	4.51	4.02	3.70	3.47	3.30	3.17	3.07	2.98	2.84	2.70	2.55	2.47	2.39	2.30	2.21	2.11	2.01
40	7.31	5.18	4.31	3.83	3.51	3.29	3.12	2.99	2.89	2.80	2.66	2.52	2.37	2.29	2.20	2.11	2.02	1.92	1.80
60	7.08	4.98	4.13	3.65	3.34	3.12	2.95	2.82	2.72	2.63	2.50	2.35	2.20	2.12	2.03	1.94	1.84	1.73	1.60
120	6.85	4.79	3.95	3.48	3.17	2.96	2.79	2.66	2.56	2.47	2.34	2.19	2.03	1.95	1.86	1.76	1.66	1.53	1.38
∞	6.63	4.61	3.78	3.32	3.02	2.80	2.64	2.51	2.41	2.32	2.18	2.04	1.88	1.79	1.70	1.59	1.47	1.32	1.00

附表 6（续）

（$\alpha=0.005$）

n_1	n_2: 1	2	3	4	5	6	7	8	9	10	12	15	20	24	30	40	60	120	∞
1	16200	20000	21600	22500	23100	23400	23700	23900	24100	24200	24400	24600	24800	24900	25000	25100	25300	25400	25500
2	199	199	199	199	199	199	199	199	199	199	199	199	199	199	199	199	199	199	200
3	55.6	49.8	47.5	46.2	45.4	44.8	44.4	44.1	43.9	43.7	43.4	43.1	42.8	42.6	42.5	42.3	42.1	42.0	41.8
4	31.3	26.3	24.3	23.2	22.5	22.0	21.6	21.4	21.1	21.0	20.7	20.4	20.2	20.0	19.9	19.8	19.6	19.5	19.3
5	22.8	18.3	16.5	15.6	14.9	14.5	14.2	14.0	13.8	13.6	13.4	13.1	12.9	12.8	12.7	12.5	12.4	12.3	12.1
6	18.6	14.5	12.9	12.0	11.5	11.1	10.8	10.6	10.4	10.3	10.0	9.81	9.59	9.47	9.36	9.24	9.12	9.00	8.88
7	16.2	12.4	10.9	10.1	9.52	9.16	8.89	8.68	8.51	8.38	8.18	7.97	7.75	7.65	7.53	7.42	7.31	7.19	7.08
8	14.7	11.0	9.60	8.81	8.30	7.95	7.69	7.50	7.34	7.21	7.01	6.81	6.61	6.50	6.40	6.29	6.18	6.06	5.95
9	13.6	10.1	8.72	7.96	7.47	7.13	6.88	6.69	6.54	6.42	6.23	6.03	5.83	5.73	5.62	5.52	5.41	5.30	5.19
10	12.8	9.43	8.08	7.34	6.87	6.54	6.30	6.12	5.97	5.85	5.66	5.47	5.27	5.17	5.07	4.97	4.86	4.75	4.64
11	12.2	8.91	7.60	6.88	6.42	6.10	5.86	5.68	5.54	5.42	5.24	5.05	4.86	4.76	4.65	4.55	4.44	4.34	4.23
12	11.8	8.51	7.23	6.52	6.07	5.76	5.52	5.35	5.20	5.09	4.91	4.72	4.53	4.43	4.33	4.23	4.12	4.01	3.90
13	11.4	8.19	6.93	6.23	5.79	5.48	5.25	5.08	4.94	4.82	4.64	4.46	4.27	4.17	4.07	3.97	3.87	3.76	3.65
14	11.1	7.92	6.68	6.00	5.56	5.26	5.03	4.86	4.72	4.60	4.43	4.25	4.06	3.96	3.86	3.76	3.66	3.55	3.44
15	10.8	7.70	6.48	5.80	5.37	5.07	4.85	4.67	4.54	4.42	4.25	4.07	3.88	3.79	3.69	3.58	3.48	3.37	3.26
16	10.6	7.51	6.30	5.64	5.21	4.91	4.69	4.52	4.38	4.27	4.10	3.92	3.73	3.64	3.54	3.44	3.33	3.22	3.11
17	10.4	7.35	6.16	5.50	5.07	4.78	4.56	4.39	4.25	4.14	3.97	3.79	3.61	3.51	3.41	3.31	3.21	3.10	2.98
18	10.2	7.21	6.03	5.37	4.96	4.66	4.44	4.28	4.14	4.03	3.86	3.68	3.50	3.40	3.30	3.20	3.10	2.99	2.87
19	10.1	7.09	5.92	5.27	4.85	4.56	4.34	4.18	4.04	3.93	3.76	3.59	3.40	3.31	3.21	3.11	3.00	2.89	2.78
20	9.94	6.99	5.82	5.17	4.76	4.47	4.26	4.09	3.96	3.85	3.68	3.50	3.32	3.22	3.12	3.02	2.92	2.81	2.69
21	9.83	6.89	5.73	5.09	4.68	4.39	4.18	4.01	3.88	3.77	3.60	3.43	3.24	3.15	3.05	2.95	2.84	2.73	2.61
22	9.73	6.81	5.65	5.02	4.61	4.32	4.11	3.94	3.81	3.70	3.54	3.36	3.18	3.08	2.98	2.88	2.77	2.66	2.55
23	9.63	6.73	5.58	4.95	4.54	4.26	4.05	3.88	3.75	3.64	3.47	3.30	3.12	3.02	2.92	2.82	2.71	2.60	2.48
24	9.55	6.66	5.52	4.89	4.49	4.20	3.99	3.83	3.69	3.59	3.42	3.25	3.06	2.97	2.87	2.77	2.66	2.55	2.43
25	9.48	6.60	5.46	4.84	4.43	4.15	3.94	3.78	3.64	3.54	3.37	3.20	3.01	2.92	2.82	2.72	2.61	2.50	2.38
26	9.41	6.54	5.41	4.79	4.38	4.10	3.89	3.73	3.60	3.49	3.33	3.15	2.97	2.87	2.77	2.67	2.56	2.45	2.33
27	9.34	6.49	5.36	4.74	4.34	4.06	3.85	3.69	3.56	3.45	3.28	3.11	2.93	2.83	2.73	2.63	2.52	2.41	2.29
28	9.28	6.44	5.32	4.70	4.30	4.02	3.81	3.65	3.52	3.41	3.25	3.07	2.89	2.79	2.69	2.59	2.48	2.37	2.25
29	9.23	6.40	5.28	4.66	4.26	3.98	3.77	3.61	3.48	3.38	3.21	3.04	2.86	2.76	2.66	2.56	2.45	2.33	2.21
30	9.18	6.35	5.24	4.62	4.23	3.95	3.74	3.58	3.45	3.34	3.18	3.01	2.82	2.73	2.63	2.52	2.42	2.30	2.18
40	8.83	6.07	4.98	4.37	3.99	3.71	3.51	3.35	3.22	3.12	2.95	2.78	2.60	2.50	2.40	2.30	2.18	2.06	1.93
60	8.49	5.79	4.73	4,14	3.76	3.49	3.29	3.13	3.01	2.90	2.74	2.57	2.39	2.29	2.19	2.08	1.96	1.83	1.69
120	8.18	5.54	4.50	3.92	3.55	3.28	3.09	2.93	2.81	2.71	2.54	2.37	2.19	2.09	1.98	1.87	1.75	1.61	1.43
∞	7.88	5.30	4.28	3.72	3.35	3.09	2.90	2.74	2.62	2.52	2.36	2.19	2.00	1.90	1.79	1.67	1.53	1.36	1.00